21世纪交通版高等学校教材
机场工程系列教材

机场施工组织与管理

刘晓军　刘庆涛　范　珉　编　著
　　　　　岑国平　主　审

内 容 提 要

本书是机场工程系列教材之一,广泛吸收了国内外工程项目管理方面的先进理论、方法以及相关的新的法律法规,结合编者从事机场工程施工项目管理工作的经验和教学体会,系统介绍机场工程施工组织与管理的基本理论和方法。全书分为九章,第一章介绍施工组织与管理的研究对象及任务、基本建设程序和施工机构的组织;第二章介绍建设工程定额的分类、作用和使用;第三~五章分别介绍流水施工组织原理、网络计划技术和机场场道工程施工组织设计编制方法;第六~九章分别介绍工程造价、招投标与合同管理、工程进度,以及工程质量管理的理论和方法;最后附录列出机场工程施工组织设计常用参考资料。

本书可作为高等院校机场工程专业及工程管理专业本科教材,也可供从事机场工程的各类工程技术人员和管理人员参考。

图书在版编目(CIP)数据

机场施工组织与管理 / 刘晓军,刘庆涛,范珉编著. — 北京:人民交通出版社股份有限公司,2015.12
21世纪交通版高等学校教材. 机场工程系列教材
ISBN 978-7-114-12980-3

Ⅰ. ①机… Ⅱ. ①刘… ②刘… ③范… Ⅲ. ①机场建筑物—工程施工—施工组织—高等学校—教材②机场建筑物—工程施工—施工管理—高等学校—教材 Ⅳ. ①TU248.6

中国版本图书馆 CIP 数据核字(2016)第 106876 号

21世纪交通版高等学校教材
机 场 工 程 系 列 教 材

书　　名:	机场施工组织与管理
著 作 者:	刘晓军　刘庆涛　范　珉
责任编辑:	李　喆
出版发行:	人民交通出版社股份有限公司
地　　址:	(100011)北京市朝阳区安定门外外馆斜街3号
网　　址:	http://www.ccpress.com.cn
销售电话:	(010)59757973
总 经 销:	人民交通出版社股份有限公司发行部
经　　销:	各地新华书店
印　　刷:	北京鑫正大印刷有限公司
开　　本:	787×1092　1/16
印　　张:	16.75
字　　数:	380 千
版　　次:	2015年12月　第1版
印　　次:	2015年12月　第1次印刷
书　　号:	ISBN 978-7-114-12980-3
定　　价:	42.00 元

(有印刷、装订质量问题的图书由本公司负责调换)

出版说明

随着近些年来我国经济的快速发展和全球经济一体化趋势的进一步加强,科技对经济增长的作用日益显著,教育在科技兴国战略和国家经济与社会发展中占有重要地位。特别是民航强国战略的提出和"十二五"综合交通运输体系发展规划的编制,使航空运输在未来交通运输领域的地位和作用愈加显著。机场工程作为航空运输体系中重要的基础设施之一,发挥着至关重要的作用。据不完全统计,我国"十二五"期间规划的民用改扩建机场达110余座,迁建和新建机场达80余座,开展规划和前期研究建设机场数十座,通用航空也迎来大发展的机遇,我国机场工程建设到了一个新的发展阶段。

国内最早的机场工程本科专业于1953年始建于解放军军事工程学院,设置的主要专业课程有:机场总体设计、机场道面设计、机场地势设计、机场排水设计和机场施工。随着近年机场工程的发展,开设机场工程专业方向的高校数量不断增多,但是在机场工程专业人才培养过程中也出现了一些问题和不足。首先,专业人才数量不能满足社会需求。机场工程专业人才培养主要集中在少数院校,实际人才数量不能满足机场工程建设的需求。其次,专业设置不完备,人才培养质量有待提高。目前很多院校在土木工程专业和交通工程专业下设置了机场工程专业方向,限于专业设置时间短、师资力量不足、培养计划不完善、缺乏航空专业背景支撑等各种原因,培养人才的专业素质难以达到要求。此外,我国目前机场工程专业教材总体数量少、体系不完善、教材更新速度慢等因素,也在一定程度上阻碍了机场工程专业的发展。为了更好地服务国家机场建设、推动机场工程专业在国内的发展,总结机场工程教学的经验,编写一套体系完善,质量水平高的机场工程教材就显得很有必要。

教材建设是教学的重要环节之一,全面做好教材建设工作是提高教学质量的重要保证。我国机场工程教材最初使用俄文原版教材,经过几年的教学实践,结合我国实际情况,以俄文原版教材为基础,编写了我国第一版机场工程教材,这批教材是国内机场工程专业教材的基础,期间经历了内部印刷使用、零星编写出版、核心课程集中编写出版等阶段。在历次机场工程教材编写工作的基础上,空军工程大学精心组织,选择了理论基础扎实、工程实践经验丰富、研究成果丰硕的专家组成编写组,保证了教材编写的质量。编写者经过认真规划,拟定编写提纲、遴选编写内容、确定了编写纲目,形成了较为完整的机场工程教材体系。本套教材共计14本,涵盖了机场工程的勘察、规划、设计、施工、管理等内容,覆盖了机场工程专业的全部专业课程。在编写过程中突出了内容的规范性和教材的特点,注意吸收了新技术和新规范的内容,不仅对在校学生,同时对于工程技术人员也具有很好的参考价值。

本套教材编写周期近三年,出版时适逢我国机场工程建设大发展的黄金期,希望该套教材的出版能为我国机场工程专业的人才培养、技术发展有一些推动,为我国航空运输事业的发展做出贡献。

编写组
2014年于西安

前　言

"机场施工组织与管理"是机场工程专业本科生的必修课程,它在培养学生具备独立解决机场工程施工组织与项目管理问题的基本技能、基本知识方面,有着十分重要的作用。

本书是在《机场工程施工与管理》(2002年版)下篇的基础上,根据机场建筑工程专业本科生新的训练大纲要求编写的。由于近年来工程组织与管理的相关理论与规范发生了很多变化,原教材已不能完全适应教学和工程的实际需要。为此,本书对原教材做了很大的修改,主要包括以下两个方面:一是根据《建筑施工组织设计规范》(GB/T 50502—2009)、《建设工程项目管理规范》(GB/T 50326—2006)、《建设工程工程量清单计价规范》(GB 50500—2013)、《住房城乡建设部财政部关于印发〈建筑安装工程费用项目组成〉的通知》(建标〔2013〕44号)、《中华人民共和国招标投标法实施条例》《标准施工招标文件》(2007年版)等,对工程招投标、造价管理、合同管理、施工组织设计等进行全面修改,以符合法规和规范的要求;二是结合编者从事机场工程施工项目管理工作的经验和教学体会,吸收国内外最新的研究成果和工程实践。

全书分为九章。第一章介绍施工组织与管理的研究对象及任务、基本建设程序和施工机构的组织;第二章介绍建设工程定额的分类、作用和使用;第三~五章分别介绍流水施工组织原理、网络计划技术和机场施工组织设计编制方法;第六~九章分别介绍工程造价、招投标与合同管理、工程进度,以及工程质量管理的理论和方法。

本书由刘晓军、刘庆涛、范珉编写,岑国平教授主审。其中,第二章和第三章由刘庆涛编写,第七章、第八章和第九章由范珉编写,其余各章由刘晓军编写。在编写过程中,参阅了国内外众多学者的研究成果和著作,在此一并致以诚挚的谢意。

由于编者的理论水平和实践经验有限,书中难免会出现错、漏和欠妥之处,恳请读者及同行批评指正。

编　者

2015年11月

目 录

第一章 绪论 ... 1
- 第一节 机场工程施工组织与管理概述 ... 1
- 第二节 工程建设程序 ... 5
- 第三节 施工项目管理组织机构 ... 9
- 复习思考题 ... 13

第二章 建设工程定额 ... 14
- 第一节 工程定额概述 ... 14
- 第二节 施工定额 ... 18
- 第三节 工程概、预算定额 ... 19
- 复习思考题 ... 21

第三章 流水施工组织原理 ... 22
- 第一节 流水施工的基本概念 ... 22
- 第二节 流水施工的参数 ... 25
- 第三节 流水施工的组织方式 ... 27
- 第四节 流水施工组织计划的编制 ... 32
- 复习思考题 ... 39

第四章 网络计划技术 ... 41
- 第一节 网络计划技术概述 ... 41
- 第二节 双代号网络计划 ... 43
- 第三节 单代号网络计划 ... 58
- 第四节 双代号时标网络计划 ... 65
- 第五节 网络计划的优化 ... 68
- 第六节 流水作业网络计划简介 ... 81
- 复习思考题 ... 84

第五章 机场场道工程施工组织设计 ... 87
- 第一节 施工组织设计概述 ... 87
- 第二节 机场施工组织总设计 ... 90
- 第三节 机场单位工程施工组织计划 ... 104
- 复习思考题 ... 108

第六章 机场建设工程造价管理 ... 109
- 第一节 工程造价构成 ... 109
- 第二节 工程造价确定的一般方法和基本原理 ... 121

第三节　建设工程造价的预测…………………………………………127
　　第四节　合同价款确定……………………………………………………144
　　第五节　工程价款结算……………………………………………………152
　　第六节　竣工决算…………………………………………………………159
　　复习思考题…………………………………………………………………161
第七章　机场工程施工招投标与合同管理………………………………163
　　第一节　机场工程施工招标投标…………………………………………163
　　第二节　机场工程合同管理………………………………………………181
　　复习思考题…………………………………………………………………200
第八章　机场工程施工进度管理……………………………………………202
　　第一节　机场工程施工进度管理概述……………………………………202
　　第二节　施工进度计划的检查与调整……………………………………206
　　复习思考题…………………………………………………………………212
第九章　工程项目施工质量管理……………………………………………213
　　第一节　工程质量管理概述………………………………………………213
　　第二节　机场工程施工质量控制的任务…………………………………227
　　第三节　质量管理中的统计分析方法……………………………………239
　　复习思考题…………………………………………………………………252
附录　施工组织设计参考资料…………………………………………………254
参考文献……………………………………………………………………………257

第一章 绪 论

机场工程施工是将机场建设意图和蓝图变成现实的跑道、滑行道、排水沟等建筑物或构筑物的一项非常复杂的生产活动。它涉及单位众多,工程范围广泛,工程量大,工期相对较长,需要处理复杂的技术问题,耗用大量的资金、人力、物资,动用许多的机械设备,并且露天施工,施工流动性大,环境条件多种多样,影响因素复杂。因此,为了保证机场工程施工顺利开展、连续进行,建设意图和工程各项目标得到落实,必须进行有效的施工组织与管理。

第一节 机场工程施工组织与管理概述

一、机场工程施工组织与管理的基本概念

机场工程施工组织与管理是针对机场工程施工的特点,研究机场工程建设的统筹规划和系统管理规律的综合性学科。

机场工程施工的特点主要表现在以下3个方面。第一,建设工程产品的固定性和建设施工的流动性。任何建设工程产品都是在建设单位所选定的地点建造和使用的,直到拆除,它与所选定地点的土地是不可分割的。由于建设工程产品的固定性,在建设工程施工中,工人、机具、材料等不仅要随着建设工程建造地点的变更而流动,而且还要随着建设工程施工部位的改变而在不同的空间流动,这就要求事先有一个周密的部署和安排,使流动着的工人、机具、材料等互相协调配合,做好流水施工的安排,使建设工程的施工连续、均衡地进行。建设工程产品的固定性与施工的流动性是建设工程产品和施工的显著特点。第二,建设工程产品的单件性和建设工程施工的一次性。建设工程产品多种多样,即使是按同一用途、同一标准设计的建筑物,也会因当地的地质、水文、气候以及材料来源的不同,其产品有所不同,因此,不同于工业产品的批量性、重复性,建设工程产品具有单件性的特点。这个特点决定了建设工程施工是一次性的任务,必须按工程个别地、单件地进行。这就要求事先有一个可行的施工计划,因地、因时、因条件不同,确定相应的施工方案和施工方法,选择施工机械,安排施工进度,并单独编制工程预算确定其造价。建设工程产品的单件性和建设施工的一次性,是建设工程产品和施工的本质特征。第三,建设工程投资额巨大和建设工程施工周期长。建设工程产品通常规模庞大,占用的地面与空间大,涉及的专业多、工种广,消耗的物资资源量巨大,因此投资额巨大,建设周期长。投资额巨大意味着建设工程只能成功不能失败,否则将造成严重后果,甚至影响国民经济和社会发展。建设周期长则意味着不确定性的增加,必须依照事物发展渐进明细性的特点,采用统筹规划、远粗近细、分段安排、滚动实施的原则制订施工计划。

这些特点都显示出机场施工与一般的操作和活动不同,是为了获得独特的产品而进行的一次性任务,符合项目的本质特征。因此,其组织与管理工作也应遵循项目管理的基本理论与

方法,结合机场施工的复杂性,采用系统的观点与理论,对机场工程施工过程及有关的工作进行统筹规划、合理组织与协调控制,以实现工程质量、成本、进度目标的最优化。

统筹规划着重强调应用系统的观点和理论,研究和制订组织机场工程施工全过程的既经济又合理的方法和途径,对施工过程中的各项工作做出全面的、科学的规划和部署,"优化配置"人力、物力、财力及技术等资源,达到优质、低耗、高速地完成施工任务;系统管理则着重强调应用系统的观点、理论,在总计划的基础上,针对各项施工过程,通过"动态管理、目标控制、节点考核"落实、检查与调整计划和资源,确保机场工程施工质量、成本、进度目标的实现。"优化配置、动态管理、目标控制、节点考核"是机场工程施工与组织管理的基本特征。

二、施工组织与管理在我国的应用和发展

我国进行建设工程项目组织与管理的实践活动源远流长,至今已有两千多年的历史。我国许多伟大的工程,如万里长城、都江堰水利工程、宋朝丁渭修复皇宫工程、北京故宫工程等,这些工程建设都是名垂史册的工程项目组织与管理实践活动,其中运用了许多科学的思想和组织方法,反映了我国古代建设工程组织与管理的水平和成就。

新中国的成立极大地解放了生产力,从百废待兴的落后状态,开始了大规模的经济建设。随着第 1 个五年计划的 156 项重点工程和第 2 个五年计划十大国庆工程的实施,施工组织设计作为工程建设计划管理的一种主要手段,从前苏联引入我国并得到了广泛应用,并在不断总结实践经验和理论研究的基础上,逐步形成为工程建设管理的一项基本制度。

"文革"期间,管理被错误地认为是对劳动者的管、卡、压行为,但在建筑行业的生产活动中,仍然保持着施工组织设计的编制和审批制度,同时我国著名数学家华罗庚教授创建的统筹法和优选法,得到国家领导人周恩来总理等的首肯,也有力地渗透和影响着我国的工程建设领域,即施工组织与管理在生产实践与学术领域中仍在延续。

然而,我国长期以来大规模的建设工程实践活动并没有上升为系统的建设工程组织与管理理论和科学。相反,在计划经济体制影响下,采取行政手段配置施工生产所需要的物资资源,许多做法违背了经济规律和科学原理,如违背建设程序、盲目抢工而忽视质量和节约、不按合同进行管理、施工协调的主观随意性等。

改革开放以后,我国进入经济体制和管理体制改革的新的历史发展时期。建筑业率先进行全行业的体制改革,随着社会主义市场经济体制的确立,招标承包制、项目法人责任制、合同管理制度等重大改革举措的推行,建筑企业开始逐步成为建筑产品的经营者和生产者,从根本上改变了建筑企业作为国民经济附属生产部门的经济地位。在生产关系改革的同时,建设领域开始走向把市场作为配置资源基础手段的运行轨道,根据市场经济体制的要求,在保持原有符合建筑生产组织规律的基本理论方法的基础上,不断地扩充施工组织与管理的新理论新方法,尤其是不断地吸收西方发达国家和国际上通行的工程项目管理组织、手段和方法,从而形成了具有中国特色的工程项目组织与管理理论和方法。

三、机场工程施工组织与管理的任务

机场工程施工与管理的任务可以概括为最优地实现项目的总目标。也就是有效地利用有

限的资源,用尽可能少的费用、尽可能快的速度和优良的工程质量,建成机场工程项目,使其实现预定的功能。机场工程的费用、进度和质量目标之间既有矛盾的一面,也有统一的一面,它们之间的关系是对立统一的关系。

机场工程施工组织与管理主要包括以下 5 个方面的工作。

(1)组织工作

组织工作包括建立管理组织机构,制订工作制度,明确各方面的关系,选择施工单位,组织图纸、材料和劳务供应等。

(2)合同工作

合同工作包括签订施工总承包合同与专业分包合同,以及合同文件的准备,合同谈判、修改、签订和合同执行过程中的管理等工作。

(3)进度管理

进度管理包括施工进度、材料设备供应以及满足各种需要的进度计划的编制和检查,施工方案的制定与实施,以及施工、总分包各方面计划的协调,经常性地对计划进度与实际进度进行比较,并及时地调整计划等。

(4)质量管理

质量管理包括提出各项工作质量要求,对设计质量、施工质量、材料和设备的质量监督、验收工作,以及处理质量问题。

(5)费用管理

费用管理包括编制概算预算、费用计划、确定合同价款,对成本进行预测预控,进行成本核算,处理索赔事项和做出工程决算等。

简要来说,机场工程施工组织与管理的基础是合同的签订和履行管理,关键是组织的建立与协调,大量具体工作根据合同规定的进度、费用和质量目标进行计划和控制。

计划集中体现为施工组织设计文件的编制。施工组织设计不仅全面系统地确定了整个施工项目的作业和管理活动的部署,有针对性地提供施工方案、方法和手段,而且明确了施工总进度计划的安排和工程各重要节点施工进度计划的预期目标。也可以说,施工组织设计在解决了施工的技术方法、手段和程序的基础上,对施工总进度目标提出了总体性、轮廓性、控制性的计划安排。

施工过程中主客观条件的变化是绝对的,不变是相对的,在施工进展过程中平衡是暂时的,不平衡则是永恒的,因此,必须随着施工环境和条件的变化进行目标的动态控制和调整。目标的动态控制是施工项目生产管理最基本的方法论。根据控制论的基本原理,控制有两种类型,即主动控制和被动控制。

(1)主动控制。主动控制就是预先分析目标偏离的可能性,并拟定和采取各项预防性的措施,以使计划目标得以实现。主动控制是一种面向未来的控制,它可以解决传统控制过程中的时滞影响,尽最大可能改变偏差已经成为事实的被动局面,从而使控制更为有效。主动控制是一种前馈控制。当控制者根据已掌握的可靠信息预测出系统的输出将要偏离计划目标时,就制订纠正措施并向系统输入,以使系统的运行不发生偏离。主动控制又是一种事前控制,它在偏差发生之前就必须采取控制措施。

(2)被动控制。被动控制是指当按计划运行时,管理人员对计划值的实施进行跟踪,将系输出的信息进行加工和整理，再传递给控制部门，使控制人员从中发现问题，找出偏差，寻求并确定解决问题和纠正偏差的方案，然后再回送给计划实施系统付诸实施，使计划目标一出现偏离就能得以纠正。被动控制是一种反馈控制。

四、本课程的内容和学习方法

1. 本课程的内容

本课程采用的体系是：绪论，建设工程定额，流水施工组织原理，网络计划技术，机场施工组织设计，工程造价管理，工程招投标与合同管理，工程进度管理，工程质量管理。

在统筹规划方面，主要体现以工程项目的施工组织设计为核心，以概预算和工程量清单方式估算工程造价，以流水施工为基本生产组织方式，以网络计划技术为基本手段，以连续均衡施工为目标，构建了工程项目施工阶段全面统筹计划的理论和方法体系。主要内容有：

（1）工程建设程序和施工程序。其阐述工程建设规律和施工规律以及施工组织的原则。

（2）流水施工组织原理。其论述流水施工、搭接施工、连续均衡施工的基本原理及组织方法。

（3）网络计划技术。其阐述现代计划管理的原理与技术，内容包括网络计划的基本概念、几种常用的网络图的绘制和计算、网络计划的优化。

（4）机场工程施工组织总设计。其论述机场工程施工组织总设计的作用、内容、原理和方法，具体内容包括：施工任务的总体部署、施工程序、主要工程的施工技术方案和措施，施工总进度计划，主要实物工程量及其材料设备等物资与劳动力的需求数量和需求时间计划等以及施工总平面图的布置。

（5）工程造价的预测与估算。其主要阐述工程造价的基本概念，概预算及合同价款编制方法。

在系统管理方面，构建了以合同管理为核心，以质量、成本、进度控制为主线的机场工程项目施工阶段系统管理的理论和方法体系。主要内容有：

（1）工程质量管理。其阐述工程质量的基本概念，工程质量控制的基本任务和方法。

（2）工程成本管理。其阐述工程结算与决算的方法。

（3）工程进度管理。其阐述进度管理的基本概念，进度计划的检查与调整方法。

（4）招投标与合同管理。其阐述招投标的基本概念，招标文件的编制，招投标的基本任务和工作流程，合同的基本概念，合同文件的编制，合同的订立与履行，合同的管理以及索赔等。

2. 学习方法

机场工程施工组织与管理是一门软科学，从知识构成因素来说，是一门多学科交叉的边缘学科。与它相关的学科有：机场工程规划、机场道面设计、排水设计、地势设计、工程力学、建筑材料、建筑机械、工程经济等。另外，本门学科中还要运用计算机科学、系统科学、现代管理科学以及数学专门知识。因此，学习本门课程必须具有广阔的知识面，注意锻炼综合运用各种专业知识、全面思考、统筹规划的决策能力，以及灵活机动处理各种随机事件的办法。

总之，学习本门课程既要重视基本理论和基本方法，又要重视提高分析问题和解决实际问题的能力。

第二节 工程建设程序

一、我国工程建设程序

所有工程项目都具有单件性和一次性的特点,但它依然有着共同的规律,有着自己的寿命阶段和周期。项目显然千差万别,但它们都应遵循科学的建设程序。所谓工程项目建设程序是指一项工程从设想提出到决策,经过设计、施工直至投产使用的整个过程中应当遵循的内在规律和组织制度。严格遵守工程项目建设的内在规律和组织制度,是每一位建设工作者的分内职责。

尽管世界上各个国家和国际组织在工程项目建设程序上可能存在着某些差异,但一般来说,按照建设项目发展的内在规律,投资建设一个工程项目都要经过投资决策、建设实施和交付使用3个发展时期。这3个发展时期又可分为若干个阶段,它们之间存在着严格的先后次序,可以进行合理的交叉,但不能任意颠倒次序。

按现行规定,我国政府投资的大中型项目建设程序如图1-1所示。

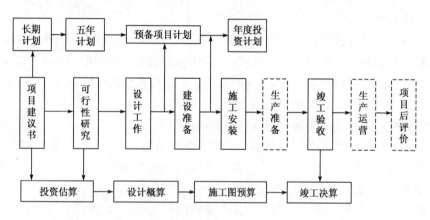

图1-1 大中型项目建设程序

(1)根据国民经济和社会发展长远规划,结合行业和地区发展规划的要求,提出项目建议书。

(2)在勘察、试验、调查研究及详细技术经济论证的基础上,编制可行性研究报告。

(3)根据咨询评估情况,对建设项目进行决策。

(4)根据可行性研究报告,编制设计文件。

(5)初步设计经批准后,进行施工图设计及其审查,并做好施工前的各项准备工作。

(6)组织施工,并根据施工进度,做好生产或动工前的准备工作。

(7)项目按批准的设计内容建完,非生产性建设项目验收合格后交付使用;生产性建设项目经投料试车验收合格后正式投产交付使用。

(8)必要时,待生产运营一段时间(一般为1年)后,进行项目后评价。

二、项目建设各阶段工作内容

1. 项目建议书阶段

项目建议书是建设单位向国家提出的要求建设某一项目的建议文件，是对建设项目的轮廓设想。项目建议书的主要作用是推荐一个拟建项目的初步说明，论述其建设的必要性、建设条件的可行性和获利的可能性，以确定是否进行下一步工作。项目建议书的内容视项目的不同而有繁有简，但一般应包括：建设项目提出的必要性和依据、产品方案、拟建规模和建设地点的初步设想，资源情况、建设条件、协作关系等的初步分析，投资估算和资金筹措设想，项目进度安排，以及经济效益和社会效益的估计。

对于采用政府资金投资项目，建设单位应根据国民经济和社会发展长远规划、行业规划、地区规划等要求，经过调查、预测分析后提出项目建议书，政府投资主管部门需要从投资决策角度审批项目建议书和可行性研究报告。项目建议书经批准后，方可进行可行性研究，但并不表明项目非上不可，项目建议书不是项目最终决策文件。

对于企业不使用政府资金投资建设的项目，一律不再实行审批制，区别不同情况实行核准制或登记备案制。企业投资建设实行核准制的项目，仅需向政府提交项目申请报告，不再经过批准项目建议书、可行性研究报告和开工报告的程序。

2. 可行性研究阶段

可行性研究是对建设项目在技术上是否可行和经济上（包括微观经济和宏观经济）是否合理进行科学分析和论证，是技术经济的深入论证阶段，研究内容主要包括市场研究、技术研究和经济研究，为项目决策提供依据。这一阶段工作主要包括可行性研究、编制可行性研究报告、审批可行性研究报告、成立项目法人4个环节。

可行性研究的主要任务是通过对各种可能的建设方案进行比较论证，提出评价意见，推荐最佳方案。评价意见主要包括项目技术上的先进性和适用性、经济上的营利性和合理性、建设的可能性和可行性，重点是对项目建成后的经济效益进行预测和评价。可行性研究是项目前期工作的重要内容，它从项目建设和生产经营全过程考察分析项目的可行性。目的是回答项目是否有必要建设，是否可能建设和如何进行建设的问题，其结论为投资者的最终决策提供直接的依据。在可行性研究基础上需要编写可行性研究报告。可行性研究报告批准后，项目正式立项，并作为初步设计的依据，不得随意更改。

3. 勘察设计阶段

工程勘察是根据建设项目初步选址建议，进行拟建场地的岩土、水文地质、工程测量、工程物探等方面的勘察，提出勘察报告，为设计做好充分准备。勘察报告主要包括：拟建场地的工程地质条件，拟建场地的水文地质条件，场地、地基的建筑抗震设计条件，地基基础方案分析评价及相关建议，地下室开挖和支护方案评价及相关建议，降水对周围环境的影响，桩基工程设计与施工建议，以及其他合理化建议等内容。

工程设计是对拟建工程的实施在技术上和经济上所进行的全面而详尽的安排，是项目建设计划的具体化，是组织项目施工的依据。一般项目进行两个阶段设计，即初步设计和施工图设计。对于技术复杂项目和缺乏设计经验的项目，在初步设计后增加技术设计阶段。

(1) 初步设计

初步设计是根据可行性研究报告提出具体实施方案,目的是为了阐明在指定的地点、时间和投资控制数额内,拟建项目在技术上的可能性和经济上的合理性,并通过对拟建项目所做出的基本技术经济规定,编制项目总概算。

初步设计不得随意改变被批准的可行性研究报告所确定的建设规模、产品方案、工程标准、建设地址和总投资等控制目标。如果初步设计提出的总概算超过可行性研究报告总投资的10%或其他主要指标需要变更时,应说明原因和计算依据,并重新向原审批单位报批可行性研究报告。

(2) 技术设计

根据初步设计和更详细的调查研究资料进行技术设计,以进一步解决初步设计中的重大技术问题,如工艺流程、建筑结构、设备选型及数量确定等,使建设项目的设计更具体、更完善,技术指标更好。

(3) 施工图设计

施工图设计是根据初步设计或技术设计的要求,结合现场实际情况,完整地表现建筑物外形、内部空间分割、结构体系、构造状况及建筑群的组成和周围环境的配合。它还包括各种运输、通信、管道系统、建筑设备的设计。在工艺方面,应具体确定各种设备的型号、规格及各种非标准设备的制造加工图。

4. 建设准备阶段

项目在开工建设之前的主要准备工作包括:①征地、拆迁和场地平整;②完成施工用水、电、通信、道路等接通工作;③组织设备、材料订货;④准备必要的施工图纸;⑤组织监理、施工招标,择优选定监理、施工单位;⑥办理施工许可证、质量监督注册等手续。

按规定进行了建设准备和办理施工许可证或开工报告审批手续后,便应组织开工。政府投资项目在报批新开工前,必须由审计机关对项目的有关内容进行审计证明。审计机关主要是对项目的资金来源是否正当、落实,项目开工前的各项支出是否符合国家有关规定进行审计。

5. 施工安装阶段

建设项目经批准开工建设,即进入建设实施阶段。项目新开工时间,是指建设项目设计文件中规定的任何一项永久性工程(无论生产性或非生产性)第一次正式破土开槽开始施工的日期。不需开槽的工程,以建筑物组成的正式打桩作为正式开工时间。铁道、公路、水库等需要进行大量土、石方工程的,以开始进行土方、石方工程作为正式开工时间。工程地质勘查、平整场地、旧建筑物的拆除、临时建筑、施工用临时道路和水、电等施工,不算正式开工。分期建设的项目分别以各期工程开工的时间作为开工日期,如二期工程应根据工程设计文件规定的永久性工程开工时间作为开工日期。投资额也是如此,不应包括前一期工程完成的投资额。建设工期从新开工时算起。

从任意一项永久性工程破土动工开始至合同约定全部工程内容建成,经竣工验收交付生产或使用为止,称为建设项目的建设工期。

6. 生产准备阶段

对于生产性建设项目,生产准备阶段是项目投产前由建设单位进行的一项重要工作。它是衔接建设和生产的桥梁,是建设阶段转入生产经营的必要条件。建设单位应适时组成专门班子或机构做好生产准备工作。

生产准备工作的内容根据企业的不同而异,一般应包括:组建管理机构,制定管理制度和有关规定;招收并培训生产人员,组织生产人员参加设备的安装、调试和工程验收;签订原料、材料、协作产品、燃料、水、电等供应及运输的协议;进行工具、器具、备品、备件等的制造或订货;其他必需的生产准备。

7. 竣工验收阶段

竣工验收是工程建设过程的最后一环,是全面考核基本建设成果、检验设计和工程质量的重要步骤,也是投资成果转入生产或使用的标志。通过竣工验收,可以检查建设项目实际形成生产能力或效益,也可避免项目建成后继续消耗建设费用。竣工验收对促进建设项目及时投产,发挥投资效益及总结建设经验,都有重要作用。

当建设项目按设计文件的规定内容全部施工完成以后,工业项目经负荷试运转和试生产考核能够投入生产合格产品,非工业项目符合设计要求,能够正常使用时,便可组织验收。

8. 后评价阶段

建设项目后评价是工程竣工投产、生产运营一段时间后,再对项目的立项决策、设计施工、竣工投产、生产运营等全过程进行系统评价的一种技术活动,是固定资产管理的一项重要内容,也是固定资产投资管理的最后一个环节。通过建设项目后评价,可以达到肯定成绩、总结经验、研究问题、吸取教训、提出建议、改进工作、不断提高项目决策水平和投资效果的目的。

三、施工项目管理的全过程

施工项目管理的全过程大致可分为以下5个阶段。

1. 投标签约阶段

建设单位对建设项目进行设计和建设准备,具备了招标条件以后,便发出招标广告或邀请函,施工单位见到招标广告或邀请函后,从做出投标决策至中标签约,实质上便是在进行施工项目管理的工作。该阶段的最终管理目标是签订工程承包合同。这一阶段主要进行以下工作。

(1)建筑施工企业从经营战略的高度做出是否投标争取承包该项目的决策。

(2)决定投标以后,从多方面(如企业自身、相关单位、市场、现场等)掌握大量信息。

(3)编制既能使企业盈利,又有竞争力、可望中标的投标书。

(4)如果中标,则与招标方进行谈判,依法签订工程承包合同。

2. 施工准备阶段

施工单位与招标单位签订工程承包合同,交易关系正式确立以后,便应组建项目经理部。然后以项目经理部为主,与企业经营层和管理层、建设单位配合,进行施工准备,使工程具备开工和连续施工的基本条件。这一阶段主要进行以下工作。

(1)成立项目经理部,根据工程管理的需要建立机构,配备管理人员。

(2)制订施工项目管理规划(或施工组织设计),以指导施工项目管理活动。

(3)进行施工现场准备,使现场具备连续、文明的施工条件。

(4)编写开工申请报告,待批开工。

3. 施工阶段

这是一个自开工至竣工的实施过程。在这一过程中，项目经理部既是决策机构又是责任机构。公司经营管理层、建设单位、监理单位的作用是支持、监督与协调。这一阶段的目标是完成合同规定的全部施工任务，达到验收、交工的条件。这一阶段主要进行以下工作。

（1）按施工项目管理规划（或施工组织设计的安排）进行施工。

（2）在施工中努力作好动态控制工作，保证质量目标、进度目标、造价目标、安全目标、现场目标的实现。

（3）严格履行工程承包合同，处理好内外关系，管好合同变更，做好施工索赔。

（4）做好记录、协调、检查、分析工作。

4. 验收、交工与结算阶段

验收、交工与结算阶段称为"结束阶段"，与建设项目的竣工验收阶段协调同步进行。其目标是对项目成果进行总结、评价，对外结清债权债务，结束交易关系。本阶段主要进行以下工作。

（1）工程收尾。

（2）进行试运转。

（3）在预验的基础上接受正式验收。

（4）整理、移交竣工文件，进行财务结算、总结工作，编制竣工总结报告。

（5）办理工程交付手续。

（6）项目经理部解体。

5. 用后服务阶段

用后服务阶段是施工项目管理的最后阶段，即在项目动用后，按合同规定的责任期进行服务、回访与保修，其目的是保证使用单位正常使用，发挥效益。在该阶段中主要进行以下工作。

（1）为保证工程正常使用而作必要的技术咨询和服务。

（2）进行工程回访，听取使用单位意见，总结经验教训；观察使用中的问题，进行必要的维护和维修。

第三节　施工项目管理组织机构

机场工程产品生产是多方主体共同参与的生产过程，因此，施工管理机构从系统的角度看，涉及诸多方面，包括建设单位的项目管理组织及其委托的工程监理单位的现场监理班子、设计方的现场代表，施工总承包及各分包方的现场项目管理组织，甚至某些大型复杂工程还包括政府主管部门派驻施工现场的专门质量监督机构等。这里着重介绍施工总承包人的现场施工项目管理组织机构。

一、施工项目经理

施工项目经理（Construction Project Manager）是企业法定代表人在承包的建设工程施工项目上的委托代理人。施工项目经理接受企业法定代表人的领导，接受企业管理层、发包人和监理机构的检查与监督；施工项目从开工到竣工，企业不得随意撤换项目经理；施工项目发生重大安全、质量事故或项目经理违法、违纪时，企业可撤换项目经理。施工项目经理应根据企业法定代表人授权的范围、时间和内容,对开工项目自开工准备至竣工验收,实施全过程、全面管理。

施工项目经理应具备下列素质。

(1)符合施工项目管理要求的能力。

(2)相应的施工项目管理经验和业绩。

(3)承担施工项目管理任务的专业技术、管理、经济和法律、法规知识。

(4)良好的道德品质。

1. 项目经理的主要职责

(1)代表企业实施施工项目管理。贯彻执行国家法律、法规、方针、政策和强制性标准,执行企业的管理制度,维护企业的合法权益。

(2)履行"项目管理目标责任书"规定的任务。

(3)组织编制项目管理实施规划或施工组织设计。

(4)对进入现场的生产要素进行优化配置和动态管理。

(5)建立质量管理体系和安全管理体系并组织实施。

(6)在授权范围内负责与企业管理层、劳务作业层、各协作单位、发包人、分包人和监理工程师等的协调,解决项目中出现的问题。

(7)按"项目管理目标责任书"处理项目经理部与国家、企业、分包单位以及职工之间的利益分配。

(8)进行现场文明施工管理,发现和处理突发事件。

(9)参与工程竣工验收,准备结算资料和分析总结,接受审计。

(10)处理项目经理部的善后工作。

(11)协助企业进行项目的检查、鉴定和评奖申报。

2. 施工项目经理的权限

为了履行工程施工合同及实现企业对施工项目管理的预期目标,承包人在派出施工项目经理的时候,不仅要为其明确管理方针和目标要求,而且要给予相应的权限。授权的原则应该是以责定权,授权是为了尽责的需要,责和权均来自于企业,统一于施工项目管理过程,体现在项目的实施结果中。合理而明确的责权关系是形成施工项目管理组织运行机制所不可缺少的条件。

我国施工企业在推行施工项目管理及配套管理制度改革的实践中,对施工项目经理权限的确定,大致包括以下几个方面。

(1)参与企业进行的施工项目投标和签订施工合同。

(2)经授权组建项目经理部确定项目经理部的组织结构,选择、聘任管理人员,确定管理人员的职责,并定期进行考核、评价和奖惩。

(3)在企业财务制度规定的范围内,根据企业法定代表人授权和施工项目管理的需要,决定资金的投入和使用,决定项目经理部的计酬办法。

(4)在授权范围内,按物资采购程序性文件的规定行使采购权。

(5)根据企业法定代表人授权或按照企业的规定选择、使用作业队伍。

(6)主持项目经理部工作,组织制定施工项目的各项管理制度。

(7)经企业法定代表人授权,协调和处理与施工项目管理有关的内部与外部事项。

二、施工项目经理部

施工项目经理部是由项目经理在企业的支持下组建并领导进行项目管理的组织机构,是施工企业一次性派出的经营管理机构,也是施工项目经理的工作班子,承担履行施工项目经理责任目标的各项工作。

对于大、中型施工项目,承包人必须在施工现场设立项目经理部;对于小型施工项目,可由企业法定代表人委托一个项目经理部兼管。施工项目经理部直属项目经理的领导,接受企业业务部门指导、监督、检查和考核。项目经理部在项目竣工验收、审计完成后解体。

1. 项目经理部的设立

项目经理部的设立一般可以在施工合同签订之后,工程开工之前,项目经理部的设立是承包人施工准备工作的一项重要内容。项目经理部应按下列步骤设立。

(1)根据企业批准的项目管理规划大纲或施工组织设计,确定项目经理部的管理任务和组织形式。

(2)由项目经理根据"项目管理目标责任书"进行目标分解。

项目管理目标责任书通常包括:企业各业务部门与项目经理部之间的关系;项目经理部使用作业队伍的方式;项目所需材料供应方式和机械设备供应方式;应达到的项目进度目标、项目质量目标、项目安全目标和项目成本目标;在企业制度规定以外的、由法定代表人向项目经理委托的事项;企业对项目经理部人员进行奖惩的依据、标准、办法及应承担的风险;项目经理解职和项目经理部解体的条件及方法。

(3)确定项目经理部的层次,设立职能部门与工作岗位。

(4)确定人员、职责、权限。

(5)组织有关人员制定规章制度和目标责任考核、奖惩制度。

2. 施工项目经理部的组织形式

组织结构形式应根据施工项目的规模、结构复杂程度、专业特点、人员素质和地域范围确定,可大可小、可繁可简。

对于小型项目可不设置部门,在施工项目经理下直接配备必要的专业工程师以及合同、成本、计划等管理人员。

对于大、中型项目,宜按矩阵式或直线职能式设置项目管理组织设置项目经理部。配备施工项目经理、总工程师、总经济师(经济师)、总会计师和计划、预算、劳资、定额、质量、保卫、测试、计量以及辅助生产人员15~45人;设置的主要职能部门一般应包括以下4个部门。

(1)经营核算部门。其主要负责预算、合同、索赔、资金收支、成本控制与核算、劳动配制及劳动分配等工作。

(2)工程技术部门。其主要负责生产计划、调度、施工组织、进度控制、技术管理、工程设计、测量、试验、质量控制等工作。

(3)物资设备部门。其主要负责材料的询价、采购、计划供应、管理、运输、工具管理、机械设备的租赁配套使用等工作。

(4)行政管理部门。其主要负责行政管理、安全管理、消防保卫、环境保护等工作。

矩阵式组织结构如图1-2所示,分别设置施工项目管理的职能业务部门和子项系统的施工项目管理组(或分经理部),项目管理人员由企业有关职能部门派出并进行业务指导,受项目经理的直接领导。

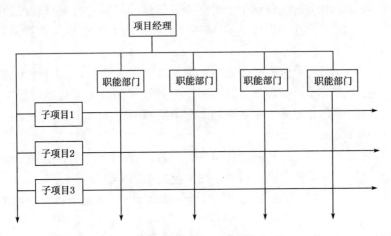

图1-2 矩阵式组织结构

职能制组织结构形式如图1-3所示,是在施工项目经理下设置若干职能业务部门,如经营核算、施工技术、质量安全、材料物资、计划统计等,分工承担着施工项目的管理业务。各职能业务部门中的岗位设置和人员配备,根据因事设岗、精干高效人员结构合理的原则确定;既要防止分工不清重复交叉、人浮于事的弊病,也要注意岗位疏漏、有事无人管的不健全状态。

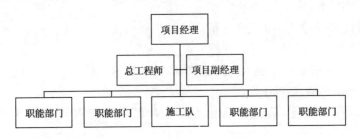

图1-3 职能式组织结构

三、施工项目经理部的规章制度

组织设计的基本要素,包括组织结构、组织制度及其运行机制3个方面。组织结构是根据任务、目标及分工协作的需要来确定的;组织制度是规范组织行为的保证;运行机制是组织活力的表现。如果管理组织的制度和机制不健全,无论采用怎样的组织结构模式,都会影响组织能力的发挥。

施工项目经理部建立时,应在项目经理的组织领导下,建立和健全内部的各项管理制度,包括:①施工项目经理责任制度;②施工技术与质量管理制度;③施工图纸与技术档案管理制度;④施工计划、统计与进度报告制度;⑤施工成本核算制度;⑥施工材料物资与机械设备管理制度;⑦文明施工、场容管理与安全生产制度;⑧施工项目管理例会与组织协调制度;⑨施工项目分包及劳务管理制度;⑩施工项目公共关系与沟通管理制度等。

施工项目经理部的运行机制,最根本的是:承包人应树立现代企业经营理念,逐步形成以发展战略管理为中心的企业经营决策层、以盈利策划为中心的企业经营管理层和以项目控制为中心的施工项目管理层的架构,做到企业内部层次功能清晰、系统健全,并且通过人事制度、分配制度等一系列配套改革,形成技术与管理人员面向施工项目、服务于施工项目的导向机制和激励机制。

复习思考题

1. 项目和建设项目具有哪些特征?
2. 建设项目有哪些种类?
3. 简要说明我国工程项目建设的基本程序。
4. 简要说明项目建设各阶段工作内容。
5. 简要说明施工组织管理的概念。
6. 施工组织管理的内容有哪些?
7. 施工项目经理部的主要职责有哪些?如何设置施工项目经理部的各职能机构?

第二章 建设工程定额

第一节 工程定额概述

一、工程定额概念、地位及作用

1. 定义

工程定额是在合理的生产组织、合理的使用资源和正常的施工条件下，完成符合国家技术标准、技术规范(包括设计、施工、验收等技术规范)和计量评定标准的单位合格产品，所消耗的人工、材料、施工机械台班数量或费用的标准额度。这种规定的额度反映的是在一定的社会生产力发展水平下，完成某项工程建设产品与各种生产消耗之间特定的数量关系，考虑的是正常的施工条件、目前大多数施工企业的技术装备程度、合理的施工工期、施工工艺和劳动组织，反映的是一种社会平均消耗水平。

2. 定额在现代管理中的地位

定额是现代科学管理的重要内容，在现代管理中有重要的地位。

(1)定额是节约社会劳动，提高劳动生产率的重要手段。定额为生产者和管理者树立评价劳动成果和经济效益的标准尺度，同时使劳动者自觉降低消耗，努力提高劳动生产率和经济效益。

(2)定额是组织和协调社会化大生产的工具。任何一件商品都是许多劳动者共同完成的社会产品，所以必须借助定额实现生产要素的合理配置，组织、指挥和协调社会生产，保证社会生产的顺利、持续发展。

(3)定额是宏观调控的依据。我国社会主义市场经济，既要发展经济，又要有计划地指导与调节，就需要利用定额为预测、计划、调节和控制经济发展提供有依据的参数和计量标准。

(4)定额是实现分配，兼顾效率与公平的手段。定额作为评价劳动成果和经济效益的尺度，也就成为资源分配和个人消费品分配的依据。

3. 定额在市场经济条件下的作用

在市场经济条件下，定额作为管理手段是不可或缺的。

(1)定额与市场经济的共融性是与生俱来的，它不仅是市场供给主体加强竞争能力的手段，而且是体现市场公平竞争和加强国家宏观调控与管理的手段。

(2)在工程建设中，定额仍然有节约社会劳动和提高生产效率的作用，定额所提供的信息为建设市场的公平竞争提供了有利条件。

(3)定额有利于完善市场信息系统。定额的编制需要对大量市场信息进行加工，对信息进行市场传递和反馈，信息是市场体系中的重要因素，它的可靠性、完备性和灵敏性是市场成熟和市场效率的标志。

4. 定额在建设工程管理中的作用

建设工程的特点决定建设工程投资的特点,建设工程投资的特点又决定建设工程投资的形成,必须依靠定额来进行计算。

(1)每个建设工程都是由单项工程、单位工程、分部分项工程组成的,需分层次计算,而分层次计算则离不开定额。

(2)国家应制订统一的工程量计算规则、项目划分、计量单位,企业在这3个统一的基础上,在国家定额指导下,结合本企业的管理水平、技术装备程度和工人的操作水平等具体情况,编制本企业的投标报价定额,依据企业定额形成的报价才能在市场竞争中获取较大的优势。

(3)在建设工程投资的形成过程中,定额有其特定的地位和作用。首先要依据定额做出一个基本的价格标准,然后再采取投标报价技巧,根据工程具体情况、难易程度、竞争因素、价格变动情况等对该价格进行适当调整,最终形成有竞争优势的报价。

(4)定额编制的依据之一是有代表性的已完工程价格资料,通过对其整理、分析、比较,作为编制的依据和参考,有其真实性、合理性和适用性,对建设工程投资的形成也有指导意义。所以,建设工程投资的编制离不开定额的指导。

二、工程定额的制订方法

工程定额的制订,一般采用经验估计法、统计分析法和技术测定法。

1. 经验估计法

经验估计法是根据有经验的工人、施工技术人员与定额人员的实践经验,并参照有关的技术资料,通过座谈讨论制订定额。这种方法制订定额工作过程较短,工作量较小,简便易行。但准确程度在很大程度上取决于参加人员的经验,因此有一定的局限性。要使制订定额更符合实际情况,应根据同类现行定额和工时消耗资料,做必要的分析比较,在广泛吸取有经验的工人等人员意见的基础上通过讨论后确定。

2. 统计分析法

统计分析法,是根据一定时期内生产中工作时间消耗和产品完成数量的统计(如施工任务单、考勤报表及其他有关的统计资料)和原始记录,经过整理,并结合当前的组织技术和生产条件,用分析对比的方法来制订定额。这一方法同经验估计法一样简便易行,但比经验估计法有较多的科学性。但这种方法有一定偶然性,通常影响定额的准确程度。为了提高利用这种方法制订定额的准确性,就必须进一步采取有效措施,提高定额资料统计工作质量,加强分析工作。

3. 技术测定法

技术测定法是根据先进合理的技术条件、组织条件,对施工过程各工序工作时间的各个组成部分,进行工作日写实,测时观察,分别测定每一工序的工时消耗,然后依靠测定的资料进行分析计算来制订定额。这是用典型调查的工作方法,通过实例来获得制订定额的工作时间消耗的全部资料,因而依据充分、准确程度较高,是比较科学的方法。

上述3种制订定额的方法,可结合具体情况具体分析,灵活运用,在实际工作中常是相互综合采用的。

测定定额并不是简单的数字综合，而是采用科学的方法，通过观察、记录、整理、分析等一系列的工作环节，对资料进行加工而制订出来的。测定定额时所取得的资料，可以作为建筑企业经营管理和经济核算的依据和标准，测定定额的过程，也是总结企业管理的先进经验，寻找薄弱环节的过程，并为不断改进生产工艺和工作方法创造条件，以促使后进班组达到并超出定额水平。因此，测定定额，对促进企业提高经营管理水平具有重要的意义。

三、工程定额的分类

1. 按定额反映的生产要素消耗内容分类

按照定额反映的生产要素消耗内容，可将定额分为人工消耗定额、材料消耗定额和机械消耗定额。

(1) 人工消耗定额。人工消耗定额是指完成一定合格产品所消耗的人工的数量标准。

(2) 材料消耗定额。材料消耗定额是指完成一定合格产品所消耗的材料的数量标准。

(3) 机械消耗定额。机械消耗定额是指完成一定合格产品所消耗的施工机械的数量标准。

2. 按定额的编制程序和用途分类

按照定额的编制程序和用途，可将定额分为施工定额、预算定额、概算定额、概算指标、投资估算指标。

(1) 施工定额。施工定额是完成一定计量单位的某一施工过程或基本工序所需消耗的人工、材料和机械台班数量标准。施工定额是施工企业组织生产和加强管理在企业内部使用的一种定额，属于企业定额的性质。施工定额的项目划分很细，是工程定额中分项最细、定额子目最多的一种定额，是工程定额中的基础性定额。

(2) 预算定额。预算定额是在正常的施工条件下，完成一定计量单位合格分项工程和结构构件所需消耗的人工、材料、施工机械台班数量及其费用标准。预算定额是一种计价性定额。从编制程序来看，预算定额是以施工定额为基础综合扩大编制的，同时也是编制概算定额的基础。

(3) 概算定额。概算定额是完成单位合格扩大分项工程或扩大结构构件所需消耗的人工、材料、施工机械台班数量及其费用标准，是一种计价性定额。概算定额是编制扩大初步设计概算、确定建设项目投资额的依据。概算定额项目划分较粗，与扩大初步设计的深度相适应，一般在预算定额的基础上综合扩大而成，每一综合分项概算定额都包含了数项预算定额。

(4) 概算指标。概算指标是以单位工程为对象，反映完成一个规定计量单位建筑安装产品的经济消耗指标。概算指标是概算定额的扩大与合并，以更为扩大的计量单位来编制的。概算指标的内容包括人工、材料、机械3个基本部分，同时还列出各结构分部的工程量及单位建筑工程（以体积或面积等计）的造价，是一种计价定额。

(5) 投资估算指标。投资估算指标是建设项目、单项工程、单位工程为对象，反映建设总投资及其各项费用构成的经济指标。它是在项目建议书、可行性研究阶段编制投资估算、计算投资需要量时使用的一种定额。它的概率程度与可行性研究阶段相适应。投资估算指标通常根据历史的预、决算资料和价格变动等资料编制，但其编制基础仍然离不开预算定额、概算定额。

上述各种定额的相互关系可参见表2-1。

各种定额间关系的比较 表2-1

项 目	施工定额	预算定额	概算定额	概算指标	投资估算指标
对象	施工过程或基本工序	分项工程和结构构件	扩大的分项工程或扩大的结构构件	单位工程	建设项目、单项工程、单位工程
用途	编制施工预算	编制施工图预算	编制扩大初步设计概算	编制初步设计概算	编制投资估算
项目划分	最细	细	较粗	粗	很粗
定额水平	平均先进	平均			
定额性质	生产性定额	计价性定额			

3．按专业分类

工程建设涉及众多的专业，不同专业所含内容不同，因此工程定额也需按不同专业分别进行编制和执行。

（1）建筑工程定额。按专业对象，其可分为建筑及装饰工程定额、房屋修缮工程定额、市政工程定额、铁路工程定额、公路工程定额、矿山井巷工程定额。

（2）安装工程定额。按专业对象，其可分为电气设备安装工程定额、机械设备安装工程定额、热力设备安装工程定额、通信设备安装工程定额、化学工业设备安装工程定额、工业管道安装工程定额和工艺金属结构安装工程定额等。

4．按主编单位和管理权限分类

工程定额可分为全国统一定额、行业统一定额、地区统一定额、企业定额和补充定额5种。

（1）全国统一定额。其是由国家建设行政主管部门综合全国工程建设中技术和施工组织管理的情况编制，并在全国范围内适用的定额。

（2）行业统一定额。其是考虑各行业部门专业工程技术特点，以及施工生产和管理水平编制的，一般只在本行业和相同专业性质的范围内使用。

（3）地区统一定额。其包括省、自治区、直辖市定额。地区统一定额主要考虑地区性特点对全国统一定额水平作适当调整和补充编制的。

（4）企业定额。其是施工单位根据本企业的施工技术、机械装备和管理水平编制的人工、施工机械台班和材料等的消耗标准。企业定额在企业内部使用，是企业综合素质的一个标志。企业定额水平一般应高于国家现行定额，才能满足生产技术发展、企业管理和市场竞争的需要。在工程量清单计价方式下，企业定额作为施工企业进行建设工程投标报价的计价依据，发挥着越来越大的作用。

（5）补充定额。其是随着设计、施工技术的发展，现行定额不能满足需要的情况下，为了补充缺陷所编制的定额。补充定额只能在指定范围内使用，可以作为以后修订定额的基础。

以上各种定额虽然适用于不同的情况和用途，但它们是一个相互联系的、有机的体系，在实际工作中配合使用。

5．按构成工程的成本和费用分类

（1）构成直接工程成本的定额

构成直接工程成本的定额是指直接费定额、其他直接费定额和现场经费定额。

(2) 构成工程间接费的定额

构成工程间接费的定额是指与建筑安装生产的个别产品无关,而为企业生产全部产品所必须发生的各项费用的消耗标准,包括企业管理费、财务费用和其他费用定额。

(3) 构成工程建设其他费用的定额

构成工程建设其他费用的定额是指应列入建设工程总成本的其他费用的消耗标准,包括土地征用费、拆迁安置费和建设单位管理费定额等。

第二节 施 工 定 额

一、施工定额的概念及作用

1. 施工定额的概念

施工定额是完成一定计量单位的某一施工过程或基本工序所需消耗的人工、材料和机械台班数量标准。

2. 施工定额的作用

(1) 施工定额是施工单位编制施工组织设计和施工作业计划的依据。编制施工组织设计和施工作业计划,都要以施工定额的分项和计量单位为依据,计算劳动力、机械和材料的需要量,排列施工进度计划和编制施工作业计划。

(2) 施工定额是施工队向班组签发施工任务单和限额领料单的依据。施工任务单是记录班组完成任务情况和结算班组工人工资的凭证。施工任务单上的工程计量单位、产量定额和计件单位,均需取自施工定额中的劳动定额,工资结算也需根据劳动定额计算。

限额领料单,是施工队随任务单同时签发领取材料的凭证。它是根据施工任务和施工定额中材料定额填写的,其中材料数量,是班组为完成任务消耗材料的最高限额。

(3) 施工定额是企业开展劳动竞赛的前提条件。能够按施工定额的要求完成和超额完成一定数量的合格产品,成为衡量一个工人在劳动竞赛中成绩大小的主要尺度。没有施工定额,劳动竞赛就失去了评比标准。

(4) 施工定额是计算劳动报酬、实行按劳分配的有效手段。施工定额是计算计件工资的基础,完成定额好,工资报酬就多;达不到定额,工资报酬就要减少。它充分体现多劳多得、少劳少得的按劳分配原则。

(5) 施工定额是施工单位编制施工预算、加强企业成本管理和经济核算的基础。施工预算是施工单位用以确定单位工程上人工、机械、材料和资金需要量的计划文件。施工预算是以施工定额为基础编制的。施工中人工、机械和材料费用,是构成工程成本中直接费的内容,对间接费的收支也有较大的影响。

(6) 施工定额是编制预算定额的基础。以施工定额水平作为预算定额的水平基础,不仅可以免除测定定额水平中大量繁杂的工作,而且使预算定额符合现实的施工生产和经营管理水平。

二、施工定额的内容

施工定额由劳动定额、材料消耗定额、机械台班使用定额3个部分组成。

1. 劳动定额

劳动定额也称人工定额,是在正常的生产技术和生产组织条件下,某工种、某技术等级的工人小组或个人,为完成单位合格产品所规定的劳动量消耗标准。劳动定额分为时间定额和产量定额 2 种表现形式。

(1)时间定额。即生产单位合格产品所消耗的劳动时间,以工日为单位、按现行劳动制度规定,每个工日工作时间为 8h。时间定额的计算方法如下:

$$单位产品的时间定额(工日) = \frac{1}{每工产量} \tag{2-1}$$

或

$$单位产品的时间定额(工日) = \frac{小组成员工日数总和}{小组产量} \tag{2-2}$$

(2)产量定额。即在单位时间内完成合格产品的数量,与时间定额互为倒数关系,即:

$$每工产量 = \frac{1}{单位产品的时间定额(工日)} \tag{2-3}$$

或

$$每工产量 = \frac{小组产量}{小组成员工日数总和} \tag{2-4}$$

2. 材料消耗定额

材料消耗定额,是指在节约和合理使用材料的条件下,生产单位合格产品所必须消耗的一定品种规格的材料、半成品、配件、构件等的数量标准。它包括材料的净消耗量和必要的工艺性损耗量,用公式表示如下:

$$材料消耗量 = 材料净用量 \times (1 + 材料损耗率) \tag{2-5}$$

3. 机械台班使用定额

机械台班使用定额是指完成单位合格产品所规定的机械台班消耗数量标准,按其表现形式可分为机械时间定额和机械产量定额。

机械时间定额是指在一定的操作内容、质量和安全要求的条件下,某种机械完成单位合格产品所需要的时间(如台时、台班等)标准。机械产量定额与机械时间定额互成倒数关系,即某种机械在单位时间(如台时、台班等)内所完成的合格产品数量标准。机械时间定额和机械产量定额与劳动定额的计算方法类似。

第三节 工程概、预算定额

一、预算定额的概念及作用

1. 预算定额的概念

预算定额是指在正常的施工条件下,完成一定计量单位合格分项工程和结构构件所需消耗的人工、材料、施工机械台班数量及其费用标准。

2. 预算定额的作用

(1)预算定额是编制施工图预算、确定工程预算造价的依据。如果把每个分项工程材料的耗用量规定过大,把每工日的劳动效率规定过低,会提高整个工程的预算造价。反之,如果定额规定的工料消耗量偏低,也会使工程预算造价失去真实性,容易引起施工企业亏损,难以调动企业广大职工生产的积极性。因此,必须准确地编制预算定额,并且不准任意修改和编制补充定额。

(2)预算定额是国家对基本建设进行计划管理和实行"厉行节约"方针的重要工具之一,由于预算定额是确定工程预算造价的依据,国家就可以将全国的基本建设投资和资源的消耗量,控制在一个合理的水平上,对基本建设实行计划管理。

(3)预算定额是比较、评价设计方案,进行技术经济分析的标准。一个建设项目投资和工程量的大小,取决于不同的设计方案及其技术水平。因此,通过预算定额分项工程价值的分析和比较,有助于进行设计方案的评选工作。

(4)预算定额是建筑安装企业进行经济核算与编制施工作业计划的依据。预算定额所规定的工料和施工机械台班消耗量等指标,是建筑安装企业在施工生产中工料消耗的标准额度,企业的经济核算必须以预算定额为标准。企业可根据它和施工图预算,来编制施工作业计划,组织材料采购、预制构件加工、劳动力以及施工机械的调配工作。

(5)预算定额是控制基本建设投资,办理工程拨、贷款和竣工结算的依据。建设项目的总投资是按总概算确定的,工程进度款是根据工程的实际形象进度按预算分项单价计算的,竣工结算也以工程预算为基础编制。

(6)预算定额是编制概算定额与概算指标的基础资料,概算定额是根据编制原则在预算定额基础上综合而成的,每一分项概算定额都包括数项预算定额。

二、概算定额的概念及作用

1. 概算定额的概念

概算定额是指完成单位合格扩大分项工程或扩大结构构件所需消耗的人工、材料、施工机械台班数量及其费用标准。

概算定额是预算定额的合并与扩大,它将预算定额中有联系的若干个分项工程项目综合为一个概算定额项目,如机场场道排水工程的现场浇筑混凝土、钢筋混凝土概算定额项目,就是以现场浇筑混凝土、钢筋混凝土为主,综合了沉降缝及伸缩缝、模板制作及修理、钢筋加工及绑扎等预算定额中分项工程项目。

2. 概算定额的作用

(1)概算定额是初步设计阶段编制单位工程概算,扩大初步设计(技术设计)阶段编制修正概算的依据。

(2)它是进行设计方案经济比较和评选的依据。

(3)它是编制概算指标的计算基础。

(4)在扩大结构工程进行期中结算时,概算定额又是划分工程项目、进行期中结算的依据。

(5)它是编制施工组织总设计中,为拟定总进度计划及各种资源等需要的依据。

三、预算、概算定额的内容

现行的预算、概算定额的内容包括总说明、各章节说明和定额项目表及定额附录,其中定额项目表是最主要的部分。

(1)总说明的内容。其包括:编制该定额的依据、定额的适用范围、包括的内容、对各章节都适用的统一规定、采用的标准以及有关编制补充定额和抽换定额的方法、规定等。

(2)各章、节说明的内容。其包括:本章、节的内容、工程项目的统一规定、工程量的计算规则、工程项目综合的内容及允许抽换的规定等。

(3)定额项目表的内容。其包括:工程项目名称及定额单位,工程项目包括的工程内容,完成定额单位工程所消耗的工、料、机名称、单位、代号和数量以及定额基价。定额基价是完成定额规定单位的分项工程量所需消耗的人工费、材料费、机械使用费的合计值,是计算其他直接费和现场经费的基数,是间接费和其他以费率计算的各项费用(税金除外)的计算依据。在以后的叙述中,凡费用名称前冠以"定额"二字的均表示是以定额基价为基数计算的。有些定额项目下还列有在章、节说明中未包括的,仅供本定额项目使用的注解。

附录常编在定额最后,多为提供参考数据、地区差价调整方法等。

四、定额运用要点

所谓运用定额就是"查定额",是根据编制概、预算的具体条件和目的,查得需要的正确定额项目(或子目)的过程。为了快速、正确地查找定额,在运用时应遵循以下 8 个要点。

(1)反复学习,熟练掌握定额。

(2)根据项目工程内容,正确选择定额细目。

(3)施工方法要依施工组织设计而定。

(4)核对工作内容,防止漏列、重列,并进一步确定定额子目。

(5)核对工程量单位和定额的计量单位。

(6)详细阅读说明和小注。

(7)根据设计图纸和施工组织设计,检查子目中有无需要抽换的定额。

(8)多实践,多练习,熟能生巧。

复习思考题

1. 工程定额的概念和作用是什么?
2. 工程定额有哪些特性?
3. 制定工程定额的基本方法有哪些?
4. 工程定额主要有哪几种?
5. 施工定额的主要内容有哪些?
6. 施工定额、预算定额、概算定额三者相互之间有什么关系?
7. 预算、概算定额的概念及作用是什么?
8. 预算、概算定额手册的内容主要包括哪几部分?
9. 怎样查定额手册?

第三章 流水施工组织原理

第一节 流水施工的基本概念

一、施工组织方式

任何建筑工程,从一个大型项目直至一个小的建筑或构筑物,它的施工都可以分解成许多个施工过程,而每一个施工过程通常是由一个(或多个)专业施工队(组)负责进行施工。每一个工程的施工活动中包含劳动力和机械设备的调配、建筑材料和构(配)件的供应等组织问题,其中最基本的部分是劳动力的组织安排问题。劳动力组织安排的不同,便构成不同的施工方式。通常采用的主要施工作业方式可以归纳为3种类型,即依次作业方式、平行作业方式和流水作业方式。通过例题对上述3种施工组织方式进行分析、比较,更能清楚地说明流水施工的基本概念和优越性。现举例说明。

【例 3-1】 某机场平行公路设有4座石拱涵,石拱涵的施工过程大致分为土方开挖、侧墙砌筑、拱圈砌筑和底面铺筑。假设各石拱涵工程量相等,各施工过程所需人数及在每个涵洞上的作业持续时间见表3-1。试组织施工。

各施工过程所需人数及时间汇点　　　　表3-1

施工过程	人数	施工天数(d)	施工过程	人数	施工天数(d)
土方开挖	7	2	拱圈砌筑	7	3
侧墙砌筑	8	2	底面铺筑	6	1

【解】 (1)方法一。4座涵洞按先后顺序进入施工,次一座涵洞必须是在前一座涵洞竣工后再进入施工,如图3-1所示。或者是4个施工过程一个接一个地按次序进行施工,即次一施工过程必须是在前一施工过程在各个涵洞上作业完毕后再进入作业,如图3-2所示。类似于这样的施工作业安排和组织方式称为依次作业方式。

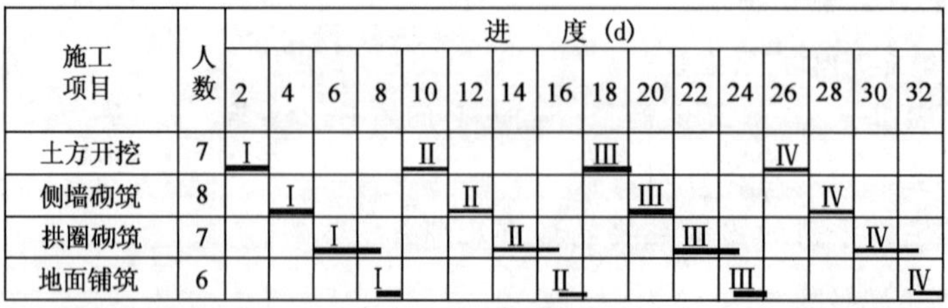

施工项目	人数	进度 (d) 2 4 6 8 10 12 14 16 18 20 22 24 26 28 30 32
土方开挖	7	Ⅰ　　Ⅱ　　Ⅲ　　Ⅳ
侧墙砌筑	8	Ⅰ　　Ⅱ　　Ⅲ　　Ⅳ
拱圈砌筑	7	Ⅰ　　Ⅱ　　Ⅲ　　Ⅳ
地面铺筑	6	Ⅰ　　Ⅱ　　Ⅲ　　Ⅳ

图 3-1　依次作业方式

(2)方法二。安排4个作业队分别在4个涵洞上同时从事同一种作业,如图3-3所示,这种施工作业安排和组织方式称为"平行作业方式"。

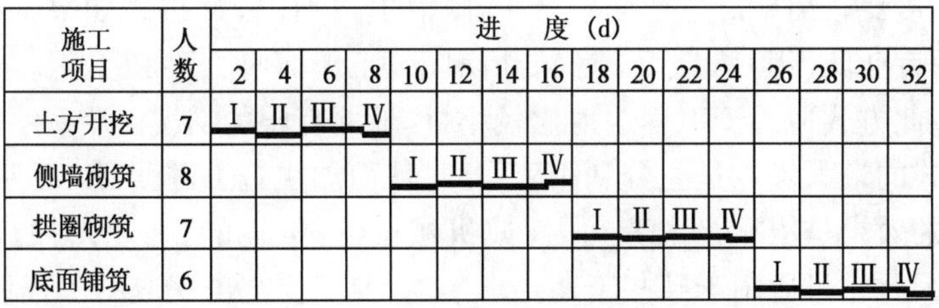

施工项目	人数	进度 (d)														
		2	4	6	8	10	12	14	16	18	20	22	24	26	28	30	32
土方开挖	7	Ⅰ	Ⅱ	Ⅲ	Ⅳ												
侧墙砌筑	8					Ⅰ	Ⅱ	Ⅲ	Ⅳ								
拱圈砌筑	7									Ⅰ	Ⅱ	Ⅲ	Ⅳ				
底面铺筑	6													Ⅰ	Ⅱ	Ⅲ	Ⅳ

图 3-2　依次作业方式

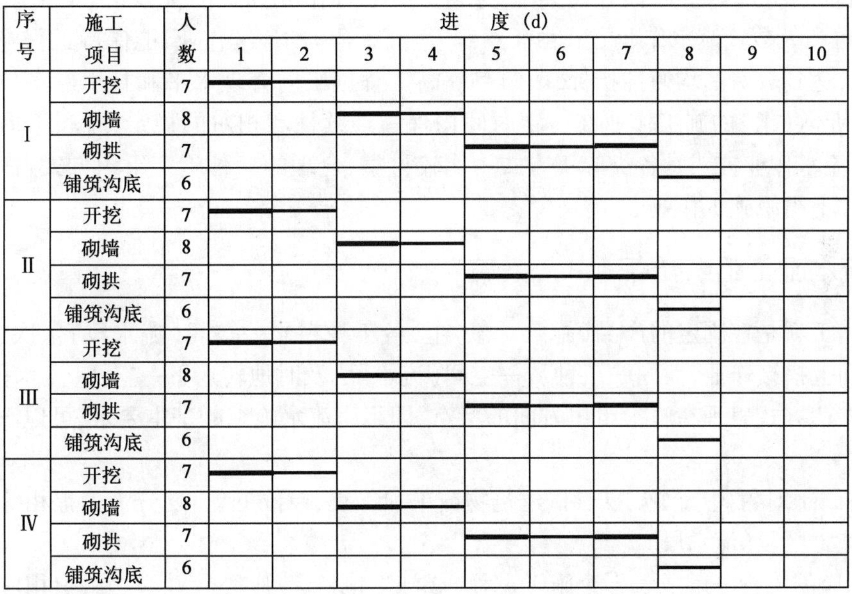

序号	施工项目	人数	进度 (d)									
			1	2	3	4	5	6	7	8	9	10
Ⅰ	开挖	7										
	砌墙	8										
	砌拱	7										
	铺筑沟底	6										
Ⅱ	开挖	7										
	砌墙	8										
	砌拱	7										
	铺筑沟底	6										
Ⅲ	开挖	7										
	砌墙	8										
	砌拱	7										
	铺筑沟底	6										
Ⅳ	开挖	7										
	砌墙	8										
	砌拱	7										
	铺筑沟底	6										

图 3-3　平行作业方式

(3) 方法三。组织 4 个专业队分别承担上述 4 个施工过程，各专业队完成一个涵洞上的施工任务后，便依次转入下一个涵洞上作业，当前一个专业队完成一个涵洞上的工作后，便为下一个施工过程提供了作业面，负责该施工过程的作业队便可投入施工。这种施工作业安排和组织方式称为"流水作业方式"，如图 3-4 所示。

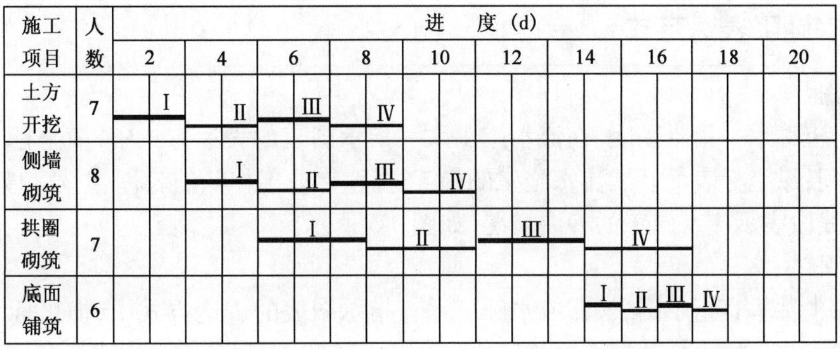

施工项目	人数	进度 (d)									
		2	4	6	8	10	12	14	16	18	20
土方开挖	7	Ⅰ	Ⅱ	Ⅲ	Ⅳ						
侧墙砌筑	8		Ⅰ	Ⅱ	Ⅲ	Ⅳ					
拱圈砌筑	7			Ⅰ	Ⅱ	Ⅲ	Ⅳ				
底面铺筑	6							Ⅰ	Ⅱ	Ⅲ	Ⅳ

图 3-4　流水作业方式

从例【3-1】可以看出,采用依次作业方式组织施工,最主要的优点是现场施工作业比较单一,施工的组织调度比较简单。主要问题是工作面的空闲比较严重。如果工程所提供的施工作业面比较大,而专业队(组)人数又较少的情况下,工作面将大面积空闲。其结果将使工期明显拖长。因此,此方式适用于工程规模比较小,作业面有限的情况。

平行作业方式的最大优点是充分利用工作面,从而加快施工进度,使工期大为缩短。但这种加快施工进度的效果是依靠投入劳动力(或机械设备)取得的,因此,它的主要缺点是资源使用过于集中。因此它只适用于某些工期要求紧迫,或需要突击完成的工程任务。

流水作业方式与依次作业方式相比,通过合理地利用施工作业的空间(工作面)来达到争取时间(缩短工期)的目的,而在一定程度上保留平行作业方式的优点,但又不增加专业队(组)的数目和人数。流水作业方式由于组织专业队(组)的连续作业,能保持工程施工的连续性、节奏性,达到较好的均衡性指标,改善和提高工程施工的管理水平和技术经济效果。流水施工中,专业队(组)的施工作业在一定时间内保持连续性和相对的稳定,有利于提高劳动效率。可见,流水作业方式是各类施工方式中比较科学、合理的一种施工组织方式,适用于在正常施工条件下组织施工作业。

二、流水施工组织要点

流水施工就是在固定的产品(施工对象)上,各工种在同一空间(流水段)依次连续施工、在不同空间上搭接作业,而同一工种从一空间(流水段)及时地转入下一空间(流水段)连续作业。流水作业方式表现在施工组织方面的特点,即组织流水施工的基本要求,可以归纳为以下3个要点。

(1)将施工对象(整个施工项目、建筑物或单项工程、单位工程)划分为工程相等或大致相等的若干施工区段(流水段)。

(2)相应的工程分解成若干个施工过程(或施工项目、工序等),并为之组织相应的专业队(组),负责该施工过程的施工作业。

(3)同一专业队(组)按照一定的时间间隔,依次地、连续地由一个区段(流水段)转移到另一个施工区段(流水段),重复着同样的施工作业,而不同的专业队(组)之间,按照一定的施工程序和时间间隔在同一区段(流水段)上依次、连续作业,在不同的区段(流水段)上搭接作业。

三、流水施工表达方式

1. 横道图

横道图,也称水平指示图表,在流水施工水平指示图表的表达方式中,横坐标表示流水施工的持续时间;纵坐标表示开展流水施工的施工过程、专业工作队的名称、编号和数目;呈梯形分布的水平线段表示流水施工的开展情况,如图3-5所示。

2. 垂直图

垂直图,也称垂直指示图表,在流水施工垂直指示图表的表达方式中,横坐标表示流水施工的持续时间;纵坐标表示开展流水施工所划分的施工段编号;条斜线段表示各专业工作队或施工过程开展流水施工的情况,如图3-6所示。

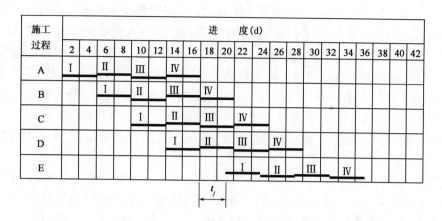

图 3-5　等节奏流水施工进度横道图

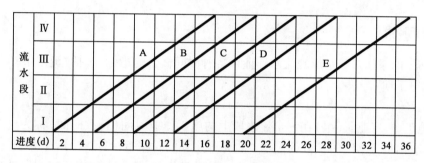

图 3-6　等节参流水施工进度垂直图

第二节　流水施工的参数

由流水施工的基本概念和组织流水施工的基本要点可知,工程对象的分段、施工过程的分解、各专业队施工的合理搭接以及专业队(组)的组织,是流水施工组织安排中的基本问题。围绕这几方面的问题,流水施工方法归纳出若干个流水基本参数,并通过这些参数的合理选定进行流水施工的具体组织。

流水施工的基本参数有:空间参数、工艺参数及时间参数。

一、空间参数

组织流水施工,首先应把施工对象划分为若干个流水段(施工区段),为开展流水施工提供必要的工作空间。划分的流水段数目就是空间参数,用符号 M 表示。例如,图 3-4 所示流水作业的空间参数 $M=4$。

二、工艺参数

工艺参数是指一个流水组中所包含的施工过程(或专业队)的数目,用符号 N 表示。流水施工的工艺参数概念,从流水参数计算的要求出发,作如下定义。

(1)一个流水组涉及的工程中,只是那些组织到流水中的施工过程才属于工艺参数的计数范围。在组织工程的流水施工时,并不是所有的施工过程都组入流水作业,只有那些对工程施工进程有直接影响的施工过程才组入流水中。那些没有组入流水的施工过程,对于流水施工的参数计算不发生作用。因此,这部分不组入流水施工过程不属于工艺参数的计数范围。

(2)当专业队(组)的数目与组入流水的施工过程的数目一致(即每一个施工过程只安排一个专业队施工)时,工艺参数的计数是一致的。当组入流水的施工过程由两个(或两个以上)专业队施工时,流水组工艺参数按下述不同情况分别确定。

①当流水组中组入流水的所有专业队(组)都属于搭接施工的情况,工艺参数以专业队(组)的数目计算。

②当其中某些专业队(在同一个施工过程内部从事同一工作的专业队)采用平行作业方式齐头并进地施工时,则平行作业的相邻专业队(组)只能作为一个队(施工过程)计数。

如图3-4所示,流水的4个施工过程分别各由一个专业队负责施工,因此该流水组的工艺参数 $N=4$。

三、时间参数

流水施工的时间参数是反映流水作业中各种时间概念的指标,包括"流水节拍"、"流水步距"、"流水组工期"等。

1. 流水节拍

流水施工中,专业队(组)在一个流水段上的施工作业时间(持续时间)称为一个"流水节拍"。流水节拍是流水时间参数的最基本也是最主要的时间指标,用符号 t 表示。

从流水节拍的定义可知,流水节拍作为一种时间值,它的大小取决于流水段的规模(即流水段的工程量)和专业队(组)的组成及人数。在某种情况下,流水节拍的确定还应考虑工程施工工期的要求。因此,确定流水节拍的方法主要有以下两种。

(1)根据流水段的规模和专业队人数(或主导施工机械台数)计算流水节拍,即:

$$t_i^j = \frac{Q_i^j}{S_i R_i} = \frac{P_i^j}{R_i} \tag{3-1}$$

式中:t_i^j——第 i 专业队在第 j 流水段上的流水节拍,用时间单位(如小时、班、天…)计量;

i——专业队的编号($i=1,2,\cdots,N$);

j——流水段的编号($j=1,2,\cdots,M$);

Q_i^j——第 i 专业队在第 j 流水段上承担的工程量;

S_i——第 i 专业队的劳动生产率;

R_i——第 i 专业队的人数(或机械台数);

P_i^j——施工过程在第 j 流水段上的劳动量(工日或机械台班数)。

(2)根据工程的施工工期的限制确定流水节拍

流水节拍的大小与流水组的施工工期和整个工期有直接关系。通常情况下,流水节拍越大,工程的工期越长,流水节拍越小,工程的工期将缩短。因此,当工程的施工工期受到限制,或要求缩短时,必须从要求的工期反过来倒排进度。也就是利用工期计算公式确定出流水节拍的大小,然后利用式(3-1)计算出所需配备的专业队人数或施工机械台数。此时应检查劳动力和机械是否满足需要。

按上述方法所确定的流水节拍,必须校核是否符合最小工作面的要求,并应检查各种材料的需求量是否能够保证供应。如有矛盾,必须进一步调整专业队(组)的人数或重新划分流水段。

2. 流水步距

流水步距是指两个相邻施工过程(专业队)进入流水(开始流水作业)的时间距离,用符号$K_{i,i+1}$表示,i为前一个施工过程(专业队)的编号,$i+1$为紧后施工过程(专业队)的编号。流水步距用时间单位(如小时、班、天…)计量。

3. 技术间歇时间

在工程施工中,某些施工过程由于工艺上或质量安全方面的要求,在两个相邻施工过程间必须留有一定的时间间歇,即技术间歇时间,用符号t_j表示。

例如,混凝土的养护时间就属于技术间歇时间。技术间歇时间通常由施工技术规范规定。在流水施工中,技术间歇时间通常可以同流水步距时间合并处理。因此,流水步距的广义概念可以定义为"组织间歇与技术间歇之和"。

4. 流水组的施工工期

一个流水组的施工,从第一个施工过程开始投入流水作业到最后一个施工过程退出流水作业的持续时间,就是流水组的施工工期,用符号T_L表示,则:

$$T_L = \sum K + T_N \tag{3-2}$$

式中:$\sum K$——流水组中各个流水步距的总和;

T_N——流水组中最后一个施工过程的流水作业持续时间,即:

$$T_N = \sum_{j+1}^{M} t_N^j \tag{3-3}$$

第三节 流水施工的组织方式

一、组织流水施工基本方式

建筑工程施工的流水,主要是依靠各专业队(组)施工作业的相互配合和协调一致来实现的。这种协调和配合,通过时间(流水节拍、流水步距)和空间(流水段)的概念来表现出来,就是施工的节奏性问题。流水施工的节奏是由流水节拍决定的。在多数情况下,一个流水组中各个施工过程的流水节拍不一定相等,甚至一个施工过程本身在不同流水段上的流水节拍也不相等,因此形成不同的节奏特征。根据流水组节奏特征的不同,可把流水施工分成等节奏流水、不等节奏流水和无节奏流水3种类型。

1. 等节奏流水

当流水组中所有施工过程本身在各流水段上的作业时间(流水节拍)都相等,且各个施工过程相互之间流水节拍也相等,即:

$$t_i^j = 常数 \quad (i = 1,2,\cdots,N; j = 1,2,\cdots,M)$$

时,我们把这种节奏特征的流水称为"等节奏流水"。

图3-5表示的流水施工计划便是等节奏流水的类型。等节奏流水施工计划在垂直图上反映的特征是各施工过程的进度线为同斜率的平行线,如图3-6所示。

2. 不等节奏流水

不等节奏流水也称异节奏流水。它的特征是：

(1) 组入流水的各施工过程，各自的流水节拍完全相等，即：

$$t_i^1 = t_i^2 = \cdots = t_i^M$$

(2) 但不同施工过程之间，流水节拍不完全相等，如：

$$t_i \neq t_{i+1}$$

图 3-7 表示的流水施工计划便是不等节奏的类型。不等节奏流水在垂直图上所反映的特征是各施工过程的进度线是不同斜率（或斜率不完全相等）的直线，如图 3-8 所示。

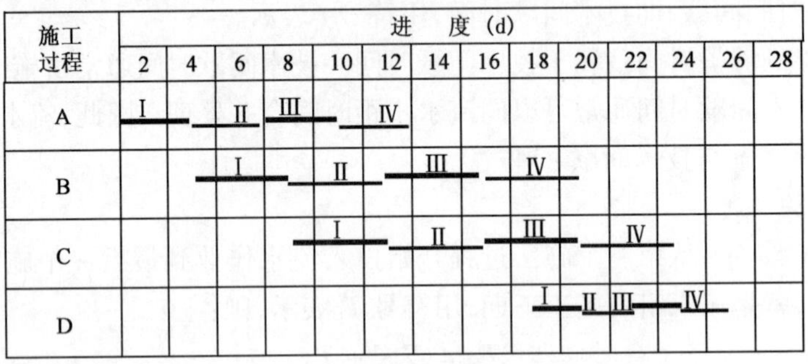

施工过程	进度 (d)													
	2	4	6	8	10	12	14	16	18	20	22	24	26	28
A	Ⅰ	Ⅱ	Ⅲ	Ⅳ										
B			Ⅰ		Ⅱ		Ⅲ		Ⅳ					
C				Ⅰ		Ⅱ		Ⅲ		Ⅳ				
D									Ⅰ Ⅱ Ⅲ		Ⅳ			

图 3-7 不等节奏流水施工进度横道图

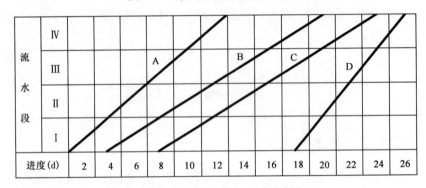

图 3-8 不等节奏流水施工进度垂直图

3. 无节奏流水

在一个流水组中，各施工过程（全部或部分）本身在各流水段上的作业时间（流水节拍）不完全相等，如 $t_i \neq t_{i+1}$。这种流水称为无节奏流水。

图 3-9 为无节奏流水施工进度横道图；图 3-10 为无节奏流水施工进度垂直图。无节奏流水施工进度在垂直图上的表现特征是各施工过程的进度线全部或部分为折线形。

二、流水步距的确定

由流水步距的定义可知，流水步距的大小取决于相邻施工过程的流水节拍的大小和差异情况以及技术间歇要求。而确定适当的流水步距，根本目的是保证每个施工过程一旦进入流水作业，能连续不断地进行到最后（退出流水）。基于这样一个连续性的要求及流水步距与流水节拍、技术间歇之间的关系，下面就阐述确定流水步距的原理。

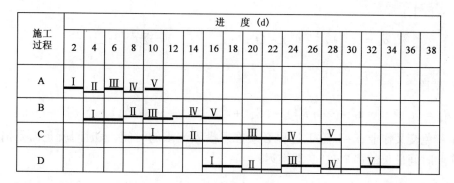

图3-9 无节奏流水施工进度横道图

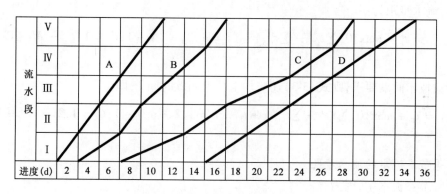

图3-10 无节奏流水施工进度垂直图

1. 无节奏流水的流水步距

设某相邻两个施工过程时 i 和 $i+1$ 的流水节拍如图 3-11 所示。图中先以 t_i^1 作为两者的开始进入流水的时间距离,结果从第 2 流水段开始,两个施工过程发生交叉,其交叉作业时间用 "d" 表示,并把 d 称为"等待"时间,则有:

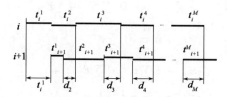

图3-11 两相邻施工过程的交叉作业时间

在第1段上:
$$d_1 = 0$$

在第2段上:
$$d_2 = t_i^2 - t_{i+1}^1 = \sum_{j=1}^{1} t_i^{j+1} - \sum_{j=1}^{1} t_{i+1}^j$$

在第3段上:
$$d_3 = (t_i^2 + t_i^3) - (t_{i+1}^1 + t_{i+1}^2) = \sum_{j=1}^{2} t_i^{j+1} - \sum_{j=1}^{2} t_{i+1}^j$$

29

在第 4 段上：
$$d_4 = (t_i^2 + t_i^3 + t_i^4) - (t_{i+1}^1 + t_{i+1}^2 + t_{i+1}^3) = \sum_{j=1}^{3} t_i^{j+1} - \sum_{j=1}^{3} t_{i+1}^j$$

⋮

在第 M 段上：
$$d_M = (t_i^2 + t_i^3 + t_i^4 + \cdots + t_i^M) - (t_{i+1}^1 + t_{i+1}^2 + t_{i+1}^3 + \cdots + t_{i+1}^M) = \sum_{j=1}^{M-1} t_i^{j+1} - \sum_{j=1}^{M-1} t_{i+1}^j$$

为了避免交叉作业，$i+1$ 施工过程必须推迟投入流水的时间，该时间就是需要消除的各段交叉作业时间最长的那个时间，即推迟：

$$d = \max\{d_1, d_2, d_3, \cdots, d_M\} = \max\left\{0, \sum_{j=1}^{G} t_i^{j+1} - \sum_{j=1}^{G} t_{i+1}^j\right\} \quad (G = 1, 2, \cdots, M-1)$$

所以，流水步距为：

$$K_{i,i+1} = t_i^1 + \max\left\{0, \sum_{j=1}^{G} t_i^{j+1} - \sum_{j=1}^{G} t_{i+1}^j\right\} \quad (i = 1, 2, \cdots, N-1; G = 1, 2, \cdots, M-1) \tag{3-4}$$

若考虑技术间歇要求，则式(3-3)还应加上技术间歇时间 t_j，即：

$$K_{i,i+1} = t_i^1 + \max\left\{0, \sum_{j=1}^{G} t_i^{j+1} - \sum_{j=1}^{G} t_{i+1}^j\right\} + t_j \quad (i = 1, 2, \cdots, N-1; G = 1, 2, \cdots, M-1) \tag{3-5}$$

2. 不等节奏流水的流水步距

在不等节奏流水中，因为：
$$t_i^1 = t_i^2 = t_i^3 = \cdots = t_i^M = t_i$$
$$t_{i+1}^1 = t_{i+1}^2 = t_{i+1}^3 = \cdots = t_{i+1}^M = t_{i+1}$$
$$t_i \neq t_{i+1}$$

则由式(3-4)得：

当 $t_i > t_{i+1}$ 时：
$$\begin{aligned}K_{i,i+1} &= t_i^1 + \max_{G=1}^{M-1}\left\{0, \sum_{j=1}^{G} t_i^{j+1} - \sum_{j=1}^{G} t_{i+1}^j\right\} + t_j \\ &= t_i + \max_{G=1}^{M-1}\left\{0, \sum_{j=1}^{G} t_i^{j+1} - \sum_{j=1}^{G} t_{i+1}^j\right\} + t_j \\ &= t_i + \left(\sum_{j=1}^{M-1} t_i^{j+1} - \sum_{j=1}^{M-1} t_{i+1}^j\right) + t_j \\ &= t_i + (M-1)(t_i - t_{i+1}) + t_j\end{aligned}$$

当 $t_i < t_{i+1}$ 时：
$$\sum_{j=1}^{G} t_i^{j+1} - \sum_{j=1}^{G} t_{i+1}^j < 0 \quad (G = 1, 2, \cdots, M-1)$$

所以：
$$K_{i,i+1} = t_i^1 + t_j = t_i + t_j$$

综上所述，不等节奏流水的流水步距计算式为：

$$K_{i,i+1} = \begin{cases} t_i + (M-1)(t_i - t_{i-1}) + t_j & (t_i > t_{i+1}) \\ t_i + t_j & (t_i < t_{i+1}) \end{cases} \tag{3-6}$$
$$(i = 1, 2, \cdots, N-1)$$

3. 等节奏流水的流水步距

在等节奏流水中,因为 $t_i = t_{i+1}$,因此:

$$\sum_{j=1}^{G} t_i^{j+1} - \sum_{j=1}^{G} t_{i+1}^j = 0$$

所以

$$K_{i,i+1} = t_i^1 + \max\{0,0\} + t_j = t_i + t_j$$

即:

$$K_{i,i+1} = t_i + t_j \quad (i = 1,2,\cdots,N-1) \tag{3-7}$$

【例 3-2】 某流水组由 4 个施工过程(A、B、C、D)组成,划分为 6 个流水段($M=6$),各施工过程的流水节拍如表 3-2 所示,试计算流水步距、流水组工期,并绘出相应的流水施工进度图。

各施工过程的流水节拍   表 3-2

施工过程 i \ 流水节拍(d) \ j	流水段					
	1	2	3	4	5	6
A	2	3	4	3	2	1
B	1	2	3	2	2	1
C	2	3	2	2	1	3
D	4	2	3	3	4	3

【解】 (1)计算流水步距

该流水属于无节奏流水,因此采用式(3-4)计算各流水步距。

$$K_{A,B} = t_A^1 + \max_{G=1}^{5}\left\{0, \sum_{j=1}^{G} t_A^{j+1} - \sum_{j=1}^{G} t_B^j\right\}$$

$$= t_A^1 + \max\begin{cases} 0 \\ t_A^2 - t_B^3 \\ (t_A^2 + t_A^3) - (t_B^1 + t_B^2) \\ (t_A^2 + t_A^3 + t_A^4) - (t_B^1 + t_B^2 + t_B^3) \\ (t_A^2 + t_A^3 + t_A^4 + t_A^5) - (t_B^1 + t_B^2 + t_B^3 + t_B^4) \\ (t_A^2 + t_A^3 + t_A^4 + t_A^5 + + t_A^6) - (t_B^1 + t_B^2 + t_B^3 + t_B^4 + t_B^5) \end{cases}$$

$$= 2 + \max\begin{cases} 0 \\ 3 - 1 = 2 \\ (3+4) - (1+2) = 4 \\ (3+4+3) - (1+2+3) = 4 \\ (3+4+3+2) - (1+2+3+2) = 4 \\ (3+4+3+2+1) - (1+2+3+2+2) = 3 \end{cases}$$

$$= 2 + 4 = 6(d)$$

$$K_{B,C} = t_B^1 + \max_{G=1}^{5}\left\{0, \sum_{j=1}^{G} t_B^{j+1} - \sum_{j=1}^{G} t_C^j\right\}$$

$$= 1 + \max \begin{cases} 0 \\ 2-2=0 \\ (2+3)-(2+3)=0 \\ (2+3+2)-(2+3+2+2)=0 \\ (2+3+2+2)-(2+3+2+2)=0 \\ (2+3+2+2+1)-(2+3+2+2+1)=0 \end{cases}$$

$$= 1 + 0 = 1(\mathrm{d})$$

$$K_{\mathrm{C,D}} = t_{\mathrm{C}}^{1} + \max_{G=1}^{5} \{0, \sum_{j=1}^{G} t_{\mathrm{C}}^{j+1} - \sum_{j=1}^{G} t_{\mathrm{D}}^{j}\}$$

$$= 2 + \max \begin{cases} 0 \\ 3-4=-1 \\ (3+2)-(4+2)=-1 \\ (3+2+2)-(4+2+3)=-2 \\ (3+2+2+1)-(4+2+3+3)=-4 \\ (3+2+2+1+3)-(4+2+3+3+4)=-5 \end{cases}$$

$$= 2 + 0 = 2(\mathrm{d})$$

(2)计算流水组工期(T_L)

$$T_L = \sum K + L_N = 6 + 1 + 2 + 4 + 2 + 3 + 3 + 4 + 3 = 28(\mathrm{d})$$

(3)绘制流水施工进度表

流水施工进度表绘制于图3-12中。

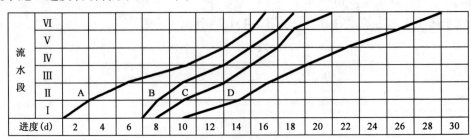

图3-12 流水施工进度

第四节 流水施工组织计划的编制

前两节阐述了流水施工的基本概念及基本原理,本节将进一步讨论有关编制一项工程,或者一个建筑物、构筑物的流水施工组织计划的问题。

一、流水段的划分

划分流水段的目的是为各施工过程的流水作业开辟必要的空间,使每个施工过程的施工进程在空间上有明确的分界,以便组织各专业队之间开展协调的流水作业。流水段的划分是组织流水施工的基础,而正确、合理地划分流水段,对达到流水施工连续性、节奏性起着重要作用。因此,为了保证流水施工的顺利进行,达到较好的流水施工效果,首先要做好流水段的合理划分。

1. 划分流水段的基本要求

(1)流水段的大小决定着施工过程在各流水段上工程量的大小,为了使每个施工过程的流水作业保持较好的连续性、均衡性和节奏性,要求所划分的各个流水段的工程量(或劳动量)尽可能相等或相近。

(2)一般地说,流水段的划分越细,即划分的流水段数目越多,对于流水的连续性、均衡性是有利的,而且将使整个流水组工期缩短。但是,作为专业队(组)进行施工作业的空间,所划分的流水段必须保证各专业队(组)有足够的工作面,使施工作业能在安全的条件下进行。

(3)为了保证工程的施工质量和满足施工操作的要求,流水段的划分必须以不影响工程质量和不违反操作要求为前提,如不能在不允许留施工缝的部位分段。

(4)对于某些主要以施工机械施工的工程项目,流水段的划分必须满足施工机械操作半径的区间限制,以利于提高机械的使用效率和确保机械施工操作的安全。

2. 流水段的划分方法

根据上述流水段划分的基本要求,在实际工程中具体划分流水段的方法,可按工程对象的不同特点,采用以下4种方法。

(1)利用工程的结构特征,以某些结构的自然分界作为流水段的分界。如道面板的伸缩缝、管沟面积的接合部位等。

(2)对于线性工程,可根据其主导施工过程的工程量为平衡条件,按工程的长度等比例分段。

(3)对于小型的建筑工程(如涵洞、出水口、井等),由于工作面限制,一般较难在建筑物(或构筑物)的内部划分流水段。这时,可以每一个(或若干个)建筑物(或构筑物)作为一个流水段。

(4)在同一个流水组中,各个施工过程原则上应当采用相同的分段界线和相同的流水段数。

二、施工过程的分解

施工过程的分解是以施工工艺的客观要求和劳动组织的具体条件为依据的。因此,分解施工过程时必须根据工程计划的性质、工程本身的构造特点、采用的施工方法,以及劳动组织的具体条件等多方面因素,进行全面的考虑。

(1)计划的性质与施工过程的分解。

计划的性质不同,施工过程分解的粗细程度不同。控制性的计划(如总进度计划)对工程施工起指导作用,一般它包含的内容和范围比较大,故施工过程的划分应当粗些。而实施性的计划(如单位工程进度计划)要求编得具体些,则施工过程必须划分得细些。

(2)分解施工过程必须以工程对象的构造特征、决定采用的施工方法以及相应的施工工艺要求为依据。

(3)劳动组织与施工过程的划分。

在流水施工中,划分施工过程也是为了组织相应的专业队(组)分别承担施工任务,因此施工过程的划分必须充分考虑现有施工队伍的劳动组织状况和施工习惯要求,以及施工队

(组)专业分工的现状；同时还要考虑施工机械的配制条件和组织条件，便于专业队(组)的组织，利于充分发挥工人的积极性和操作能力，使劳动生产率得以提高。

为了流水施工组织更为合理，施工过程的分解应当注意劳动量的相对平衡。如果划分的几个施工过程中，有的劳动量(工程量)很大，有的施工过程劳动量很小，这种比例的悬殊，将造成流水施工组织上的困难。因此，施工过程的划分，应尽可能使各个施工过程的劳动量比较接近。如果这样做有困难时，也可以采取将几个劳动量小的(工序上相邻的)施工过程合并成一个施工过程，或是将劳动量小的工作并入相邻的主导施工过程。

三、流水节拍的确定

1. 确定流水节拍的依据

从式(3-1)中可以看出，流水节拍的大小，与流水段的工程量 Q_i^j 成正比，与专业队(组)的人数(R_i)及劳动生产率(S_i)成反比。因此，流水节拍与流水段的划分和专业队(组)的组成有直接关系。

当工程的施工任务没有对工期提出明确的限制时，一般可按初步拟定的流水段划分方案和专业队(组)的组织方案，由式(3-1)计算出有关施工过程的流水节拍。由求出的流水节拍利用式(3-2)推算出工期指标。如果计算出的工期是可接受的、合理的，则已经初步确定的有关流水节拍值就是可取的，只需要在进一步的流水施工方案的具体化过程中作个别的、必要的调整。如果推算出的工期问题较大，还需反过来对流水节拍作较大的调整，通过重新划分流水段或改变专业队(组)的组成等措施进行处理。

在一些工程施工计划中，先提出工期的限制要求，规定施工的时间限制。遇到这种情况时，可以运用工期计算公式，从工期反推出主导施工过程的流水节拍值范围。然后以这些主导施工过程的流水节拍为依据进一步确定(选择)其他施工过程的流水节拍，并根据这些流水节拍的大小作为划分流水段和组织专业队(组)的参考依据，进行空间参数和工艺参数的具体选择。

2. 确定流水节拍时应注意的问题

(1) 劳动组织的实际条件

专业队(组)的组织一方面要照顾施工队伍专业组织的现实条件，尽可能不过多地改变原有的劳动组织状况，以便于对施工的组织领导。另一方面，任何施工活动对操作人数都有一定的限制，作业班组的人数有起码的要求。因此，如果确定的流水节拍决定某施工过程的专业队(组)人数低于最低限额，则将失去这个计划的现实意义。与此相反，如果流水节拍决定专业队(组)的人数超出了相应工种人数的供应条件，也是不合理的。

(2) 工作面条件

在一定的流水段内，为各施工过程提供的施工操作空间是有限的。因此流水节拍的确定必须保证有关的专业队有足够的施工操作场所，保证施工操作的安全和能充分发挥专业队(组)的劳动效率。

(3) 施工过程本身在操作上的时间限制

在施工中，通常有一些施工过程因技术操作方面，或安全、质量方面有一定的限制，要求作业时间的长度，施工作业的连续，都不能超出限制要求，在确定流水节拍时，都应当满足相应的限制要求。

以上叙述了确定流水节拍应注意的几个主要问题,此外,我们还必须考虑材料和构(配)件的供应能力以及机械设备的实际负荷能力和可能提供的机械设备数量等因素对流水节拍值的影响。流水节拍值通常取时间的整数值为宜,在某种情况下,因确有必要,也可采用"半天"为最小计量单位。

四、流水施工的合理组织

1. 间断流水及其处理

在某些流水组中,有一些施工过程因劳动量较少,或劳动组织上的限制,流水节拍必须小于主导施工过程的流水节拍,而且相差的程度很大。在这种情况下,过分强调所有施工过程的连续性,可能导致不合理延长工期和工艺上的不良效果。对于这种施工过程,处理成间断流水的方式不但是必要的,也是合理的。

例如,某工程的基础施工,划分成 4 个流水段和 5 个施工过程组织流水作业,先按全部施工过程都不间断的处理办法编排出流水组进度计划,如图 3-13 所示。

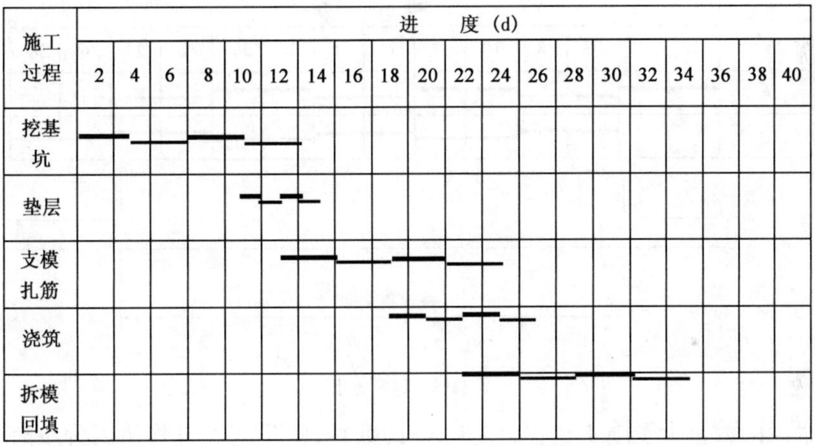

图 3-13 流水组进度计划

如果将"垫层""浇混凝土"这两个施工过程处理成间断流水的方式,编排的计划如图 3-14 所示。

两种安排对比,前一个方案(图 3-13)流水组的工期为 33d,后一个方案(图 3-14)流水组的工期 24d,工期缩短 27%。同时,由于垫层的间断作业,保证了挖土之后立即做垫层,效果更为合理。此例说明,流水施工的连续性问题不能绝对化。保持主导施工过程的连续作业是根本的要求,其他的施工过程是否连续,应从整体效果的权衡中作分析,以全面的效果为标准进行具体处理。

2. 流水段数与施工过程数的关系

流水段是提供各施工过程进行施工作业的空间条件(工作面)。为了能实现各施工过程的连续作业和搭接施工,流水段的数目必须满足在同一时间内所有的专业队组各有一个工作面(流水段)。一般来说,流水段的数目越多,各专业队的搭接施工和连续作业的条件越好,整个流水组施工的均衡性和流水的稳定性越好,如图 3-15 所示。

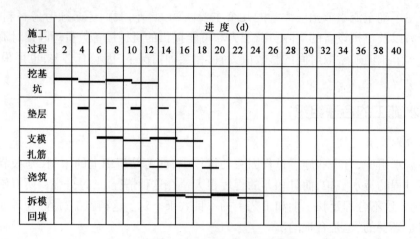

图 3-14　考虑垫层及浇混凝土的流水组进度计划

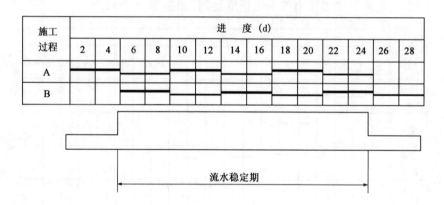

图 3-15　稳定流水

如果流水段的数目少于施工过程(专业队)的数目,则各施工过程将因为没有足够的工作面而使流水组的施工没有稳定期,如图 3-16 所示。

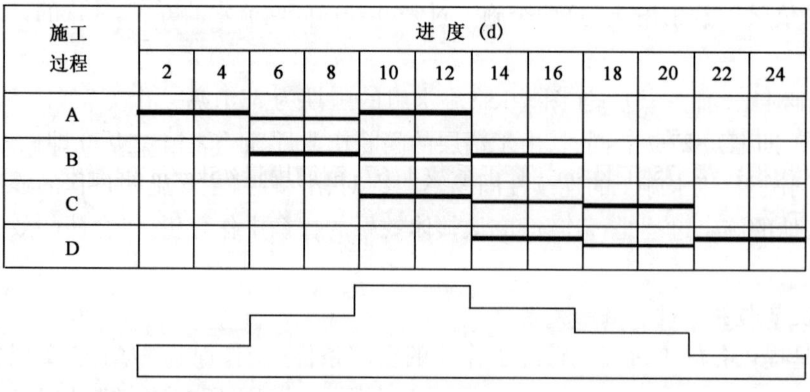

图 3-16　不稳定流水

因此,在满足工期要求以及前面所述划分流水段的基本要求的前提下,一般流水段数与施工过程(专业队)数以满足式(3-7)为宜。

$$M \geqslant N + \frac{\sum t_j}{t_i} \tag{3-8}$$

式中：$\sum t_j$——各施工过程技术间歇之和；
  t_i——流水节拍；
  N——工艺参数；
  M——空间参数。

下面举例说明编制流水施工组织计划的方法步骤。

【例3-3】 某机场平地区有一条排水暗管沟设有18个检查井,井身为素混凝土,底部基础由碎石垫层和钢筋混凝土基础构成。井的平均开挖深度为1.5m,边坡1∶0.5,上口开挖宽度平均为3.6m。场区土壤为轻黏土,地下水位低。具体施工条件如下：

(1)采用人工施工,并要求每个井开挖人数不多于2个,混凝土浇筑不少于6人,施工总人数不超过30个,工期不超过15个工日。

(2)基础混凝土浇筑后静停1d便可以进行后续作业。

(3)井盖施工和井周围土的回填不予考虑。

假设每个井的工程量相等(土方开挖13.02m³/个;基础混凝土0.52m³/个;碎石垫层0.51m³/个;井身混凝土0.54m³/个),试编制其流水施工组织计划。

【解】 (1)划分施工过程

将检查井分解为土方开挖、基础(碎石垫层和钢筋混凝土基础)和井身混凝土浇筑3个施工过程。

(2)计算各施工过程劳动量

①土方开挖过程

查现行规范《空军机场工程预算定额》(以下简称《定额》),该场区土壤为Ⅱ类土。

又查《定额》,得：

$$0.19 + 0.6 = 0.25(工日/m^3)$$

劳动量为：

$$P_A = 13.02 \times 0.25 = 3.2(工日)$$

②基础(B)

a. 基础混凝土

查《定额》,得：2.75工日/m³,修正系数1.67;钢筋用量45kg/m³混凝土。

劳动量为：

$$P_{B1} = 0.52 \times 2.75 \times 1.67 = 2.3(工日)$$

钢筋用量为：

$$0.045 \times 0.52 = 0.023(t)$$

查钢筋绑扎《定额》,得：15.5(工日/t)。

钢筋绑扎劳动量为：

$$P_{B2} = 15.5 \times 0.023 = 0.4(工日)$$

b. 碎石垫层：
查《定额》，得：0.831(工日/m³)。
劳动量为：
$$P_{B3} = 0.83 \times 0.51 = 0.4(工日)$$
总劳动量为：
$$P_B = P_{B1} + P_{B2} + P_{B3} = 2.3 + 0.4 + 0.4 = 3.1(工日)$$
③井身混凝土浇筑(C)
查《定额》，得：6.19 工日/m³，修正系数 1.67。
劳动量为：
$$P_C = 6.19 \times 1.67 \times 0.54 = 5.6(工日)$$
将上述劳动量计算结果汇总如下：

施工过程	劳动量(工日/段)
土方开挖(A)	3
基础(B)	3
井身混凝土(C)	6

(3)拟定组织流水施工的方案

如果每个井为一个流水段，共计 18 个。而 A 施工过程在每个井上至多只能安排 2 人作业，这样在各流水段上仅完成 A 施工过程至少就需要 27d，超过了规定工期。可见，要加快施工速度，缩短工期，关键是要扩大流水段，为 A 施工过程提供足够的工作面。现划分为 6 个流水段，每段 3 个井。A 施工过程安排 6 人，分 3 个组(每组 2 人)分别在 3 个井上齐头并进作业。因此，A 施工过程的流水节拍为：

$$t_A = \frac{3 \times 3}{6} = 1.5(d)$$

现组织等节奏流水施工，则 B、C 施工过程的作业人数分别为：3×3/1.5=6(人)，6×3/1.5=6(人)；流水施工组织见表 3-3。

流水施工组织 表 3-3

施工过程	流水段数目	劳动量(工日/段)	专业队人数	流水节拍(d)
A	6	9	6	1.5
B		9	6	1.5
C		12	12	1.5

(4)绘制流水施工进度图

①计算流水步距和流水组工期

流水步距为：
$$K_{A,B} = t_A + t_j = 1.5(d)$$
$$K_{B,C} = t_A + t_j = 1.5 + 1 = 2.5(d)$$

流水组工期为：
$$T_L = 1.5 + 2.5 + 6 \times 1.5 = 13(d)$$

②绘制流水施工进度图，如图 3-17 所示。

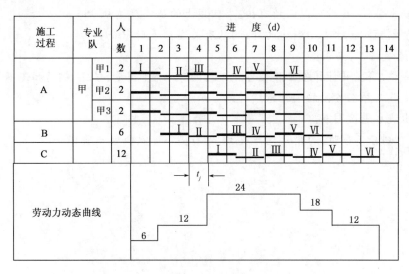

图 3-17 流水施工进度

复习思考题

1. 建筑工程施工通常有哪几种作业方式？各自的优缺点、适用范围分别是什么？
2. 流水施工是什么？怎样组织流水施工？
3. 流水施工有哪些基本参数？怎样确定这些参数？
4. 等节奏流水、不等节奏流水和无节奏流水分别是什么？
5. 就表 3-4 和表 3-5 给出的资料，计算各表的流水步距和流水组工期，并绘出各表所对应的过渡图表。

资料（一）　表 3-4

施工过程	流水段			
	I	II	III	IV
A	4	4	4	4
B	3	3	3	3
C	5	5	5	5
D	2	2	2	2

资料（二）　表 3-5

施工过程	流水段				
	I	II	III	IV	V
A	5	4	7	4	6
B	3	2	6	2	4
C	4	4	4	4	4

6. 某机场有一条横穿跑道及土跑道的钢筋混凝土箱涵(断面净尺寸为 1.5m×1.5m，钢筋混凝土厚 0.2m)，全长 160m，每隔 10m 设一伸缩；钢筋混凝土箱涵底部设碎石垫层和灰土垫层(底垫层)，垫层宽 2.5m，厚均为 0.15m，沟槽平均挖土深为 2.5m，边坡坡率为 1:0.1，底面开挖宽度为 2.5m。土壤为黄土类土，地下水位较低。具体施工条件如下：

(1) 沟槽用人工开挖(要求每人的工作范围≤1.5m)灰土，碎石垫层用蛙式夯击实。

(2) 浇筑混凝土(包括准备、支模、拆模、拌和、浇筑、养护等工作内容)的产量定额按 $0.7m^3$/工日计。

(3) 钢筋绑扎工作量按每立方米混凝土需用 0.103t 钢材计，产量定额取 0.162t/工日。

(4) 施工总人数不多于 50 人，混凝土浇筑作业不少于 10 人，总工期≥50 工日。

(5)混凝土静停2d后可以回填土,要求回填土的压实度达0.96。
(6)产量定额指标除上面列出的外,均从有关定额手册中查取。
试组织流水施工,要求:
(1)划分施工段,并计算各工序在各施工段的劳动量(测量、接缝、钢筋加工不予考虑)。
(2)确定各工序在各段的工作持续时间。
(3)画出流水进度图表。
(提示:在划分工序时,沟槽开挖与灰土、碎石垫层可以合为一项)。

第四章　网络计划技术

第一节　网络计划技术概述

一、进度计划的表示方法

进度计划可用横道图表示,也可用网络图表示。用横道图表示的进度计划称为横道图计划,用网络图表示的进度计划称为网络计划。图 4-1 所示为分成两个施工段的某一基础工程施工的用横道图表示的进度计划。该基础工程的施工过程是:挖基槽→做垫层→做基础→回填。图 4-2 所示为用双代号标注时间网络计划(简称双代号网络计划)表示的进度计划。图 4-3 所示为用单代号网络计划表示的进度计划。以上网络计划都是图 4-1 所示的用横道图表示的进度计划的不同表示方法。

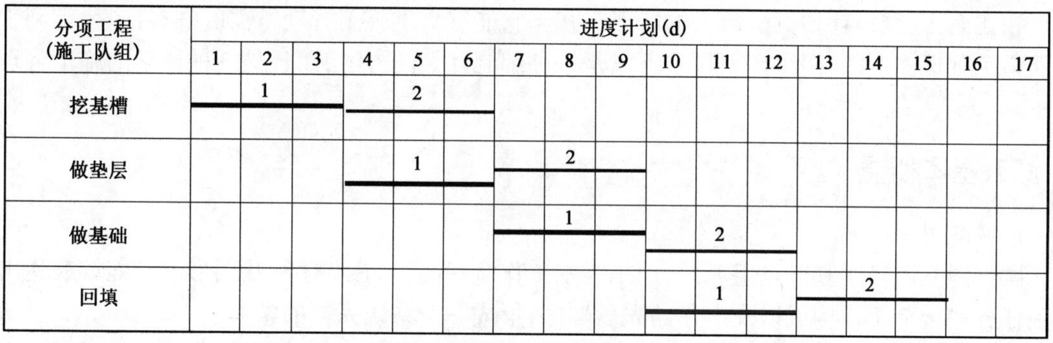

分项工程 (施工队组)	进度计划(d)																
	1	2	3	4	5	6	7	8	9	10	11	12	13	14	15	16	17
挖基槽		1			2												
做垫层					1			2									
做基础								1			2						
回填										1				2			

图 4-1　用横道图表示的进度计划

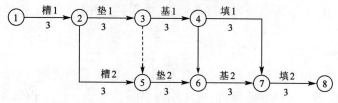

图 4-2　用双代号网络图表示的进度计划

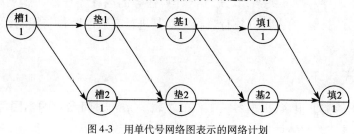

图 4-3　用单代号网络图表示的网络计划

由于横道图计划和网络计划的表达形式不同,它们发挥的作用也就各具特点。

利用横道图形式绘制进度计划比较简便,它所表达的计划内容排列整齐有序,标注具体详细,各项工作的进度形象直观,计划工期一目了然。因此,这种图形在各行各业的计划工作中得到广泛应用,至今仍然是应用最广泛的一种计划表达方式。但是,横道图所提供的手段严格地说还没有构成完整的计划方法,它既没有一套协调整体计划方案的技术,也没有判断计划方案优劣的完善方法。实质上横道图只是计划工作者表达施工组织计划思想的一种简单工具,当计划内容比较复杂时,横道图不易表达计划内部各项工作的相互依存关系——逻辑关系,不能反映计划任务的内在矛盾和关键。因此,它适宜在建筑生产规模较小、计划内容较简单时采用。

利用网络图编制进度计划可以将施工项目中的所有工作表示出来,组成一个有机的整体,因而能全面而明确地反映出各工序之间的相互制约和相互依赖的关系。它可以进行各种时间计算,能在工序繁多、错综复杂的计划中找出影响工程进度的关键工序,便于管理人员集中精力抓施工中的主要矛盾,确保按期竣工,避免盲目抢工。通过利用网络计划反映出的各工序的机动时间,可以更好地运用资源达到降低成本的目的。在计划的执行过程中,当某一工序提前或拖后完成时,能从计划中预见它对其他工序及总工期的影响程度,便于及早采取措施以充分利用有利条件或消除不利因素。此外,它还可以利用计算机技术对复杂的计划进行计算、调整和优化。它的缺点是难以看出流水作业的情况(流水网络计划可以解决这个问题)。

相比而言,网络计划方法最大的特点就在于它能够提供施工管理所需的许多信息,有利于加强施工管理。所以,网络计划技术不仅是一种编制计划的方法,而且是一种科学的施工管理方法。

二、基本概念

1. 网络图

网络图是由箭线和节点组成的,用来表示工作流程的有向、有序网状图形。它能够表达出一项任务的全部工作构成以及工作的先后顺序,形成一个系统完整的整体。

2. 网络计划

网络计划是用网络图来表达项目的任务构成、工作顺序并加注了工作的时间参数的进度计划。

3. 网络计划技术

网络计划技术是采用网络计划对任务的工作进度进行安排和控制,以保证实现预定目标的科学的计划管理技术。其基本思想是:首先用网络形式表达一项工程的各个施工过程(或活动、工序)的施工顺序和相互关系;其次分析计划任务的内在矛盾和关键;接着不断调整改善计划,选择最优方案;最后,在计划执行过程中对其进行有效的监督与控制,保证以最小的消耗取得最大的经济效果。

三、类型划分

网络计划技术的类型很多,根据各项工作的逻辑关系和时间参数的不同可划分为 4 种模式,各种模式下代表性的网络计划技术如表 4-1 所示。

网络计划技术的分类 表4-1

类型		时间参数	
		肯定型	非肯定型
逻辑关系	肯定型	关键线路法(CPM)、搭接网络图(MDN)	计划评审技术(PERT)
	非肯定型	决策关键线路法(DCPM)	图示评审技术(GERT) 风险评审技术(VERT)

关键线路法(CPM)是指计划中所有工作都必须按既定的逻辑关系全部完成,且对每项工作只估计一个肯定的持续时间的网络计划技术。

搭接网络计划法(MDN)是指网络计划中前后工作之间可能有多种顺序关系的、逻辑关系和时间参数为肯定型的网络计划技术。

计划评审技术(PERT)是指计划中所有工作都必须按既定的逻辑关系全部完成,但工作的持续时间不肯定,应进行时间参数概率估算,持续时间分别采用乐观、悲观和最可能的估计,是 β 概率分布的 3 个参数,并对按期完成任务的可能性做出评价的网络计划技术。

决策关键线路法(DCPM)逻辑关系是非肯定型的,而时间参数是肯定型的。该方法引入决策点的概念,计划中某些工作是否进行,要依据紧前工作执行结果作决策,这样可方便执行过程中根据实际情况进行多种计划方案的选择。例如,某工作完成后有两种可能的选择方案,根据预先设定的目标,经过计算后只能选择两种方案中的一种。

图示评审技术(GERT)是一种逻辑关系和时间参数都不肯定的网络计划技术。计划中引入工作执行概率和概率分支的概念,说明一项工作的结果可以有多种情况,例如,某工作结果有 3 种可能性,成功的概率 $P_d=0.5$,失败的概率 $P_c=0.3$,不理想的概率 $P_b=0.2$,若结果属失败或不理想,又需重新进行操作或调整,然后再进行直至成功。可见其工作逻辑关系是不肯定的,其工作持续时间参数按随机变量进行分析也是不肯定的。

风险评审技术(VERT)是一种以随机网络仿真为手段的风险定量分析技术。它能够针对项目的各种随机因素,构造出适当的网络模型,可同时就费用、时间、效能 3 个方面作综合分析通过仿真来评估可能发生的风险作概率,为决策提供依据。

关键线路法(CPM)和计划评审技术(PERT)是两种最常用的网络计划技术。其中,CPM 法在建筑行业应用最为广泛。因此,本章只涉及关键线路法(CPM),研究其在计划中的工作、工作之间的逻辑关系及持续时间都肯定的情况下,如何确定网络计划的时间参数及其优化、控制等问题。

第二节 双代号网络计划

双代号网络计划是我国建筑行业目前最常用的一种计划技术,图 4-2 就是用双代号网络图编制的一项进度计划。双代号网络图又称箭线式网络图。它以箭线表示一项工作,工作名称标注在箭线上方,完成工作的持续时间标注在箭线下方,工作沿箭线方向进行,箭线之间通过圆圈也称节点衔接,形成一个完整的系统,箭尾具有编号的圆圈表示工作的开始,箭头具有编号的圆圈表示工作的结束,这种表示工作的网络图称为双代号网络图。

一、网络图的构成

双代号网络图由箭线、节点、线路3项因素构成。

1. 箭线

箭线代表一项工作,工作泛指一项需要消耗人力、物力和时间的过程,又称活动、工序、作业等。根据计划编制的需要,它可以是一个单项工程、一个单位工程、一个分部工程、一个分项工程、一个施工过程,甚至是一个工序来或一个操作。

双代号网络中用箭线表示一项工作,如图4-4所示。应注意的是,工作沿箭线方向进行,从箭尾开始至箭头结束,工作名称标注在箭线上方,完成工作的持续时间标注在箭线下方,箭线长度与工作持续时间无关,可以任意画。

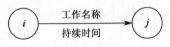

图4-4 工作的表示方法

完成一项工作一般需要消耗一定的资源、占用一定的时间,但是有些工作只占用时间基本不消耗资源,如高填方完工后的沉降、混凝土的养护等,也应视为一项工作。

网络图是用来表示工作的先后顺序的,工作之间的先后顺序关系又称逻辑关系,是建立在比较的基础上的,针对某一工作,我们称其为本工作,与之有关的工作可以分为紧前工作、紧后工作和平行工作3种。如图4-5所示,当我们讨论工作C时,紧排在本工作C之前进行的工作A称本工作的紧前工作,紧排在C之后的工作E称本工作的紧后工作,与本工作同时进行的工作C、D称为本工作的平行工作。

在双代号网络图中,还有一种工作,它既不占用时间、也不耗用资源,是一项虚拟的工作,它只表示工作之间的先后逻辑关系。虚工作用虚箭线表示,如图4-6所示。

如图4-2所示,虚工作③→⑤起着联系作用,显示出第一段垫层施工完接着做第二段垫层。

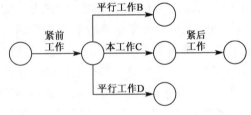

图4-5 工作逻辑关系

2. 节点

网络图中用圆圈表示工作之间的联系,称为节点,又称事件,是一个瞬间的概念。它表示所有指向某节点的工作全部完成后该节点后面的工作才能开始的瞬间,它是前后工作的交汇点。

节点采用正整数编号,编号不能重复。如图4-2所示,每项工作都有一个箭尾节点 i 和一个箭头节点 j,箭尾节点 i 称为该工作的开始节点,箭头节点 j 称为该工作结束节点,要求 $j>i$,任何工作可以用箭尾箭头节点编号 $i\text{-}j$ 作为工作的代号,这正是双代号网络图的由来。因此,严格来讲,双代号网络图是以箭线及其两端节点编号表示工作的。

一个网络图的第一节点(事件)称为起始节点(事件),它表示一项计划的开始,最后一个节点称为终点节点,它意味着计划的结束。其余节点都称为中间节点,中间节点既是紧前诸工作的终点事件,又是其紧后诸工作的开始事件。

图4-6 虚工作的表示方法

3. 线路

线路是指从网络图起点节点开始,沿箭线方向连续通过一系列箭线与节点,最后到达终点节点所经过的通路。线路可依次用该线路上的节点代号来记述,也可依次用该线路上的工作名称来记述。图 4-7 所示的线路有:①→②→④→⑥,①→②→③→④→⑥,①→②→③→⑤→⑥,①→③→④→⑥,①→③→⑤→⑥ 5 条线路;或表示为:A→B→F,A→D→F,A→E→G,C→D→F,C→E→G 5 条线路。

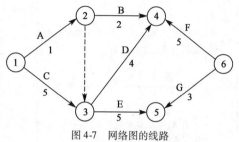

图 4-7 网络图的线路

在一条线路上,把整个活动的作业时间加起来,就是该线路的总作业时间。每条线路所需时间长短不一,其中持续时间最长的线路称为关键线路。整个计划任务所需的时间就取决于关键线路所需的时间。如图 4-7 所示,线路①→③→④→⑥耗时最长(14d),对整个工程的完工起着决定性的作用,称为关键线路;其余线路均称为非关键线路。处于关键线路上的各项工作称为关键工作。关键工作完成的快慢将直接影响整个计划工期的实现。关键线路上的箭线常采用粗线、双线或其他颜色的箭线突出表示。需要说明的是,一个大型网络图,有时关键线路可能有多条。

二、网络图的绘制

1. 绘制原则

(1)网络图必须按照已定的逻辑关系绘制。绘制网络图之前,首先必须搞清楚该项目内有哪些工作,按照工艺关系和组织关系确定出工作逻辑关系,依据确定好的工作先后顺序逐步把代表各项工作的箭线连接起来,绘制出网络图。双代号网络图中常用的各工作基本逻辑关系如表 4-2 所示。

双代号网络图中各工作逻辑关系的表示方法　　　　表 4-2

序号	工作之间的逻辑关系	网络图中的表示方法	说　　明
1	A 工作完成后进行 B 工作	○—A→○—B→○	A 工作制约着 B 工作的开始,B 工作依赖着 A 工作
2	A、B、C 3 项工作同时开始	(见图)	A、B、C 3 项工作称为平行工作
3	A、B、C 3 项工作同时结束	(见图)	A、B、C 3 项工作称为平行工作

续上表

序号	工作之间的逻辑关系	网络图中的表示方法	说明
4	有A、B、C 3项工作;只有A完成后,B、C才能开始	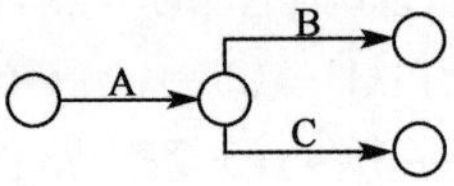	A工作制约着B、C工作的开始,B、C为平行工作
5	有A、B、C 3项工作;C工作只有在A、B完成后才能开始	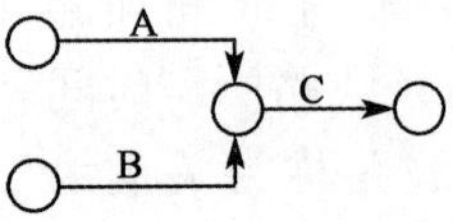	C工作依赖着A、B工作,A、B为平行工作
6	有A、B、C、D 4项工作;只有当A、B完成后,C、D才能开始	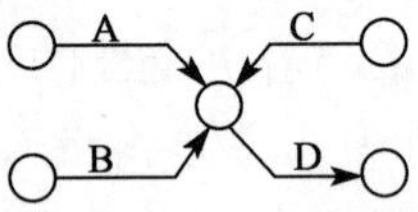	通过中间节点 i 正确地表达A、B、C、D工作之间的关系
7	有A、B、C、D 4项工作;A完成后C才能开始,A、B完成后D才能开始	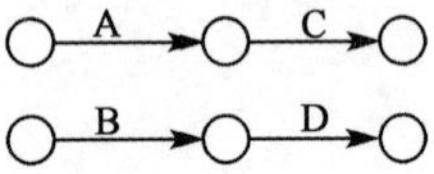	D与A之间引入逻辑连接(虚工作),从而正确地表达它们之间的制约关系
8	有A、B、C、D、E 5项工作;A、B完成后C才能开始,B、D完成后E才能开始	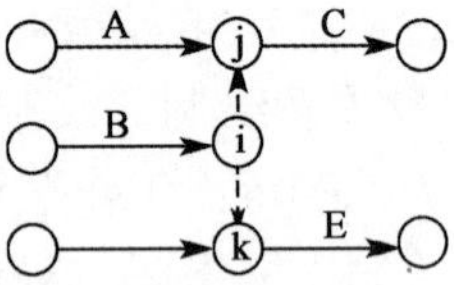	虚工作 $i\text{-}j$ 反映C工作受到B工作的制约;虚工作 $i\text{-}k$ 反映E工作受到B工作的制约
9	有A、B、C、D、E 5项工作;A、B、C完成后D才能开始,B、C完成后	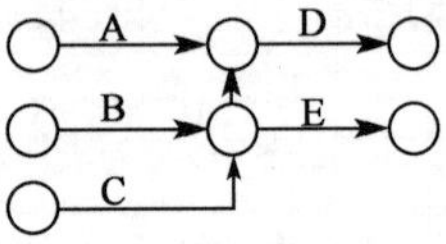	虚工作反映D工作受到B、C工作的制约
10	A、B 2项工作分3个施工段,平行施工	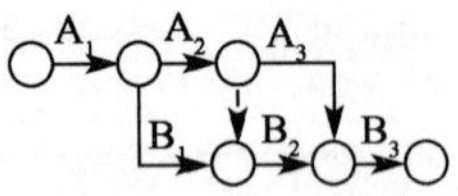	每个工种工程建立专业工作队,在每个施工段上进行流水作业,虚工作表达工种间的工作面关系

  用双代号网络图正确表达工作逻辑的关键是熟练运用虚工作。虚工作一般起着联系、区分、断路3种作用。

①联系作用

  联系作用一般有组织联系作用和工艺联系作用两种。如图4-2所示,虚工作起着组织联系作用,显示出做垫层的工人小组做完第1段垫层后再做第2段垫层等。

②区分作用

双代号网络计划系用两个代号表示一项工作。如两项工作用同一代号,就不能明确示出该代号表示哪一项工作了。故不同工作必须用不同的代号。如图 4-8 所示,图 4-8a)是错误的,图 4-8b)和图 4-8c)是正确的,图 4-8d)则多画了一个虚工作。为使网络图简洁明了,不宜有多余的虚工作。

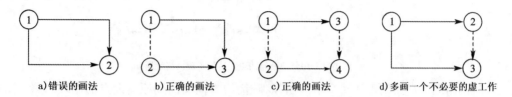

图 4-8　虚工作的区分作用

③断路作用

如图 4-9 所示,其表达的工序间逻辑关系是错误的,因图中把并无联系的工作联系上了,如第 1 段基础施工并不需等第 2 段基槽开挖后才进行等,故需用虚工作将它们断开。断路的方法有两种,即横向断路法和竖向断路法(或两者联合使用)。

a. 横向断路法。横向断路法就是用横向虚工作将有错误逻辑关系的两个工作断开。图 4-10 所示为用横向虚工作更正逻辑关系。

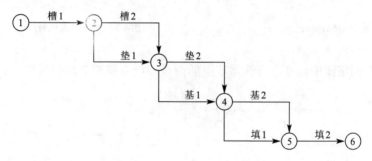

图 4-9　不正确的网络计划

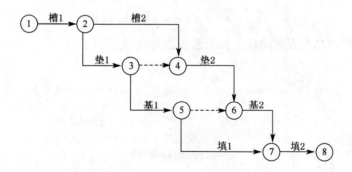

图 4-10　用横向断路法更正后的正确的网络计划

b. 竖向断路法。竖向断路法就是用竖向虚工作将有错误逻辑关系的两个工作断开。竖向断路法除可用于一般网络计划外,特别运用于时标网络计划,因竖向虚工作不占横向时标位置。图 4-11 所示为用竖向断路法的正确网络计划。

47

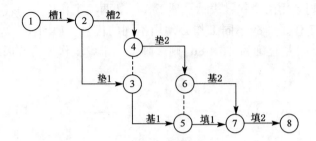

图 4-11　用竖向断路法更正后的正确网络计划

（2）网络图中严禁出现从一个节点出发,顺箭线方向又回到原出发点的循环回路。图 4-12 所示的网络图中,就出现了不允许出现的循环回路 bchg。

（3）网络图中的箭线（包括虚箭线,以下同）应保持自左向右的方向,不应出现箭头指向左方的水平箭线。若遵循这一原则绘制网络图,就不会有循环回路出现。

（4）网络图中严禁出现双向箭头和无箭头的连线,如图 4-13 所示。

图 4-12　有循环回路的错误　　　　图 4-13　错误的箭线画法
　　　　　网络计划

（5）严禁在网络图中出现没有箭尾节点的箭线和没有箭头节点的箭线,如图 4-14 所示。

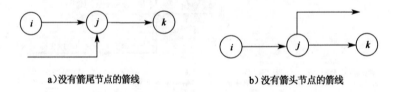

图 4-14　没有箭尾和箭头节点的连线

（6）网络图中严禁出现双向箭头和无箭头的连线,如图 4-15 所示。

图 4-15　错误的箭线画法

（7）严禁在网络图中出现没有箭尾节点的箭线和没有箭头节点的箭线,如图 4-16 所示。

（8）严禁在箭线上引入或引出箭线,如图 4-17 所示。但当网络图的起点节点有多条外向箭线,或终点节点有多条内向箭线时,为使图形简洁,可用母线法绘图:使多余箭线经一条共用的竖向母线段从起点节点引出,或使多条箭线经一条共用的竖向母线段引入终点节点,如

a)没有箭尾节点的箭线　　b)没有箭头节点的箭线

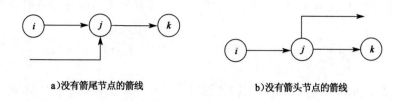

图 4-16　没有箭尾和箭头节点的连线

图 4-18a)所示。但特殊线型的箭线,如粗箭线、双箭线、虚箭线、彩色箭线等应单独自起点节点绘出和单独引入终点节点,如图 4-18 所示。

b)引出箭线

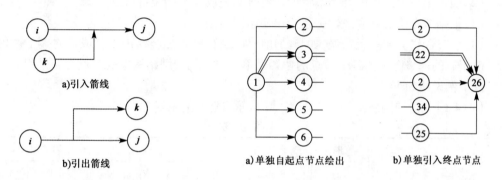

图 4-17　在箭线上引入和引出箭线的错误画法

a)单独自起点节点绘出　　b)单独引入终点节点

图 4-18　母线画法

(9)绘制网络图时,宜避免箭线交叉,当交叉不可避免时,可用过桥法或指向法表示,如图 4-19所示。

(10)网络图应只有一个起点节点和一个终点节点(多目标网络计划除外)。除网络计划终点和起点节点外,不允许出现没有内向箭线的节点和没有外向箭线的节点。图 4-20a)所示的网络图中有两个起点节点①和②;有两个终点节点⑥和⑦,该网络图的正确画法如图 4-20b)所示,即将①、②合并成一个起点节点,⑦和⑥将合并成一个终点节点。

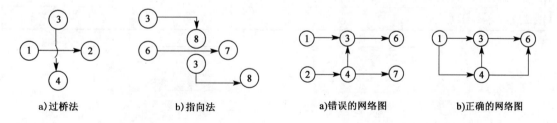

a)过桥法　　b)指向法

图 4-19　箭线交叉的表示方法

a)错误的网络图　　b)正确的网络图

图 4-20　网络图起点和终点节点的表示方法

2. 绘制方法和步骤

为使所绘制的网络图中不出现逆向箭线和竖向实线箭线,宜在绘制之前,先确定各个节点的位置号,再按节点位置号绘制网络图。

节点位置号的确定如下:

(1)无紧前工作的工作的开始节点的位置号为零。

（2）有紧前工作的工作的开始节点的位置号等于其紧前工作的开始节点的位置号的最大值加1。

（3）有紧后工作的工作的完成节点的位置号等于其紧后工作的开始节点的位置号的最小值。

（4）无紧后工作的工作的完成节点的位置号等于有紧后工作的工作的完成节点的位置号的最大值加1。

绘制网络图可按如下步骤进行。

（1）在一般情况下，先给出紧前工作。故第1步应根据已知的紧前工作确定出紧后工作。

（2）确定出各个工作的开始节点的位置号和完成节点的位置号。

（3）根据节点位置号和逻辑关系绘出初始网络图。

（4）检查逻辑关系有无错误，如与已知条件不符，则可加竖向虚工作或横向虚工作进行改正。改正后的网络图中的各个节点的位置号不一定与初始网络图中的节点位置号相同。

现举例说明如下。

【例4-1】 已知网络图的资料如表4-3所示，试绘出网络图。

网络图资料　　　　　　　　　　　表4-3

工作	A	B	C	D	E	F	G	H
紧前工作			B	A	A	A	B、D	E、F、G

【解】 （1）列出关系表，确定出紧后工作和节点位置号，如表4-4所示。

（2）按节点位置号画出初始的尚未检查有否逻辑关系等错误的网络图，绘出网络图，如图4-21所示。

关系一览　　　　　　　　　　　表4-4

工作	A	B	C	D	E	F	G	H
紧前工作			B	A	A	A	B、D	E、F、G
紧后工作	F、E、D	C、G		G	H	H	H	
开始节点的位置号	0	0	1	1	1	1	2	3
完成节点的位置号	1	1	4	2	3	3	3	4

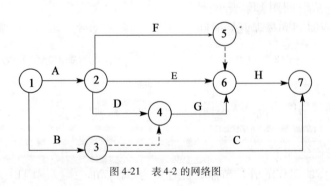

图4-21 表4-2的网络图

三、时间参数计算

网络图上各项工作和各个事件的时间参数,是网络计划执行、调整和优化的时间依据。网络图时间参数的计算就是根据网络图中工作的持续时间和工期,确定网络图中各节点的最早时间和最迟时间,以及网络图中各个工作的最早开始和最早结束时间、最迟开始时间和最迟结束时间、总时差和自由时差,从而确定计划完工工期、关键线路和关键工作。

1. 时间参数的概念

1) 工作持续时间和工期

(1) 工作持续时间

工作持续时间是对一项工作规定的从开始到完成的时间。双代号网络图中工作 $i\text{-}j$ 的持续时间用 $D_{i\text{-}j}$ 表示;对于一般肯定型网络计划的工作持续时间,其主要计算方法有:

①参照以往实践经验估算。
②经过试验推算。
③有标准可查,按定额进行计算,参见第二章。

(2) 工期

工期泛指完成任务所需的时间,一般有以下 3 种。

①计算工期。计算工期是根据网络计划时间参数计算出来的工期,用 T_E 表示。
②要求工期。要求工期是任务委托人所要求的工期,用 T_r 表示。
③计划工期。计划工期是在要求工期和计算工期的基础上综合考虑需要和可能而确定的工期,用 T_P 表示。通常有:

$$T_P \leqslant T_r \tag{4-1}$$

$$T_P = T_C \tag{4-2}$$

2) 工作的 6 个时间参数

网络计划中各项工作有 6 个时间参数,即最早开始时间、最早完成时间、最迟完成时间、最迟开始时间、总时差和自由时差。

(1) 最早开始时间和最早完成时间

最早开始时间是在紧前工作的约束下,本工作有可能开始的最早时刻。双代号网络图中工作 $i\text{-}j$ 的最早开始时间用 $ES_{i\text{-}j}$ 表示。

最早完成时间是在紧前工作的约束下,本工作有可能完成的最早时刻。双代号网络图中工作 $i\text{-}j$ 的最早完成时间用 $EF_{i\text{-}j}$ 表示。

(2) 最迟完成时间和最迟开始时间

最迟完成时间是在不影响任务按期完成的条件下,工作最迟必须完成的时刻。双代号网络图中工作 $i\text{-}j$ 的最迟完成时间用 $LF_{i\text{-}j}$ 表示。

最迟开始时间是在不影响任务按期完成的条件下,工作最迟必须开始的时刻,双代号网络图中工作 $i\text{-}j$ 的最迟开始时间用 $LS_{i\text{-}j}$ 表示。

(3) 总时差和自由时差

总时差是在不影响工期的前提下,一项工作可以利用的机动时间,也就是一项工作最迟开始(结束)时间与最早开始(结束)时间的差值。工作 $i\text{-}j$ 的总时差用 $TF_{i\text{-}j}$ 表示。

总时差为零的工作称为关键工作。关键线路就是由关键工作组成的线路。

自由时差是在不影响紧后工作最早开始的前提下,一项工作可以利用的机动时间。工作 $i\text{-}j$ 的自由时差用 $FF_{i\text{-}j}$ 表示。

从总时差和自由时差的定义可知:自由时差等于或小于总时差,自由时差不可能大于总时差,总时差为零时,自由时差必然为零。

3)节点的两个时间参数

网络计划中各节点有两个时间参数,即最早开始时间和最迟开始时间。

(1)最早开始时间

节点最早开始时间是指向该节点的所有工作最早全部结束从该节点出发的工作最早开始的时间。双代号网络图中节点 i 的最早开始时间用 ET_i 表示。

(2)最迟开始时间

节点最迟开始时间是指向该节点的所有工作最迟结束从该节点出发的工作最迟开始的时间。双代号网络图中节点 i 的最迟开始时间用 LT_i 表示。

2.按工作计算法计算6个主要时间参数

1)从右至左,顺着箭线方向依次计算各个工作的最早完成时间和最早开始时间

假设以网络计划的起点节点为开始节点的工作的最早开始时间为零。如网络计划起点节点的编号为1,则:

$$ES_{i\text{-}j} = 0 \tag{4-3}$$

(1)最早完成时间等于最早开始时间加持续时间,即:

$$EF_{i\text{-}j} = ES_{i\text{-}j} + D_{i\text{-}j} \tag{4-4}$$

(2)最早开始时间等于各个紧前工作的最早完成时间 $EF_{h\text{-}j}$ 的最大值,即:

$$ES_{i\text{-}j} = \max[EF_{h\text{-}i}] \tag{4-5a}$$

$$ES_{i\text{-}j} = \max[ES_{i\text{-}j} + D_{i\text{-}j}] \tag{4-5b}$$

如两工作之间有虚工作 $h\text{-}i$ 时,$EF_{h\text{-}i}$ 为 $EF_{g\text{-}h}$。

(3)确定计划工期。

计算工期等于以网络计划的终点节点为完成节点的各个工作的最早完成时间的最大值。令计划工期与计算工期相等。如网络计划的终点节点的编号为 n,则计算工期 T_C,即:

$$T_P = T_C = \max[EF_{i\text{-}n}] \tag{4-6a}$$

$$T_P = T_C = \max[ES_{i\text{-}n} + D_{i\text{-}n}] \tag{4-6b}$$

当有要求工期时,计划工期应等于或小于要求工期;当无要求工期的限制时,计划工期等于计算工期。计划工期应标注在网络计划终点节点的右上方。

2)从左至右,逆着箭线方向依次计算各个工作的最迟开始时间和最迟完成时间

假设以网络计划的终点节点为完成节点的工作的最迟完成时间等于计划工期 T_P,即:

$$LF_{i\text{-}n} = T_P \tag{4-7a}$$

$$LS_{i\text{-}n} = T_P - D_{i\text{-}n} \tag{4-7b}$$

(1)最迟开始时间等于最迟完成时间减持续时间,即:

$$LS_{i\text{-}j} = LF_{i\text{-}j} - D_{i\text{-}j} \tag{4-8a}$$

$$LS_{i\text{-}j} = \min[LS_{j\text{-}k}] - D_{i\text{-}j} \tag{4-8b}$$

(2)最迟完成时间等于各个紧后工作的最迟开始时间 LS_{j-k} 的最小值,即:

$$LF_{i-j} = \min[LS_{j-k}] \quad (4\text{-}9a)$$

$$LF_{i-j} = LS_{i-j} + D_{i-j} \quad (4\text{-}9b)$$

如两工作之间有虚工作 j-k,LS_{j-k} 则为 LS_{k-l}。

3)计算总时差

总时差等于最迟开始时间减最早开始时间,或等于最迟完成时间减最早完成时间,即:

$$TF_{i-j} = LF_{i-j} - EF_{i-j} \quad (4\text{-}10a)$$

$$TF_{i-j} = LS_{i-j} - ES_{i-j} \quad (4\text{-}10b)$$

4)计算自由时差

自由时差等于其各紧后工作的最早开始时间 ES_{j-k} 的最小值和本工作最早完成时间之间的差值,即:

$$FF_{i-j} = \min[ES_{j-k}] - EF_{i-j} \quad (4\text{-}11a)$$

$$FF_{i-j} = \min[ES_{j-k}] - ES_{i-j} - D_{i-j} \quad (4\text{-}11b)$$

双代号网络图时间参数的标注方法包括六时标注法(图4-22)和二时标注法(图4-23)等。

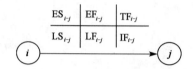

图4-22 六时标注法

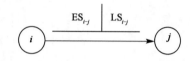

图4-23 二时标注法

【例4-2】 已知网络计划如图4-24所示,若计划工期等于计算工期,试列式算出各个工作的6个时间参数,分别用六时标注法将时间参数标注在网络计划上。

【解】 (1)以网络计划的起点节点为开始节点的各个工作的最早开始时间为零,即:

$$ES_{1-6} = ES_{1-2} = ES_{1-3} = 0$$

(2)从左至右,计算各个工作的最早完成时间和最早开始时间,即:

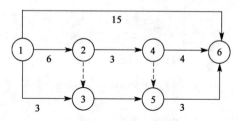

图4-24 标时网络计划

$$EF_{1-6} = ES_{1-6} + D_{1-6} = 0 + 15 = 15$$

$$EF_{1-2} = ES_{1-2} + D_{1-2} = 0 + 6 = 6$$

$$EF_{1-3} = ES_{1-3} + D_{1-3} = 0 + 3 = 3$$

$$ES_{2-4} = EF_{1-2}$$

$$EF_{2-4} = ES_{2-4} + D_{2-4} = 6 + 3 = 9$$

$$ES_{3-5} = \max[EF_{1-2}, EF_{1-3}] = \max[6,3] = 6$$

$$EF_{3-5} = ES_{3-5} + D_{3-5} = 6 + 5 = 11$$

$$ES_{4-6} = EF_{2-4} = 9$$

$$\mathrm{EF}_{4-6} = \mathrm{ES}_{4-6} + D_{4-6} = 9 + 4 = 13$$

$$\mathrm{ES}_{5-6} = \max[\mathrm{EF}_{2-4}, \mathrm{EF}_{3-5}] = \max[9, 11] = 11$$

$$\mathrm{EF}_{5-6} = \mathrm{ES}_{5-6} + D_{5-6} = 11 + 3 = 14$$

(3) 确定出计划工期。

$$T_\mathrm{P} = T_\mathrm{C} = \max[\mathrm{EF}_{1-6}, \mathrm{EF}_{4-6}, \mathrm{EF}_{5-6}] = \max[15, 13, 14] = 15$$

(4) 以网络计划终点节点为完成节点的工作的最迟完成时间等于计划工期,即:

$$\mathrm{LF}_{1-6} = \mathrm{LF}_{4-6} = \mathrm{LF}_{5-6} = T_\mathrm{P} = 5$$

(5) 从右至左,计算各个工作的最迟开始时间和最迟完成时间,即:

$$\mathrm{LS}_{1-6} = \mathrm{LF}_{1-6} - D_{1-6} = 15 - 15 = 0$$

$$\mathrm{LS}_{4-6} = \mathrm{LF}_{4-6} - D_{4-6} = 15 - 4 = 11$$

$$\mathrm{LS}_{5-6} = \mathrm{LF}_{5-6} + D_{5-6} = 15 - 3 = 12$$

$$\mathrm{LF}_{3-5} = \mathrm{LS}_{5-6} = 12$$

$$\mathrm{LS}_{3-5} = \mathrm{LF}_{3-5} - D_{3-5} = 12 - 5 = 7$$

$$\mathrm{LF}_{2-4} = \min[\mathrm{LS}_{4-6}, \mathrm{LS}_{5-6}] = \min[11, 12] = 11$$

$$\mathrm{LS}_{2-4} = \mathrm{LF}_{2-4} - D_{2-4} = 11 - 3 = 8$$

$$\mathrm{LS}_{3-5} = \mathrm{LF}_{3-5} = 7$$

$$\mathrm{LS}_{1-3} = \mathrm{LF}_{1-3} - D_{1-3} = 7 - 3 = 4$$

$$\mathrm{LF}_{1-2} = \min[\mathrm{LS}_{2-4}, \mathrm{LS}_{3-5}] = \min[8, 7] = 7$$

$$\mathrm{LS}_{1-2} = \mathrm{LF}_{1-2} - D_{1-2} = 7 - 6 = 1$$

(6) 计算总时差。

$$\mathrm{TF}_{1-2} = \mathrm{LS}_{1-2} - \mathrm{ES}_{1-2} = 1 - 0 = 1 \text{ 或 } \mathrm{TF}_{1-2} = \mathrm{LF}_{1-2} - \mathrm{LF}_{1-2} = 7 - 6 = 1$$

$$\mathrm{TF}_{1-3} = \mathrm{LS}_{1-3} - \mathrm{ES}_{1-3} = 4 - 0 = 4 \text{ 或 } \mathrm{TF}_{1-3} = \mathrm{LF}_{1-3} - \mathrm{LF}_{1-3} = 7 - 3 = 4$$

$$\mathrm{TF}_{2-4} = \mathrm{LS}_{2-4} - \mathrm{ES}_{2-4} = 8 - 6 = 2 \text{ 或 } \mathrm{TF}_{2-4} = \mathrm{LF}_{2-4} - \mathrm{LF}_{2-4} = 11 - 9 = 2$$

$$\mathrm{TF}_{4-6} = \mathrm{LS}_{4-6} - \mathrm{ES}_{4-6} = 11 - 9 = 2 \text{ 或 } \mathrm{TF}_{4-6} = \mathrm{LF}_{4-6} - \mathrm{LF}_{4-6} = 15 - 13 = 2$$

$$\mathrm{TF}_{5-6} = \mathrm{LS}_{5-6} - \mathrm{ES}_{5-6} = 12 - 11 = 1 \text{ 或 } \mathrm{TF}_{5-6} = \mathrm{LF}_{5-6} - \mathrm{LF}_{5-6} = 15 - 14 = 1$$

$$\mathrm{TF}_{1-6} = \mathrm{LS}_{1-6} - \mathrm{ES}_{1-6} = 0 - 0 = 0 \text{ 或 } \mathrm{TF}_{1-6} = \mathrm{LF}_{1-6} - \mathrm{LF}_{1-6} = 15 - 15 = 0$$

(7) 计算自由时差。

$$\mathrm{FF}_{1-2} = \min[\mathrm{ES}_{2-4}, \mathrm{ES}_{3-5}] - \mathrm{EF}_{1-2} = \min[6, 6] - 6 = 0$$

$$\mathrm{FF}_{1-3} = \mathrm{ES}_{3-5} - \mathrm{EF}_{1-3} = 6 - 3 = 3$$

$$\mathrm{FF}_{1-6} = T_\mathrm{P} - \mathrm{EF}_{1-6} = 15 - 15 = 0$$

$$\mathrm{FF}_{2-4} = \min[\mathrm{ES}_{4-6}, \mathrm{ES}_{5-6}] - \mathrm{EF}_{2-4} = \min[9, 11] - 9 = 0$$

$$\mathrm{FF}_{3-5} = \mathrm{ES}_{5-6} - \mathrm{EF}_{3-5} = 11 - 11 = 0$$

$$\mathrm{FF}_{4-6} = T_\mathrm{P} - \mathrm{EF}_{4-6} = 15 - 13 = 2$$

$$\mathrm{FF}_{5-6} = T_\mathrm{P} - \mathrm{EF}_{5-6} = 15 - 14 = 1$$

六时法标注的网络图如图 4-25 所示。

3. 用节点计算法计算 6 个主要时间参数

用按节点计算法计算 6 个主要时间参数的步骤如下:

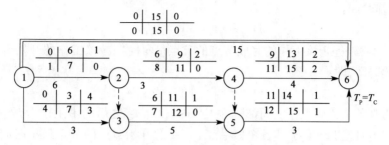

图 4-25　六时法标注的网络图

1）计算节点最早时间和节点最迟时间

无规定时,令网络计划的起点节点 1 的最早时间如其值等于零。即:

$$ET_1 = 0 \qquad (4\text{-}12)$$

（1）从左至右,从网络计划的起点节点开始,顺着箭线方向,并按节点编号由小到大的顺序逐个计算节点最早时间 ET_j。

其他节点的最早时间用 ET_j 计算如下:

$$ET_j = \max[ET_i + D_{i\text{-}j}] \qquad (4\text{-}13)$$

（2）计算工期

假设网络计划的终点节点为 n,则:

$$ET_n = T_p \qquad (4\text{-}14)$$

（3）从右至左,从网络计划的终点节点开始,逆着箭线方向,并按节点编号由大到小的顺序逐个计算节点最迟时间 LT_i。

令终点节点为 n 的节点最迟时间 LT_n 为:

$$LT_n = T_P = ET_n \qquad (4\text{-}15)$$

其他节点的最迟时间用 LT_i 计算如下:

$$LT_i = \min[LT_j - D_{i\text{-}j}] \qquad (4\text{-}16)$$

节点最早时间和节点最迟时间的标注方式如图 4-26 所示。

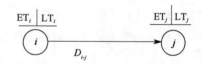

图 4-26　节点时间标注方式

2）根据节点最早时间和节点最迟时间计算 6 个主要时间参数

（1）工作最早开始时间等于该工作的开始节点的节点最早时间,即:

$$ES_{i\text{-}j} = ET_i \qquad (4\text{-}17)$$

（2）工作最早完成时间等于该工作的开始节点的节点最早时间加持续时间,即:

$$EF_{i\text{-}j} = ET_i + D_{i\text{-}j} \qquad (4\text{-}18)$$

（3）工作最迟完成时间等于该工作的完成节点的节点最迟时间,即:

$$LF_{i\text{-}j} = LT_j \qquad (4\text{-}19)$$

（4）工作最迟开始时间等于该工作的完成节点的节点最迟时间减持续时间,即:

$$LS_{i\text{-}j} = LT_j - D_{i\text{-}j} \qquad (4\text{-}20)$$

（5）工作总时差等于该工作的完成节点的节点最迟时间减该工作的开始节点的节点最早

时间再减持续时间,即:

$$TF_{i\text{-}j} = LT_j - ET_i - D_{i\text{-}j} \tag{4-21}$$

(6)工作自由时差等于该工作的完成节点的节点最早时间减该工作的开始节点的节点最早时间再减持续时间,即:

$$FF_{i\text{-}j} = ET_j - ET_i - D_{i\text{-}j} \tag{4-22}$$

当本工作与其各个紧后工作之间都有虚工作时,工作 $i\text{-}j$ 之后的虚工作为 $j\text{-}k$,紧后工作为 $k\text{-}l$,工作 $i\text{-}j$ 的自由时差 $FF_{i\text{-}j}$ 等于其各个紧后工作 $k\text{-}l$ 的开始节点的节点最早时间 ET_k 的最小值减本工作的开始节点的最早时间再减持续时间,即:

$$FF_{i\text{-}j} = \min[ET_k] - ET_i - D_{i\text{-}j} \tag{4-23}$$

【例4-3】 已知网络计划如图4-24所示,若计划工期等于计算工期,试列式计算各个节点的节点最早和节点最迟时间,将之标注在网络计划上。

【解】 (1)计算节点最早时间

$$ET_1 = 0$$
$$ET_2 = ET_1 + D_{1-2} = 0 + 6 = 6$$
$$ET_3 = \max[(ET_2 + D_{2-3}),(ET_1 + D_{1-3})] = \max[(6+0),(0+3)] = 6$$
$$ET_4 = ET_2 + D_{2-4} = 6 + 3 = 9$$
$$ET_5 = \max[(ET_4 + D_{4-5} - 5),(ET_3 + D_{3-5})] = \max[(9+0),(6+5)] = 11$$
$$ET_6 = \max[(ET_1 + D_{1-6}),(ET_4 + D_{4-6}),(ET_5 + D_{5-6})] = \max[(0+15),(9+4),(11+3)] = 15$$

(2)计算节点最迟时间

$$LT_6 = T_P = T_C = ET_6 = 15$$
$$LT_5 = LT_6 - D_{5-6} = 15 - 3 = 12$$
$$LT_4 = \min[(LT_6 - D_{4-6}),(LT_5 - D_{4-5})] = \min[(15-4),(12-0)] = 11$$
$$LT_3 = LT_5 - D_{3-5} = 12 - 5 = 7$$
$$LT_2 = \min[(LT_4 - D_{2-4}),(LT_3 - D_{2-3})] = \min[(11-3),(7-0)] = 7$$
$$LT_1 = \min[(LT_6 - D_{1-6}),(LT_2 - D_{1-2}),(LT_3 - D_{1-3})] = \min[(15-15),(7-6),(7-3)] = 0$$

将算出的节点最早时间和节点最迟时间标注在图上,如图4-27所示。

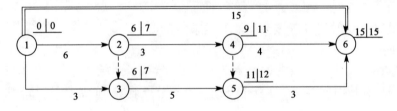

图4-27 标注节点时间的网络计划

4.关键线路的确定

在网络图中,虽有许多条线路,但实质上只存在两种线路。持续时间最长并决定网络计算工期的线路称为关键线路,其余称为非关键线路。位于关键线路上的工作称为关键工作。关键工作和关键线路应用粗实箭线、双线箭线或彩色箭线标示出来。

在一个网络计划中,至少有一条关键线路,可能有多条关键线路。关键线路愈多,按计划工期完成任务的难度愈大。故一个网络计划中不宜有过多的关键线路。

1) 根据总时差确定关键线路

当网络计划的计划工期等于计算工期时,总时差为零($TF_{i-j}=0$)的工作就是关键工作,由关键工作组成的线路就是关键线路。

在例 4-2 中总时差为零的工作只有工作 1-6,此即关键工作,关键线路亦为 1-6。用双线箭线出关键工作和关键线路,如图 4-25 所示。

2) 用标号法确定关键线路

(1) 从网络计划的始点节点顺着箭线方向按节点编号从小到大的顺序逐次算出节点最早时间值 TE_i,将其标注在节点上方,同时标注源节点(得出本节点最早时间值的节点)编号,标注形式为 (k, TE_i)。

(2) 将节点都标注后,从网络计划终点节点开始,从右向左按源节点寻求出关键线路。网络计划终点节点的标号值即为计算工期。

【例 4-4】 已知网络计划如图 4-28 所示,试用节点最早时间确定其关键线路。

【解】 对网络计划各节点的最早节点时间计算如下,并标注在图 4-29 中。

$$TE_1 = 0$$
$$TE_2 = TE_1 + D_{1-2} = 0 + 5 = 5$$
$$TE_3 = TE_2 + D_{2-3} = 5 + 4 = 9$$
$$TE_4 = TE_1 + D_{1-4} = 0 + 8 = 8$$
$$TE_5 = TE_1 + D_{1-5} = 0 + 6 = 6$$
$$TE_6 = TE_5 + D_{5-6} = 6 + 3 = 9$$
$$TE_7 = \max[(TE_1 + D_{1-7}),(TE_5 + D_{5-7})] = \max[(0+3),(6+0)] = 6$$
$$TE_8 = \max[(TE_7 + D_{7-8}),(TE_6 + D_{6-8})] = \max[(6+5),(9+0)] = 11$$
$$TE_9 = \max[(TE_3 + D_{3-9}),(TE_4 + D_{4-9}),(TE_6 + D_{6-9}),(TE_8 + D_{8-9}),(TE_1 + D_{1-9})]$$
$$= \max[(9+3),(8+7),(9+4),(11+3),(0+11)] = 15$$

根据源节点(即节点的第一个标号)从右向左寻求出关键线路为 1-4-9,并用粗箭线标示出关键线路如图 4-29 所示。

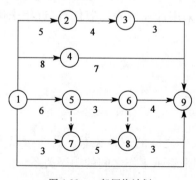

图 4-28 一般网络计划   图 4-29 标时网络计划

3) 关键节点

在关键线路上的所有节点都是关键节点。

在双代号网络计划中，关键节点有下面的一些特性。掌握好这些特性，可以较容易地确定出一些工作的 6 个主要时间参数。

(1) 关键工作两端的节点必为关键节点，但两关键节点间的工作不一定是关键工作。如图 4-26 所示，以关键节点①为开始节点，以关键节点⑨为完成节点的工作 1-9 为非关键工作。因为其两端皆为关键节点，其机动时间不可能为其他工作所利用，故其总时差和自由时差皆为 4。

(2) 以关键节点为完成节点的工作的总时差和自由时差相等。如图 4-26 所示，工作 3-8 的总时差和自由时差皆为 3，工作 6-9 的总时差和自由时差皆为 2；工作 8-9 的总时差和自由时差皆为 1；工作 1-9 的总时差和自由时差皆为 4。

(3) 当关键节点间有多项工作，且线路中的非关键节点只有一条外向箭线和内向箭线时，则该线路段上的各项工作的总时差皆相等。它们的自由时差除了以关键节点为完成节点的工作的自由时差等于总时差外，其他工作的自由时差皆为零。如图 4-26 所示的线路段 1-2-3-9，工作 1-2、2-3、3-9 的总时差皆为 3，除工作 3-9 的自由时差为 3 外，其他工作的自由时差皆为零。

(4) 当关键节点间有多项工作，且线路中的非关键节点具有一条以上外向箭线及一条内向箭线时，则该线路上的各项工作的总时差不一定相等。它们的自由时差除了以关键节点为完成节点的工作的自由时差等于总时差外，其他工作的自由时差皆为零。如图 4-26 所示的线路段 1-5-6-9，工作 6-9 的总时差为 2，工作 5-6 的总时差为 2，工作 1-5 的总时差因受到工作 8-9 的制约，其值为 1，它们的自由时差除工作 6-9 为 2 外，其他工作的自由时差皆为零。

(5) 当关键节点间有多项工作，且工作间的非关键节点有内向箭线时，则线路段上的各项工作的总时差不一定相等，它们的自由时差也不一定为零。如图 4-26 所示的线路段 1-7-8-9，工作 8-9 和工作 7-8 的总时差为 1，工作 1-7 的总时差为 4，工作 8-9 的自由时差为 1，工作 7-8 的自由时差为零，工作 1-7 的自由时差为 3。

第三节　单代号网络计划

单代号网络图又称节点式网络图。它以节点表示一项工作，工作名称、代号、持续时间都标注在节点内，箭线仅用来表达工作之间的逻辑关系。与双代号网络图比较，单代号网络图具有容易画，没有虚工作，逻辑关系明确，便于修改，易于采用计算机表达等优点，近年来逐渐得到广泛应用。

一、网络图的构成

单代号网络图同样由箭线、节点、线路 3 项因素构成。

1. 箭线

单代号网络图箭线代表工作之间的逻辑关系。箭线可以采用水平直线、折线或斜线表示，仅用来表示工作之间的顺序关系。

2. 节点

单代号网络图表示法用一个圆圈或方框代表一项工作，将工作代号、工作名称和完成工作所需要的时间写在圆圈或方框里面，如图 4-30

图 4-30　单代号网络图工作的表示方法

所示。工作仅用一个代号表示,故称为单代号网络图。

3. 线路

单代号网络图中线路的概念与双代号基本一致。线路是指从网络图起点节点(工作)开始,依先后顺序用箭线将各工作连接起来,最后到达终点节点(工作)所经过的通路。单代号网络图线路同样可依次用该线路上的节点代号或工作名称来记述,通常用工作名称记述法。图 4-31 所示的线路有 A-B-E-G、A-B-D-G、A-C-E-G 3 条线路。

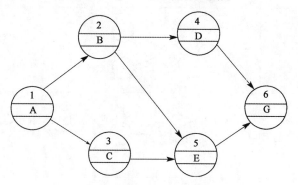

图 4-31 单代号网络图的线路

每条线路所需时间长短不一,其中持续时间最长的线路称为关键线路。线路 A-C-E-G 为关键线路;其余线路均称为非关键线路。处于关键线路上的 A、C、E、G 工作称为关键工作。关键线路上的箭线常采用粗线、双线或其他颜色的箭线突出表示。需要说明的是,一个大型网络图,有时关键线路可能有多条。

二、网络图的绘制

1. 绘制原则

单代号网络图与双代号网络图的绘制规则基本一致,两者的主要区别是绘图符号代表的意义不同。网络图应正确表达工作的逻辑关系;严谨出现循环回路;箭线不宜交叉,交叉时可采用过桥法;严禁没有箭尾节点的箭线和没有箭头节点的箭线;严谨出现无箭头、双箭头的箭线;一个网络图只能有一个起点节点和一个终点节点等。

需要注意的是,当一项任务具有多个没有紧前工作的工作时,必须设置一个虚拟的起点节点;当一项任务具有多个没有紧后工作的工作时,必须设置一个虚拟的终点节点,如图 4-32 所示。

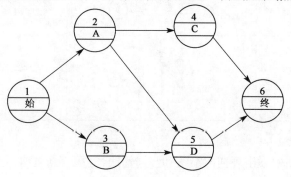

图 4-32 有虚拟起点(终点)节点的单代号网络计划

常用单代号、双代号网络图逻辑关系的表达对比见表4-5。

单代号、双代号网络图逻辑关系表达的对比　　　　　表4-5

工序逻辑		双代号网络计划	单代号网络计划
紧前	紧后		
A B	B C	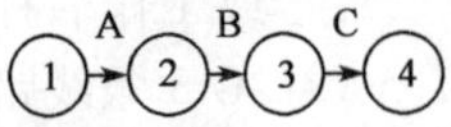	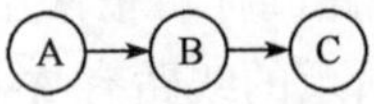
A	C B	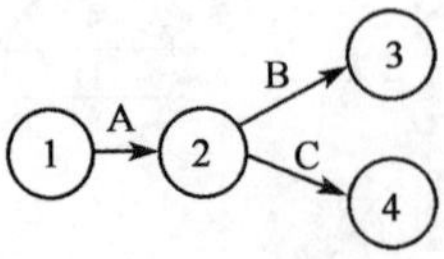	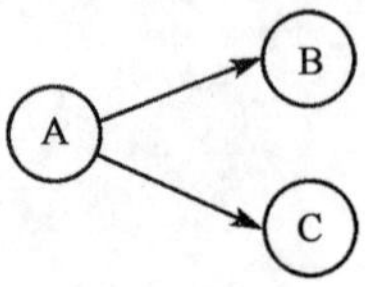
B A	C	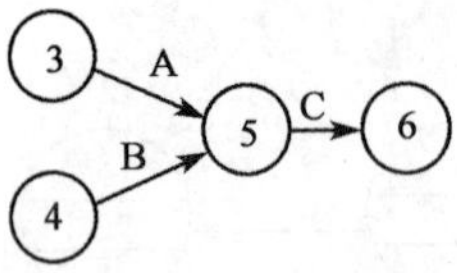	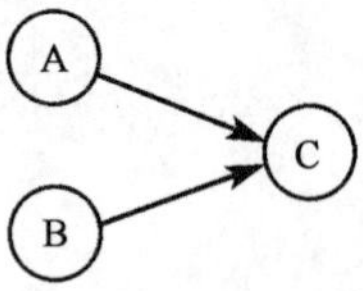
A B	C D	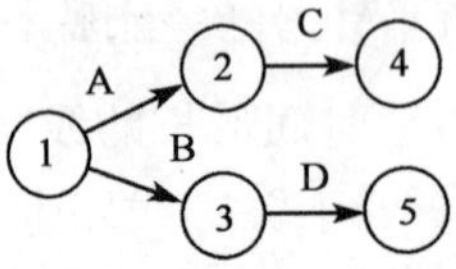	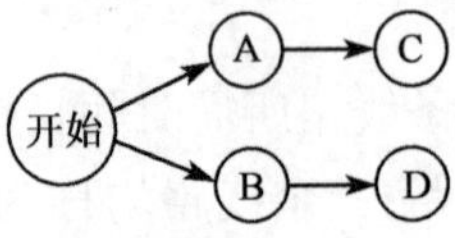
A B	C、D D	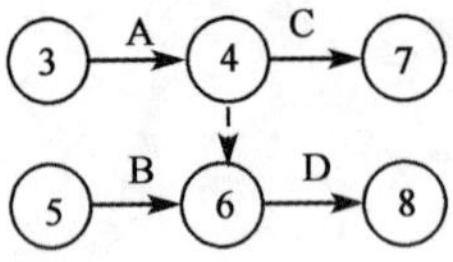	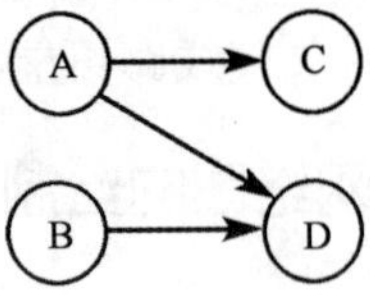
A B、C	B、C D	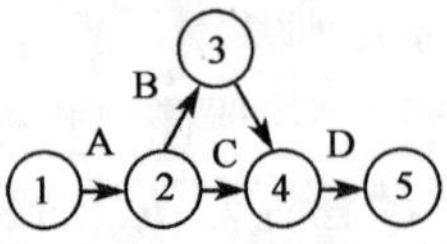	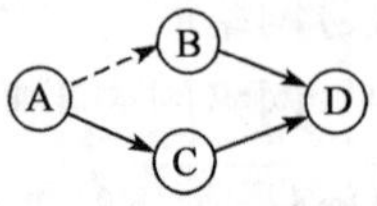
A B	C D	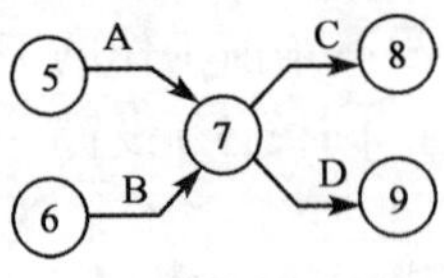	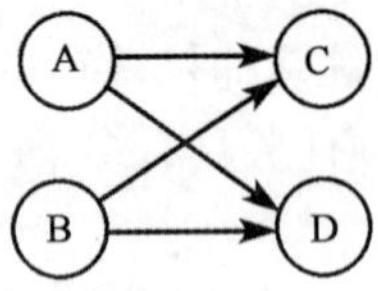
A B C D、E	B、C D、E E F	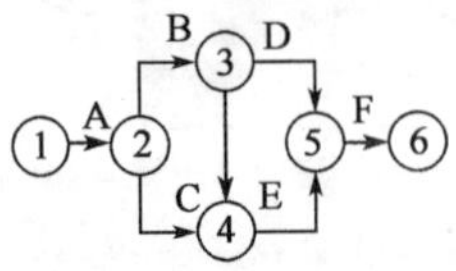	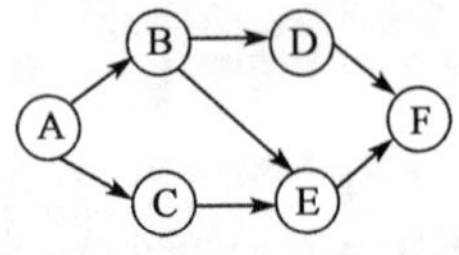

2. 绘制方法和步骤

为使绘制的网络图中不出现逆向箭线和竖向箭线，宜在绘制之前，先确定出各个节点的位置号，再按节点位置号绘制网络图。

单代号网络图宜按如下步骤绘制。

(1)确定出各个工作的节点位置号。可令无紧前工作的工作的节点位置号为零,其他工作的节点位置号等于其紧前工作的节点位置号的最大值加1。若有多个无紧前工作的工作,则在位置号为零的前面再加一个S位置号,作为虚拟的始节点的位置号。若有多个无紧后工作的工作,则在最后一个节点位置号之后再加一个L位置号,作为虚拟的终节点的位置号。

(2)根据节点位置号和逻辑关系绘出网络图。

(3)在不受节点位置号限制的情况下,可对工作的位置进行适当的调整,以使图面更为对称,并使箭线交叉最少。

现举例具体说明。

【例4-5】 已知网络图的资料如例4-1所示,试绘出单代号网络图。

【解】 (1)列出关系表,确定出节点位置号,如表4-6所示。

工作逻辑关系分析 表4-6

工作	A	B	C	D	E	F	G	H
紧前工作			B	A	A	A	B、D	E、F、G
紧后工作	F、E、D	C、G	G	H	H	H		
节点的位置号	0	0	1	1	1	1	2	3

(2)根据节点位置号和逻辑关系绘出网络计划,如图4-33所示,图中多加了S、L两个节点位置号以确定虚拟的始节点和终节点的位置。为避免箭线交叉,对节点位置进行合理的安排。

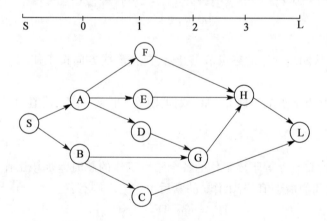

图4-33 单代号网络计划

三、时间参数的计算

单代号网络图的节点表示工作,工作有6个时间参数,时间参数的意义与双代号网络图完全一致,但计算方法略有区别。

在单代号网络计划中,除标注出各个工作的6个主要时间参数外,还应在箭线上方标注出相邻两工作之间的时间间隔,如图4-34所示,时间间隔就是一项工作的最早完成时间与其紧后工作最早开始时间之间可能存在的差值。工作i与其紧后工作j之间的时间间隔用$LAG_{i,j}$表示。

时间参数的计算步骤如下:

1) 计算最早开始时间和最早完成时间

网络计划中各项工作的最早开始时间和最早完成时间的计算是从网络计划的起点节点（工作）开始，从左到右，顺着箭线方向按工作编号从小到大的顺序逐个计算。

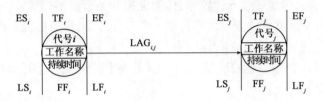

图 4-34　单代号网络计划时间参数标注方式

（1）网络计划的起点节点的最早开始时间为零。如起点节点编号为 1，则有：

$$ES_1 = 0 \tag{4-24}$$

（2）工作的最早完成时间等于该工作的最早开始时间加该工作的持续时间，即：

$$EF_j = ES_j + D_j \tag{4-25}$$

（3）工作的最早开始时间等于该工作的各个紧前工作的最早完成时间的最大值。如工作 j 的紧前工作的代号为 i，则有：

$$ES_j = \max[EF_i] \tag{4-26}$$

2) 计算相邻两项工作之间的时间间隔

工作 i 与其紧后工作 j 之间的时间间隔 $LAG_{i,j}$ 用下式计算：

$$LAG_{i,j} = ES_j - EF_i \tag{4-27}$$

3) 计算总时差

工作总时差应从网络计划的终点节点开始，逆着箭线方向按工作编号从大到小的顺序逐个计算。

（1）网络计划终点节点的总时差，如计划工期等于计算工期，其值为零。若终点节点的编号为 n，则有：

$$TF_n = 0 \tag{4-28}$$

（2）其他工作的总时差等于该工作的各个紧后工作的总时差加该工作与其各个紧后工作之间的时间间隔之和的最小值，若工作 i 的紧后工作为 j，则有：

$$TF_i = \min[TF_j + LAG_{i,j}] \tag{4-29}$$

4) 计算自由时差

若无紧后工作，工作的自由时差等于计划工期减该工作的最早完成时间，即：

$$FF_i = T_P - EF_i \tag{4-30}$$

若有紧后工作，工作的自由时差等于该工作与其紧后工作之间的时间间隔的最小值，即：

$$FF_i = \min[LAG_{i,j}] \tag{4-31}$$

5) 计算工作最迟开始时间和最迟完成时间

（1）工作最迟开始时间等于该工作的最早开始时间加该工作的总时差，即：

$$LS_i = ES_i + TF_i \tag{4-32}$$

（2）工作最迟完成时间等于该工作的最早完成时间加该工作的总时差，即：

$$LF_i = EF_i + TF_i \qquad (4\text{-}33)$$

6）关键线路的判定

关键线路上的工作必须完全是关键工作，且两相邻关键工作之间的时间间隔必须为零。

【例 4-6】 已知网络计划如图 4-35 所示，若计划工期等于计算工期，试列式算出各项工作的 6 个主要时间参数，将 6 个主要时间参数及工作之间的时间间隔标注在网络计划上，并用双线箭线示出关键线路。

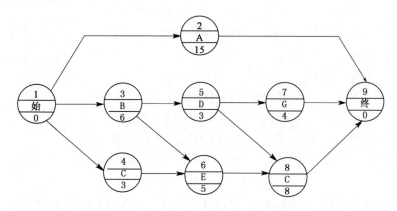

图 4-35 单代号网络计划

【解】（1）计算最早开始时间和最早完成时间。

$$ES_1 = 0$$
$$EF_1 = ES_1 + D_1 = 0 + 0 = 0$$
$$ES_2 = ES_3 = ES_4 = EF_1 = 0$$
$$EF_2 = ES_2 + D_2 = 0 + 15 = 15$$
$$EF_3 = ES_3 + D_3 = 0 + 6 = 6$$
$$EF_4 = ES_4 + D_4 = 0 + 3 = 3$$
$$ES_5 = ES_3 = 6$$
$$EF_5 = ES_5 + D_5 = 6 + 3 = 9$$
$$ES_6 = \max[EF_3, EF_4] = \max[6,3] = 6$$
$$EF_6 = ES_6 + D_6 = 6 + 5 = 11$$
$$ES_7 = EF_5 = 9$$
$$EF_7 = ES_7 + D_7 = 9 + 4 = 13$$
$$ES_8 = \max[EF_5, EF_6] = \max[9,11] = 11$$
$$EF_8 = ES_8 + D_8 = 11 + 3 = 14$$
$$ES_9 = \max[EF_2, EF_7, EF_8] = \max[15,13,14] = 15$$
$$EF_9 = ES_9 + D_9 = 15 + 0 = 15$$
$$T_P = T_C = EF_9 = 15$$

（2）计算相邻两项工作之间的时间间隔。

节点 1 为虚工作，不需要计算其时间参数。

$$LG_{2,9} = ES_9 - EF_2 = 15 - 15 = 0$$

$$LG_{3,5} = ES_5 - EF_5 = 6 - 6 = 0$$
$$LG_{3,6} = ES_6 - EF_3 = 6 - 6 = 0$$
$$LG_{4,6} = ES_6 - EF_4 = 6 - 3 = 3$$
$$LG_{5,7} = ES_7 - EF_5 = 9 - 9 = 0$$
$$LG_{5,8} = ES_8 - EF_5 = 11 - 9 = 2$$
$$LG_{6,8} = ES_8 - EF_6 = 11 - 11 = 0$$
$$LG_{7,9} = ES_9 - EF_7 = 15 - 13 = 2$$
$$LG_{8,9} = ES_9 - EF_8 = 15 - 14 = 1$$

(3)计算总时差。
$$TF_9 = 0$$
$$TF_8 = TF_9 + LAG_{8,9} = 0 + 1 = 1$$
$$TF_7 = TF_9 + LAG_{7,9} = 0 + 1 = 1$$
$$TF_6 = TF_8 + LAG_{6,8} = 0 + 1 = 1$$
$$TF_5 = \min[(TF_7 + LAG_{5,7}),(TF_8 + LAG_{5,8})] = \min[(2+0),(1+0)] = 1$$
$$TF_4 = TF_6 + LAG_{4,6} = 0 + 1 = 1$$
$$TF_3 = \min[(TF_5 + LAG_{3,5}),(TF_6 + LAG_{3,6})] = \min[(2+0),(1+0)] = 1$$
$$TF_2 = TF_9 + LAG_{2,9} = 0 + 0 = 0$$

(4)计算自由时差。
$$FF_9 = T_P - EF_9 = 15 - 15 = 0$$
$$FF_8 = LAG_{8,9} = 1$$
$$FF_7 = LAG_{7,9} = 2$$
$$FF_6 = LAG_{6,8} = 0$$
$$FF_5 = \min[LAG_{5,9}, LAG_{5,8}] = \min[0,2] = 0$$
$$FF_4 = LAG_{4,6} = 3$$
$$FF_3 = \min[LAG_{3,5}, LAG_{3,6}] = \min[0,0] = 0$$
$$FF_2 = LAG_{2,9} = 0$$

(5)计算工作最迟开始时间和最迟完成时间。

①最迟开始时间
$$LS_2 = ES_2 + TF_2 = 0 + 0 = 0$$
$$LS_3 = ES_3 + TF_3 = 0 + 1 = 1$$
$$LS_4 = ES_4 + TF_4 = 0 + 4 = 4$$
$$LS_5 = ES_5 + TF_5 = 6 + 2 = 8$$
$$LS_6 = ES_6 + TF_6 = 6 + 1 = 7$$
$$LS_7 = ES_7 + TF_7 = 9 + 2 = 11$$
$$LS_8 = ES_8 + TF_8 = 11 + 1 = 12$$

②最迟完成时间
$$LF_2 = EF_2 + TF_2 = 15 + 0 = 15$$
$$LF_3 = EF_3 + TF_3 = 6 + 1 = 7$$

$$LF_4 = EF_4 + TF_4 = 3 + 4 = 7$$
$$LF_5 = EF_5 + TF_5 = 9 + 2 = 11$$
$$LF_6 = EF_6 + TF_6 = 11 + 1 = 12$$
$$LF_7 = EF_7 + TF_7 = 13 + 2 = 15$$
$$LF_8 = EF_8 + TF_8 = 14 + 1 = 15$$

(6)将算出的 6 个时间参数及相邻工作之间的间隔时间标注在网络计划上,并用双箭线标识出关键线路,如图 4-36 所示。

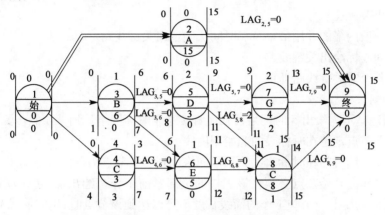

图 4-36　标注时间参数的网络计划

第四节　双代号时标网络计划

一、一般规定

双代号时标网络计划(以下简称时标网络计划)是以时间坐标为尺度绘制的网络计划。时标的时间单位应根据需要在编制网络计划之前确定,可为小时、天、周、旬、月或季等。

时标网络计划以实箭线表示工作,以虚箭线表示虚工作,以波形线表示工作与其紧后工作之间的时间间隔。

时标网络计划中的箭线宜用水平箭线或由水平段和垂直段组成的箭线,不宜用斜箭线。虚工作亦宜如此,但虚工作的水平段应绘成波形线。

时标网络计划包括早时标网络计划和迟时标网络计划两种,通常采用早时标网络计划。

早时标网络计划按各个工作和节点的最早开始时间编制。不能出现逆向箭线和逆向虚箭线。正确的时标网络计划如图 4-37 所示。

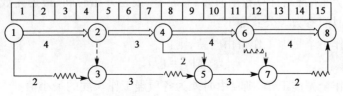

图 4-37　早时标网络计划

二、绘制方法

时标网络计划的绘制方法有间接绘制法和直接绘制法两种。

1. 间接绘制法

间接绘制法是先绘制出标时网络计划,确定出关键线路,再绘制时标网络计划。绘制时先绘出关键线路,再绘制非关键工作,某些工作箭线长度不足以达到该工作的完成节点时,用波形线补足,箭头画在波形线与节点连接处。其具体步骤如下:

(1) 确定出节点位置号。
(2) 绘出一般网络图并用最早节点时间法确定出关键线路。
(3) 按时间坐标绘出关键线路。
(4) 画出其余非关键线路即可。

2. 直接绘制法

直接绘制法是不需绘出标时网络计划而直接绘制时标网络计划。绘制步骤如下:

(1) 将起点节点定位在时标表的起始刻度线上。
(2) 按工作持续时间在时标表上绘制以网络计划起点节点为开始节点的工作的箭线。
(3) 其他工作的开始节点必须在该工作的全部紧前工作都绘出后,定位在这些紧前工作最晚完成的时间刻度上。某些工作的箭线长度不足以达到该节点时,用波形线补足,箭头画在波形线与节点连接处。
(4) 用上述方法自左至右依次确定其他节点位置,直至网络计划终点节点定位绘完。网络计划的终点节点是在无紧后工作的工作全部绘出后,定位在最晚完成的时间刻度上。

3. 关键线路的判定

时标网络计划的关键线路可自终点节点逆箭线方向朝起点节点逐次进行判定:自始至终都不出现波形线的线路即为关键线路。

三、时间参数确定

时标网络计划6个主要时间参数确定的步骤如下:

(1) 从图上直接确定出最早开始时间,最早完成时间和时间间隔。
① 最早开始时间。工作箭线左端节点中心所对的时标值为该工作的最早开始时间。
② 最早完成时间。如箭线右段无波纹线,则该箭线右端节点中心所对应的时标值为该工作的最早完成时间;如箭线右段有波纹线,则该箭左段无波纹线部分的右端所对应的时标值为该工作的最早完成时间。
③ 时间间隔。时标网络计划上波纹线的长度即为时间间隔。

(2) 与单代号网络计划计算自由时差、总时差、最迟开始时间、最迟完成时间的方法相似,计算出上述这些时间参数。公式如下:

若有紧后工作不全是虚工作自由时差,则:

$$FF_{i \text{-} j} = LAG_{i,j} \tag{4-34}$$

若有紧后工作全是虚工作,则自由时差为各项虚工作长度的最小值。

总时差为:

$$TF_{i-j} = \min\left[TF_{j-k} + LAG_{i-j,j-k}\right] \tag{4-35}$$

工作最迟开始时间和最迟结束时间为：

$$LS_{i-j} = ES_{i-j} + TF_{i-j} \tag{4-36}$$

工作最迟完成时间等于该工作的最早完成时间加该工作的总时差，即：

$$LF_{i-j} = EF_{i-j} + TF_{i-j} = LS_{i-j} + D_{i-j} \tag{4-37}$$

四、时标网络计划的坐标体系

时标网络计划的坐标体系主要有：计算坐标体系、工作日坐标体系、日历坐标体系。

1. 计算坐标体系

计算坐标体系主要用作计算时间参数。采用这种坐标体系计算时间参数较为简便。但不够明确。如按计算坐标体系，网络计划从零天开始，就不易理解。应为第1d开始，或明确示出开始日期。

2. 工作日坐标体系

工作日坐标体系可明确示出工作在开工后第几天开始，第几天完成。但不能示出开工日期、工作开始日期、工作完成日期及完工日期等。

工作日坐标示出的开工时间和工作开始时间等于计算坐标示出的开工时间和工作开始时间加1。

工作日坐标示出的完工时间和工作完成时间等于计算坐标示出的完工时间和工作完成时间。

3. 日历坐标体系

日历坐标体系可以明确示出工程的开工日期和完工日期，以及工作的开始日期和完成日期。编制时要注意扣除节假日休息时间。图4-38所示为具有3种坐标体系的时标网络计划。第1行为计算坐标体系，第2行为工作日坐标体系，后两行为日历坐标体系。此处假定工程在4月24日（星期二）开始，星期六、星期日和五一节休息。

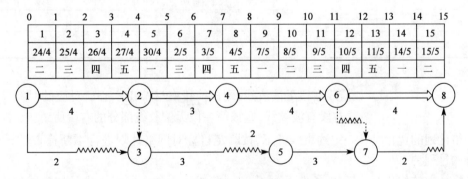

图4-38 具有3种坐标体系的时标网络计划

五、形象进度计划表

1. 工作日形象进度计划表

工作日形象进度计划表宜按下述步骤进行编制。

(1)写出工作代号、工作名称、持续时间、自由时差和总时差,并判断是否是关键工作。

(2)根据带有工作日坐标体系的网络计划写出工作的最早开始时间和最早完成时间。此时必须注意的是,同一开始节点的工作的最早开始时间相同。

(3)根据工作的最早开始时间、最早完成时间和总时差,确定并写出工作的最迟开始时间和最迟完成时间。此时必须注意:

①总时差为零时,最迟开始时间与最早开始时间相同,最迟完成时间与最早完成时间相同。

②总时差不为零时,最迟开始时间等于最早开始时间加总时差,最迟完成时间等于最早完成时间加总时差。

2. 日历形象进度计划表

日历形象进度计划表编制步骤与工作日形象进度计划的编制步骤相同,只是将最早开始时间等4个主要时间参数中的"时间"改为"日期"。改变的方法主要有以下两种。

(1)按带有日历坐标体系的网络计划写出工作的最早开始日期和最早完成日期。在确定最迟开始日期和最迟完成日期时需要考虑节假日的因素。

(2)在月历上按扣除节假日外的有效坐标上工作日,再据此将工作日变成日期。

上述第二种方法较为简单,且在确定最迟开始日期和最迟完成日期时不易出错。

工作日及月历形象进度计划表形式如表4-7 和表4-8 所示。

网络计划的工作日形象进度计划表　　　　表4-7

序号	工作代号	工作名称	D	ES	EF	LS	LF	FF	TF	是否关键工序
1	*-*								0	是
⋮										

网络计划的日历形象进度计划表　　　　表4-8

序号	工作代号	工作名称	持续时间	最早开始日期	最早完成日期	最迟开始日期	最迟完成日期	自由时差	总时差	是否关键工序
1	*-*									
⋮										

第五节　网络计划的优化

网络计划的优化是在一定约束条件下,按既定目标对网络计划进行不断检查、评价、调整和完善的过程。

网络计划的优化有工期优化、费用优化和资源优化3种。费用优化又称时间成本优化。资源优化分为资源有限—工期最短的优化及工期固定—资源均衡的优化。

一、资源有限—工期最短的优化

1. 工期优化

工期优化是压缩计算工期,以达到要求工期目标,或在一定约束条件下使工期最短的过程。

工期优化一般通过压缩关键工作的持续时间来达到优化目标。在优化过程中,要注意不能将关键工作压缩成非关键工作,但未经压缩的关键工作可以变成非关键工作。当优化过程中出现多条关键线路时,必须将各条关键线路持续时间压缩同一数值,否则不能有效地将工期缩短。

可按下述步骤对工期进行优化。

(1)找出网络计划中的关键线路并求出计算工期。

(2)按要求工期计算应缩短的时间 ΔT:

$$\Delta T = T_C - T_r \tag{4-38}$$

式中:T_C——计算工期;

T_r——要求工期。

(3)按下列因素选择应优先缩短持续时间的关键工作。

①缩短持续时间对质量和安全影响不大的工作。

②有充足备用资源的工作。

③缩短持续时间所需增加的费用最少的工作。

(4)将应优先缩短的关键工作压缩至最短持续时间,并找出关键线路。若被压缩的工作变成非关键工作,则应将其持续时间延长,使之仍为关键工作。

(5)若计算工期仍超过要求工期,则重复以上步骤,直到满足工期要求或工期已不能再缩短为止。

(6)当所有关键工作或部分关键工作已达最短持续时间而寻求不到继续压缩工期的方案但工期仍不满足要求工期时,应对计划的原技术、组织方案进行调整,或对要求工期重新审定。

【例4-7】 已知网络计划如图4-39所示。图中箭线下方为正常持续时间和括号内为最短持续时间,箭线上方括号内为优选系数,优选系数愈小愈应优先选择,若同时缩短多个关键工作,则该多个关键工作的优选系数之和(称为组合优选系数)最小者亦应优先选择。假定要求工期为15d,试对其进行工期优化。

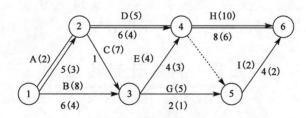

图4-39 初始网络计划

【解】 (1)用节点最早时间求出在正常持续时间下的关键线路及计算工期。标注在图4-32中。

(2)应缩短的时间为:

$$\Delta T = T_C - T_r = 19 - 15 = 4(\text{d})$$

(3)应优先缩短的工作为优先选择系数最小的工作A。

(4)将应优先缩短的关键工作A压缩至最短持续时间3,用节点最早时间找出关键线路。

此时关键工作 A 压缩后成为非关键工作，故须将其松弛，使之成为关键工作，现将其松弛至 4d，找出关键线路，如图 4-33 所示，此时 A 成为关键工作。图中有两条关键线路，即 ADH 和 BEH。此时计算工期 $T_C = 18d$，$\Delta T_1 = 18 - 15 = 3d$，如图 4-40 所示。

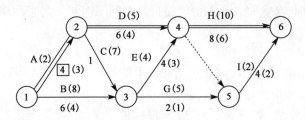

图 4-40 第 1 次压缩后的网络计划

(5) 因为计算工期仍大于要求工期，故需继续压缩。如图 4-33 所示，有 5 个压缩方案，即①压 A、B，组合优选系数为 2 + 8 = 10；②压 A、E，组合优选系数为 2 + 4 = 6；③压 D、E，组合优选系数为 5 + 4 = 9；④压 H，优选系数为 10；⑤压 B、D，优选系数为 13。决定压缩优选系数最小者，即压 A、E。这两项工作都压缩至最短持续时间 3，即各压缩 1d。用节点最早时间找出关键线路，如图 4-41 所示。此时关键线路只有两条，即 ADH 和 BEH。此时计算工期 $T_C = 17d$，$\Delta T_2 = 17 - 15 = 2d$。由于 A 和 E 已达最短持续时间，不能被压缩，可假定它们的优选系数为无穷大。

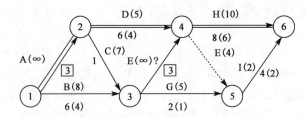

图 4-41 第 2 次压缩后的网络计划

(6) 因为计算工期仍大于要求工期，故需继续压缩。前述的 5 个压缩方案中前 3 个方案的优选系数都已变为无穷大，现还有方案压 B、D，优选系数 13；压 H，优选系数 10，采取压缩 H 的方案，将 H 压缩 2d，持续时间变为 6。得出计算工期（$T_C = 15d$）等于要求工期的优化方案，如图 4-42 所示。

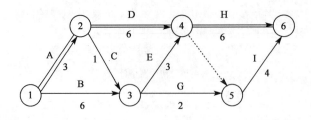

图 4-42 优化后的网络计划

2. 费用优化

费用优化又称时间成本优化，是寻求最低成本时的最短工期安排，或按要求工期寻求最低成本的计划安排过程。

网络计划的总费用由直接费和间接费组成。随工期的缩短而增加的费用是直接费;随工期的缩短而减少的费用是间接费。由于直接费随工期缩短而增加,间接费随工期缩短而减少,故必定有一个总费用最少的工期,这便是费用优化所要寻求的目标。上述情况可由图 4-43 所示的工期—费用曲线示出。

费用优化可按下述步骤进行。

(1)算出工程总直接费。工程总直接费等于组成该工程的全部工作的直接费之和,用 $\sum C_{i\text{-}j}^D$ 表示。

(2)算出各项工作直接费费用增加率(简称直接费率,即缩短工作持续时间每一单位时间所需增加的直接费)。工作 $i\text{-}j$ 的直接费率用 $\sum a_{i\text{-}j}^D$ 表示。

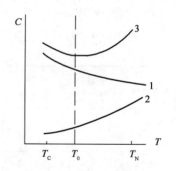

图 4-43 工期—费用曲线

1-直接费;2-间接费;3-总费用;T_C-最短工期;T_N-正常工期;T_0-优化工期

$$a_{i\text{-}j}^D = \frac{C_{i\text{-}j}^C - C_{i\text{-}j}^N}{D_{i\text{-}j}^N - D_{i\text{-}j}^C} \quad (4\text{-}39)$$

式中:$D_{i\text{-}j}^N$——工作 $i\text{-}j$ 的正常持续时间,即在合理的组织条件下,完成一项工作所需的时间;

$D_{i\text{-}j}^C$——工作 $i\text{-}j$ 的最短持续时间,即不可能进一步缩短的工作持续时间,又称临界时间;

$C_{i\text{-}j}^N$——工作 $i\text{-}j$ 的正常持续时间直接费,即按正常持续时间完成一项工作所需的直接费;

$C_{i\text{-}j}^C$——工作 $i\text{-}j$ 的最短持续时间直接费,即按最短持续时间完成一项工作所需的直接费。

(3)找出网络计划中的关键线路并求出计算工期。

(4)算出计算工期为 t 的网络计划的总费用,即:

$$C_t^T = \sum C_{i\text{-}j}^D + a^{ID} \cdot t \quad (4\text{-}40)$$

式中:$\sum C_{i\text{-}j}^D$——计算工期为 t 的网络计划的总直接费;

a^{ID}——工程间接费率,即缩短或延长工期每一单位时间所需减少或增加的费用。

(5)当只有一条关键线路时,将直接费率最小的一项工作压缩至最短持续时间,并找出关键线路。若被压缩的工作变成非关键工作,则应将其持续时间延长,使之仍为关键工作。当有多条关键线路时,就需压缩一项或多项直接费率或组合直接费率最小的工作,并将其中正常持续时间与最短持续时间的差值最小的为幅度进行压缩,并找出关键线路。若被压缩工作变成非关键工作,则应将其持续时间延长,使之仍为关键工作。

在压缩过程中,关键工作可以被动地(即未经压缩)变成非关键工作,关键线路也可以因此而变成非关键线路。

在确定了压缩方案以后,必须检查被压缩的工作的直接费率或组合直接费率是否等于、小于或大于间接费率,如等于间接费率,则已得到优化方案;如小于间接费率,则需继续按上述方法进行压缩;如大于间接费率,则在此前一次的小于间接费率的方案即为优化方案。

(6)列出优化表,如表 4-9 所示。

(7)按下式计算出优化后的总费用:

优化后的总费用 = 初始网络计划的总费用 − 费用变化合计的绝对值 (4-41)

(8)绘出优化网络计划。在箭杆上方注明直接费,箭杆下方注明持续时间。

(9)按式(4-40)计算优化网络计划的总费用。此数值应与用式(4-41)算出的数值相同。

网络计划优化表 表4-9

缩短次数	被缩工作代号	被缩工作名称	直接费率或组合直接费率	(1)费率差（正或负）	缩短时间	费用变化（正或负）	工期	优化点
①	②	③	④	⑤	⑥	⑦=⑤×⑥	⑧	⑨
				(2)费用变化合计				

注:1. 费用差 = 直接费率或组合费率—间接费率;
   2. 费用变化合计只合计负值。

【例4-8】 已知网络计划如图4-44所示,图中箭线下方为正常持续时间和括号内的最短持续时间,箭线上方为正常直接费和括号内的最短时间直接费,间接费率为0.8千元/d,试对其进行费用优化。

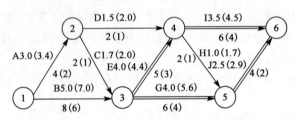

图4-44 初始网络计划

【解】 (1)算出总工程直接费,即:

$$C^{DT} = 3.0 + 5.0 + 1.5 + 1.7 + 4.0 + 4.0 + 1.0 + 3.5 + 2.5 = 26.2(千元)$$

(2)计算出各项工作的直接费率,即:

$$a_{1\text{-}2}^{D} = \frac{C_{1\text{-}2}^{C} - C_{1\text{-}2}^{N}}{D_{1\text{-}2}^{N} - D_{1\text{-}2}^{C}} = \frac{3.4 - 3.0}{4 - 2} = 0.2(千元/d)$$

$$a_{1\text{-}3}^{D} = \frac{7.0 - 5.0}{8 - 6} = 1.0(千元/d)$$

$$a_{2\text{-}3}^{D} = \frac{2.0 - 1.7}{2 - 1} = 0.3(千元/d)$$

$$a_{2\text{-}4}^{D} = \frac{2 - 1.5}{2 - 1} = 0.5(千元/d)$$

$$a_{3\text{-}4}^{D} = \frac{4.4 - 4.0}{5 - 3} = 0.2(千元/d)$$

$$a_{3\text{-}5}^{D} = \frac{5.6 - 4.0}{6 - 4} = 0.8(千元/d)$$

$$a_{4\text{-}5}^{D} = \frac{1.7 - 1.0}{2 - 1} = 0.7(千元/d)$$

$$a_{4\text{-}6}^{\mathrm{D}} = \frac{4.5 - 3.5}{6 - 4} = 0.5(千元/d)$$

$$a_{5\text{-}6}^{\mathrm{D}} = \frac{2.9 - 2.5}{4 - 2} = 0.2(千元/d)$$

以上直接费数据填入各工作箭线上方括号内,如图 4-45 所示。

(3)算出工程总费用,即:

$$C_{10}^{\mathrm{T}} = 26.2 + 0.8 \times 19 = 26.2 + 15.2 = 41.4(千元)$$

(4)进行压缩。

①进行第 1 次压缩。有两条关键线路 BEI 和 BEHJ,直接费最低的关键工作为 E,其直接费率为 0.2 千元/d,小于间接费率 0.8 千元/d。尚不能判断是否已出现优化点,固需将其压缩。现将 E 压至最短持续时间 3,找出关键线路,如图 4-45 所示。由于 E 被压缩成为非关键工作,需将其松弛至 4,使之仍为关键工作,且不影响已形成的关键线路 BEHJ 和 BEI。第 1 次压缩后的网络计划如图 4-45 所示。

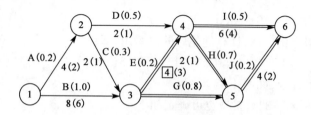

图 4-45 第 1 次压缩后的网络计划

②进行第 2 次压缩。有 3 条关键线路,即 BEI、BEHJ、BGJ。共有 5 个压缩方案:①压 B 直接费率为 1.0 千元/d;②压 E、G,组合直接费率为 0.2 + 0.8 = 1.0(千元/d);③压 E、J,组合直接费率为 0.2 + 0.2 = 0.4(千元/d);④压 I、J 组合直接费率为 0.5 + 0.2 = 0.7(千元/d);⑤压 I、H、G,组合直接费率为 0.5 + 0.7 + 0.8 = 2.0(千元/d)。决定采用诸方案中直接费率和组合直接费率最小的第 3 方案,即压 E、J,组合直接费率为 0.4 千元/d,小于间接费率 0.8 千元/d,尚不能判断是否已出现优化点,故应继续压缩。由于 E 只能压缩 1d,J 随之只可压缩 1d。压缩后,用节点最早时间法找出关键线路,此时只有两条关键线路:BEI 和 BGJ,H 未经压缩而被动地变成非关键工作。第 2 次压缩后的网络计划如图 4-46 所示。

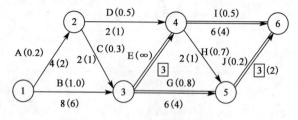

图 4-46 第 2 次压缩后的网络计划

③进行第 3 次压缩。如图 4-46 所示,有 4 个压缩方案,与第 2 次压缩时的方案相同,只是第 2 方案(压 E、G)和第 3 方案(压 E、J)的组合费率由于 E 的直接费率已变为无穷大而随之变为无穷大。此时组合直接费率最好的是第 4 方案(压 I、J),为 0.5 + 0.2 = 0.7 千元/d,小于

间接费率 0.8 千元/d,尚不能判断是否已出现优化点,故需继续压缩。由于 J 只能压缩 1d,I 随之只可压缩 1d,压缩后关键线路不变,故可不重新画图。

④进行第 4 次压缩。因为第 2~4 方案的组合直接费率因 E、J 的直接费率不能再缩短而变成无穷大,故只能选用第 1 方案(压 B)。因为 B 的直接费率 1.00 千元/d 大于间接费率 0.8 千元/d,故已出现优化点,不再进行压缩,优化网络计划即为第 3 次压缩后的网络计划,如图 4-47 所示。

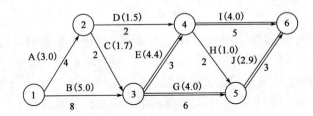

图 4-47 优化的网络计划

(5)列出优化表,如表 4-10 所示。
(6)根据表中费用变化合计,计算优化后的总费用,即:
$$C_{16}^T = 41.4 - 1.1 = 40.3(千元)$$
(7)绘出优化网络计划,如图 4-47 所示。
图中被压缩工作压缩后的直接费也可确定如下:
①工作 E 已压至最短持续时间,直接费为 4.4 千元。
②工作 J 压缩 1d,直接费为:
$$3.5 + 0.5 \times 1 = 4.0(千元)$$
③工作 J 已压至最短持续时间,直接费为 2.9 千元。
(8)按优化网络计划计算出总费用为:
$$C_{16}^T = \sum C_{i\text{-}j}^D + a^{ID} \cdot t = (3.0 + 5.0 + 1.7 + 1.5 + 4.4 + 4.0 + 1.0 + 4.0 + 2.9) + 0.8 \times 16$$
$$= 27.5 + 12.8 = 40.3(千元)$$
与第(6)项算出的总费用相同。

网络计划优化表　　　　　　　　　表 4-10

缩短次数	被缩工作代号	被缩工作名称	直接费率或组合直接费率	(1)费率差(正或负)	缩短时间	费用变化(正或负)	工期	优化点
①	②	③	④	⑤	⑥	⑦=⑤×⑥	⑧	⑨
0							19	
1	3-4	E	0.2	-0.6	1	-0.6	18	
2	3-4 5-6	E、J	0.4	-0.4	1	-0.4	17	
3	4-6 5-6	I、J	0.7	-0.1	1	-0.1	16	优
4	1-3	B	1.0	+0.2				
				(2)费用变化合计		-1.1		

3. 资源优化

资源是为完成任务所需的人力、材料、机械设备和资金等的统称。完成一项工程任务所需的资源量基本上是不变的，不可能通过资源优化将其减少，资源优化是通过改变工作的开始时间使资源按时间的分布符合优化目标。

1) 常用术语

(1) 资源强度

资源强度是一项工作在单位时间内所需的某种资源数量。工作 i-j 的资源强度用 $r_{i\text{-}j}$ 表示。

(2) 资源需用量

资源需用量是网络计划中各项工作在某一单位时间内所需某种资源数量之和。第 t 天资源需用量用 R_t 表示。

(3) 资源限量

资源限量是单位时间内可供使用的某种资源的最大数量，用 R_a 表示。

2) 资源有限—工期最短的优化

资源有限—工期最短的优化是调整计划安排，以满足资源限制条件，并使工期拖延最少的过程。

资源有限—工期最短的优化宜在时标网络计划上进行，步骤如下：

(1) 从网络计划开始的第 1d 起，从左至右计算资源需用量 R_t，并检查其是否超过资源限量。

① 如检查至网络计划最后 1d 都是 $R_t \leq R_a$，则该网络计划符合优化要求。

② 如发现 $R_t > R_a$，就停止检查而进行调整。

(2) 调整网络计划。将 $R_t > R_a$ 处的工作进行调整。调整的方法是将该处的一个工作移在该处的另一个工作之后，以减少该处的资源需用量。如该处有两个工作 A、B 则有 A 移 B 后和 B 移 A 后两个调整方案。

(3) 计算调整后的工期增量。调整后的工期增量等于前面工作的最早完成时间减移在后面工作的最早开始时间再减移在后面的工作的总时差。如 B 移 A 后，则其工期增量 $\Delta T_{A,B}$ 为：

$$\Delta T_{A,B} = \text{EF}_A - \text{ES}_B - \text{TF}_B \tag{4-42}$$

式(4-42)的证明如下：

B 在移动之前的最迟完成时间为 LF_B，在移动后的完成时间为 $\text{ES}_A + D_B$，两者之差即为工期增量，即：

$$\Delta T_{A,B} = \text{ES}_A + D_B - \text{LF}_B = \text{EF}_A - (\text{LF}_B - D_B) = \text{EF}_A - \text{LS}_B = \text{EF}_A - \text{ES}_B - \text{TF}_B$$

(4) 重复以上步骤，直至出现优化方案为止。

【例 4-9】 已知网络计划如图 4-48 所示。图中箭线上方为资源强度，箭线下方为持续时间，若资源限量 $R_a = 12$，试对其进行资源有限—工期最短的优化。

【解】 (1) 计算资源需量至第 4d，$R_4 = 13 > R_a = 12$，故需进行调整。

(2) 进行调整。

方案一：1-3 移 2-4 后，$\text{EF}_{2\text{-}4} = 6$，$\text{ES}_{1\text{-}3} = 0$，$\text{TF}_{1\text{-}3} = 3$。则得 $\Delta T_{2\text{-}4,1\text{-}3} = 6 - 0 - 3 = 3$。

方案二：2-4 移 1-3 后，$\text{EF}_{1\text{-}3} = 4$，$\text{ES}_{2\text{-}4} = 3$，$\text{TF}_{2\text{-}4} = 0$。则得 $\Delta T_{1\text{-}3,2\text{-}4} = 4 - 3 - 0 = 1$。

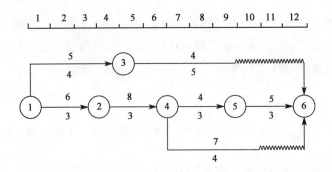

图 4-48 初始网络计划

(3)决定先考虑工期增量较小的方案二,绘出其网络计划,如图 4-49 所示。

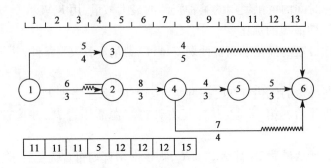

图 4-49 方案二的网络计划

(4)计算资源需要量至第 8d：$R_8 = 13 > R_a = 12$,故需进行第 2 次调整。被考虑调整的工作有 3-4、4-5、4-6 3 项。

(5)进行第 2 次调整。现列于表 4-11 进行调整。

第 2 次 调 整　　　　　　　　　　　　　　　　表 4-11

方案编号	后面工作	前面工作	EF_A	ES_B	TF_B	$\Delta T_{A,B}$	T	$R_t \gtrless R_a$ 计 √ $R_t > R_a$ 计 ×
①	②	③	④	⑤	⑥	⑦ = ④ - ⑤ - ⑥	⑧	⑨
21	3 – 6	4 – 5	9	7	0	2	15	×
22	3 – 6	4 – 6	9	7	2	0	13	√
23	4 – 5	3 – 6	10	4	4	2	15	×
24	4 – 5	4 – 6	10	7	2	1	14	×
25	4 – 6	4 – 5	11	4	4	3	16	×
26	4 – 6	4 – 5	11	7	0	4	17	×

(6)决定先检查工期增量最少的方案 22,绘出图 4-50。从图中看出,自始至终皆是 $R_t \leqslant R_a$,故该方案为优选方案。其他方案(包括第 1 次调整的方案一)的工期增量皆大于优选方案 22,即使满足 $R_t \leqslant R_a$,也不能是最优方案,得出最优方案为方案 22,工期为 13d。

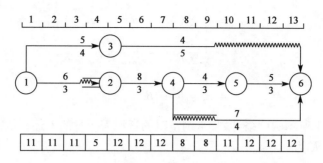

图 4-50 优化后的网络计划

二、工期固定—资源均衡的优化

工期固定—资源均衡的优化是调整计划安排,在工期保持不变的条件下,使资源需用量尽可能均衡的过程。

资源均衡可以大大减少施工现场各种临时设施(如仓库、堆场、加工场、临时供水供电设施等生产设施和工人临时住房、办公房屋、食堂、浴室等生活设施)的规模,从而可以节省施工费用。

1. 衡量资源均衡的指标

衡量资源均衡的指标一般有以下 3 种。

(1) 不均衡系数 K

不均衡系数 K 的计算公式为:

$$K = \frac{R_{\max}}{R_{\mathrm{m}}} \tag{4-43}$$

式中:$R_{\max}$——最大的资源需用量;

R_{m}——资源需用量的平均值,可由下式计算:

$$R_{\mathrm{m}} = \frac{1}{T}(R_1 + R_2 + R_3 + \cdots + R_T) = \frac{1}{T}\sum_{t=1}^{T} R_t \tag{4-44}$$

资源需用量不均衡系数越小,资源需用量均衡性越好。

(2) 极差值 ΔR

极差值 ΔR 的计算公式为:

$$\Delta R = \max[\,|\,R_t - R_{\mathrm{m}}\,|\,] \tag{4-45}$$

资源需用量极差值越小,资源需用量均衡性越好。

(3) 均方差值 σ^2

均方差值 σ^2 的计算公式为:

$$\sigma^2 = \frac{1}{T}\sum_{t=1}^{T}(R_t - R_{\mathrm{m}})^2 \tag{4-46}$$

为使计算较为简便,上式可作如下变换:

将式(4-46)展开:

$$\sigma^2 = \frac{1}{T}\sum_{t=1}^{T}(R_t^2 - 2R_t R_m + R_m^2)$$

$$= \frac{1}{T}\sum_{t=1}^{T}R_t^2 - 2\frac{1}{T}\sum_{t=1}^{T}R_t R_m + R_m^2$$

$$= \frac{1}{T}\sum_{t=1}^{T}R_t^2 - R_m^2 \tag{4-47}$$

例如,如图4-51所示的网络计划,未调整时的资源需用量的上述衡量指标为:

①不均衡系数 K 为:

$$K = \frac{R_{\max}}{R_m} = \frac{R_5}{R_m} = \frac{20}{11.86} = 1.69$$

式中: $R_m = \frac{1}{14}[14\times2 + 19\times2 + 20\times1 + 12\times4 + 9\times1 + 5\times3] = 11.86$。

②极差值为:

$$\Delta R = \max[|R_t - R_m|] = \max[|R_5 - R_m|, |R_{12} - R_m|]$$
$$= \max[|20 - 11.86|, |5 - 11.86|] = 8.14$$

③均方差为:

$$\sigma^2 = \frac{1}{14}[14^2\times2 + 19^2\times2 + 20^2\times1 + 8^2\times1 + 12^2\times4 + 9^2\times1 + 5^2\times3] - 11.86^2$$
$$= 24.34$$

2. 进行优化调整

(1)调整顺序。调整宜自网络计划终点节点开始,从右向左逐次进行。按工作的完成节点的编号值从大到小的顺序进行调整,同一个完成节点的工作则先调整开始时间较迟的工作。

在所有工作都按上述顺序自右向左进行一次调整之后,再按上述顺序自右向左进行多次调整,直至所有工作既不能向右移也不能向左移为止。

(2)工作可移性的判断。由于工期固定,关键工作不能移动,非关键工作是否可移,主要是看是否削低了高峰值,填高了低谷值,即是不是削峰填谷。

一般可用下面的方法判断。

(1)工作若向右移动1d,则在右移后该工作完成那一天的资源需用量宜等于或小于右移前工作开始那一天的资源需用量,否则在削了高峰值的高峰后,又填出了新的高峰值。若用 k-l 表示被移工作, i,j 分别表示工作未移前开始和完成那一天,则有:

$$R_{j+1} + r_{k-l} \leq R_j \tag{4-48}$$

工作若向左移动1d,则在左移后该工作开始那一天的资源需用量宜等于或小于左移前工作完成那一天的资源需用量,否则亦会产生削峰后又填谷成峰的效果。即应符合下式要求:

$$R_{i-1} + r_{k-l} \leq R_j \tag{4-49}$$

(2)若工作右移或左移1d不能满足上述要求,则要看右移或左移数天后能否减小 σ^2 值。即按式(4-47)判断。因为式中 R_m 不变,未受移动影响的部分的 R_t 不变,故只比较受移动影响的部分的 R_t 即可,即:

向右移时:

$$[(R_i - r_{k-l})^2 + (R_{i+1} - r_{k-l})^2 + \cdots + (R_{j+1} - r_{k-l})^2 + (R_{i+2} - r_{k-l})^2 + \cdots]$$

$$\leqslant [R_i^2 + R_{i-1}^2 + \cdots + R_{j+1}^2 + R_{j+2}^2 + \cdots] \tag{4-50}$$

向左移时：

$$[(R_j - r_{k-l})^2 + (R_{j-1} - r_{k-l})^2 + \cdots + (R_{i+1} - r_{k-l})^2 + (R_{i+2} - r_{k-l})^2 + \cdots]$$

$$\leqslant [R_j^2 + R_{j-1}^2 + \cdots + R_{i+1}^2 + R_{i+2}^2 + \cdots] \tag{4-51}$$

【例 4-10】 已知网络进度计划如图 4-51 所示。图中箭线上方为资源强度，箭线下方为持续时间，网络计划的下方为资源需用量。试对其进行工期固定—资源均衡的优化。

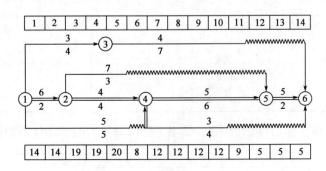

图 4-51 初始网络计划图

【解】 (1) 向右移动 4-6

按式(4-50)，则：

$$R_{11} + r_{4-6} = 9 + 3 = R_7 = 12 \quad （可右移 1d）$$
$$R_{12} + r_{4-6} = 5 + 3 < R_8 = 12 \quad （可再右移 1d）$$
$$R_{13} + r_{4-6} = 5 + 3 < R_9 = 12 \quad （可再右移 1d）$$
$$R_{14} + r_{4-6} = 5 + 3 < R_{10} = 12 \quad （可再右移 1d）$$

至此已移到网络计划最后 1d。移后资源需用量变化情况如表 4-12 所示。

移 4-6 的调整　　　　　　　　　　　　　　　　　　　　　　　　　　表 4-12

日期	1	2	3	4	5	6	7	8	9	10	11	12	13	14
调整前	14	14	19	19	20	8	12	12	12	12	9	5	5	5
调整中							−3	−3	−3	−3	+3	+3	+3	+3
调整后	14	14	19	19	20	8	9	9	9	9	12	8	8	8

(2) 向右移动 3-6

$$R_{12} + r_{3-6} = 8 + 4 < R_5 = 20 \quad （可移 1d）$$

由表 4-11 可明显看出，3−6 已不再向右移动，移后资源需用量变化情况如表 4-13 所示。

移 3-6 的调整　　　　　　　　　　　　　　　　　　　　　　　　　　表 4-13

日期	1	2	3	4	5	6	7	8	9	10	11	12	13	14
调整前	14	14	19	19	20	8	9	9	9	9	12	8	8	8
调整中					−4							+4		
调整后	14	14	19	19	16	8	9	9	9	9	12	12	8	8

(3) 向右移动 2-5

$R_6 + r_{2-5} = 8 + 7 < R_3 = 19$　　（可右移 1d）

$R_7 + r_{2-5} = 9 + 7 < R_4 = 19$　　（可再右移 1d）

$R_8 + r_{2-5} = 9 + 7 = R_5 = 16$　　（可再右移 1d）

此时已将 2-5 移在其原有位置之后，故需列出调整表后再判断能否移动。调整表如表 4-14 所示。从表 4-14 可明显看出，2-5 已不能继续向右移动。

移 2-5 的调整　　表 4-14

日期	1	2	3	4	5	6	7	8	9	10	11	12	13	14
调整前	14	14	19	19	16	8	9	9	9	9	12	12	8	8
调整中			−7	−7	−7	+7	+7	+7						
调整后	14	14	12	12	9	15	16	16	9	9	12	12	8	8

为明确看出其他工作右移的可能性，绘出上阶段调整后的网络计划如图 4-52 所示。

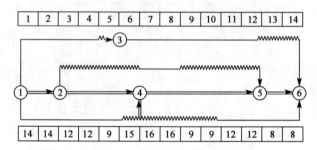

图 4-52　第 1 次调整后的网络计划

(4) 向右移动 1-3

$R_5 + r_{1-3} = 9 + 3 < R_1 = 14$　　（可右移 1d）

已无自由时差，故不能再向右移。

(5) 可明显看出，1-4 不能向后移动。

从左向右移动一遍后的网络计划如图 4-53 所示。

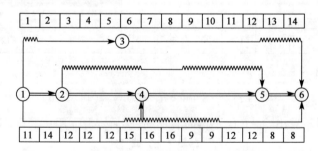

图 4-53　第 2 次调整后的网络计划

(6) 第二次右移 3-6

$R_{13} + r_{3-6} = 8 + 4 < R_6 = 16$　　（可右移 1d）

$R_{14} + r_{3-6} = 8 + 4 < R_7 = 16$　　（可再右移 1d）

至此已移到网络计划最后 1d。

其他工作向右移或向左移都不能满足式(4-48)或式(4-49)的要求。至此已得出优化网络计划,如图4-54所示。

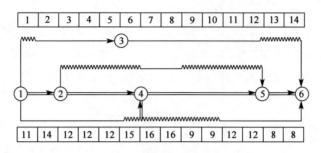

图4-54 优化的网络计划

(7)算出优化后的3项指标

$$K = \frac{R_{max}}{R_m} = 16/11.86 = 1.35$$

$$\Delta R = \max[\,|\,R_8 - R_m\,|\,,\,|\,R_9 - R_m\,|\,] = 4.14$$

$$\sigma^2 = \frac{1}{14}[11^2 \times 2 + 14^2 \times 1 + 12^2 \times 8 + 16^2 \times 1 + 9^2 \times 2] - 11.86$$

$$= 2.77$$

(8)与初始网络计划相比,3项指标降低百分率

① 不均衡系数 $= \frac{1.69 - 1.35}{1.69} \times 100 = 20.12(\%)$

② 极差值 $= \frac{8.14 - 4.14}{8.14} \times 100 = 49.14(\%)$

③ 均方差值 $= \frac{24.34 - 2.77}{24.34} \times 100 = 88.62(\%)$

第六节 流水作业网络计划简介

一般网络计划方法是在分析工序之间的逻辑关系的基础上开始的,其基本目标是时间最短或费用最低,而流水作业的核心却是在组织上保证工人和机械连续均衡而有节奏地工作。要使网络计划能表达流水作业的要求,就必须把流水步距的概念引入网络计划方法,把两者结合起来。

以下简单介绍单代号流水作业网络计划方法。

这种方法是在原来的一般单代号网络计划中加入流水步距这个新的因素,并使组成流水线的各工序搭接施工。具体的画图方法是:

(1)网络计划中凡工序间的关系为衔接施工的(即结束到开始关系)仍按一般单代号网络计划方法处理。必要时需另加起点与终点节点。

(2)当工序搭接施工时,后续的插入工序与其紧前工序间的连线改用"点画箭线",并在其左方或下方加注流水步距(开始时间的间隔)如图4-55和图4-56所示。表4-15可以用图4-56

表示。

图 4-55 单代号流水网络图搭接关系的表示方法   图 4-56 表 4-15 的单代号流水网络计划

图 4-55 表示 B 工序要等 A 工序全部完成后才能开始,而 C 工序则在 B 工序开工 4d 后即可插入施工。

流水网络进度计划   表 4-15

分项工程（施工队组）	进度计划(d)																
	1	2	3	4	5	6	7	8	9	10	11	12	13	14	15	16	17
甲																	
乙																	
丙																	

(3) 为简化画法,对流水作业中有规则的断续施工工序仍只用一条相应的箭线表达,从工序开始至最后完成的时间称为"延续时间",其中不仅包括实际作业时间,也包括其间均等的间断时间,这是同一般网络计划中的"持续时间"不同的概念。故在本方法中,凡是分段施工的工序都不仅需要在节点中标明该工序的延续时间,而且还应在其上方(工序名称下)标明"每段作业时间"(流水节拍)。工序的每段作业时间都是相等的,则可表示为"每段作业时间"段数,如不等,则须顺序逐一标出(参见图 4-58)。若每段作业时间之和与延续时间不等时,即表明作业是非连续的,差数即为间断时间之和。作业间断时间一般可依下式求出:

$$作业间断时间 = \frac{工序延续时间 - 每段作业时间持续之和}{施工段数 - 1}$$

例如,有一工序,分四段施工,其延续时间为 7d,每段作业时间之和为 $1 \times 4 = 4(d)$,可见该工序是有规则地断续施工的,其间断时间共 3d($= 7 - 4$),故其作业间隔时间为 $3 \div (4 - 1) = 1(d)$,即工作 1d 停歇 1d,如此间断施工。但也有最后还须再经一个间断时间下工序才能继续施工的,这时计算公式中的分母应是施工段数,如混凝土浇筑后每段都须经养护才能进行下道工序。

(4) 单代号流水作业网络计划的节点(表示工序)可以采用圆圈或方框形式,延续时间和每段作业时间标注位置如图 4-57 所示。

图 4-57 单代号流水网络的标注方式

图 4-58 就是用这种方法绘制的单代号流水作业网络计划。

单代号流水作业网络计划的时间参数计算方法,如果把流水步距看成点画线的长度(持续时间),而把工序节点中的延续时间则看成是其后的实箭线的长度,那么,我们就完全可以运用一般双代号的节点计算法来对这种网络计划进行计算,各节点的最早时间就是该节点工序流水最早开始的时间,最迟时间则是该节点工序流水最迟开始时间而不是一般网络计划中的最迟完成时间。例如,在图 4-58 中,M 节点的流水最早开始时间就是 H 节点的最早时间 8 加流水步距 4 即 8 + 4 = 12 和 L 节点的最早时间加流水步距 3 + 5 = 8 两个数中的最大值,也就是 12。又如 U 节点的流水最早开始时间则等于其紧前工序节点 G 和 T 分别加各该工序的延续时间而取其和之最大值,即 20 + 2 = 22 和 19 + 2 = 21 中的最大值 22。再如计算 G 工序的流水最迟开始时间,也同计算一般双代号网络计划的节点最迟时间一样:用各紧后节点的最迟时间分别减与 D 节点的箭线长度之差,再从中取最小值,在这里就是用终点节点 E 的工期 24 减 D-E 的箭线长 10(即 D 的延续时间)得 24 - 10 = 14,也用 F 节点的最迟时间 20 减 D-F 的箭线长度 5(流水步距)得 20 - 5 = 15,用节点 T 的最迟时间 21 减流水步距 5 得 21 - 5 = 16,然后从这三个差中取最小值,也就是 14,这就是工序 D 的流水最迟开始时间。

流水最早完成时间,就是本工序的最早开始时间加本工序的延续时间之和。网络计划中各工序最早完成时间之最大值,即为该计划的总工期,应将该值用方框标出。若该工序的箭头节点不是终点节点,则应该将该节点加双圈,并将该节点用实粗箭线(或双箭线等,应与关键线路的标志一致)与终点节点相连。总工期应加方框标注在终点节点处。如图 4-58 所示,D 工序的最早完成时间的值是网络计划中最大的,就应按上法处理。

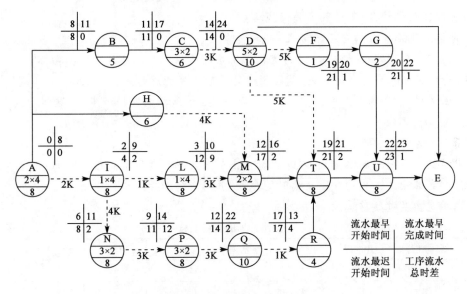

图 4-58 单代号网络计划示例

各工序的流水最迟完成时间就是本工序的流水最迟开始时间加本工序的延续时间之和。这个时间参数虽然一般可以不必标出来,但在流水作业网络计划中却是值得重视的,在计算时仍须加以核算。任何工序的流水最迟完成时间都不得超过总工期,否则就应返回去调整该工序的流水最迟开始时间。例如,图 4-58,Q 工序的最迟开始时间应为 17 - 1 = 16,若如此,则其最迟完成时间就应是 16 + 10 = 26 了,这超过了总工期 26 - 24 = 2(d),这时就应将已计算出来的最迟开始时间减少 2(d)(即提前 2d),调整为 16 - 2 = 14(d),以保证该工序的完成不致超过总工期。这种情况在流水作业网络计划中出现的机会并不是很多,只有在紧后工序的延续时间加其流水步距之和小于本工序延续时间的地方才有可能发生。所以必须注意这种地方，随时加以检查（比较最迟完成时间与总工期），并作出相应的调整。

工序的流水总时差是该工序可以灵活机动使用的富裕时间，但这种时差通常较按一般网络计划方法计算出来的工序时差为小，它也是与其前后各非关键流水工序所共有的，在使用中互相影响，故应通盘考虑合理安排，不可滥用。工序的流水总时差等于工序的流水最迟开始时间减去其流水最早开始时间之差。图 4-58 的计算结果已标注在图上了，可以参看。流水总时差为零的工序是关键工序。从起点节点经所有关键工序至终点节点的连线就是流水网络计划的关键流水线路，应该用特殊线条（双线、粗线或有颜色线）标明。如本例中的 A-B-C-D-E 线路。

复习思考题

1. 网络计划技术的基本思想是什么？
2. 比较单代号网络图和双代号网络图，指出各自的特点。
3. 网络图是什么？网络计划是什么？网络计划技术是什么？
4. 工作和虚工作有哪些不同，虚工作可起哪些作用？试举例加以说明。
5. 节点位置号如何确定？用它来绘制网络图有哪些优点？
6. 网络计划技术包括哪些时间参数，各时间参数的意义是什么？
7. 关键线路是什么，怎样判定关键线路？
8. 网络优化是什么？它包括哪几部分？
9. 衡量"工期固定—资源均衡"的优化需用哪几项指标？怎样计算这些指标？
10. 动用某一工序的自由时差，是否影响其紧后工序的总时差，为什么？
11. 证明：在一个网络图中，仅当两个或两个以上箭线指向同一节点时，这些箭线才具有自由时差。
12. 已知网络计划的资料如表 4-16 所示。
（1）试绘出双代号网络计划，在其上标示出节点最早时间和节点最迟时间；
（2）列式算出各工作的 6 个主要时间参数，并用六时标注法标注出来；
（3）确定出关键线路。

网络计划的资料汇总　　　　　　　　　　　　　　　表 4-16

工序	紧前工序	工序时间	工序	紧前工序	工序时间	工序	紧前工序	工序时间
A	C	3	E	C	5	I	A、L	2
B	H	4	F	A、E	5	J	F、I	1
C	—	7	G	B、C	2	K	B、C	7
D	L	4	H	—	5	L	C	3

13. 已知网络计划的资料如上表所示，试绘出单代号网络计划，标注出 6 个时间参数及时间间隔，用双箭线标明关键线路。

14. 已知网络计划的资料如表 4-17 所示，试绘出双代号时标网络计划，确定关键线路，用双箭线将其标示在网络计划上。如开工日期为 4 月 11 日（星期二），每周休息 2d，国家规定的节假日亦应休息。试列出该网络计划的有 6 个主要时间参数的日历形象进度表。

网络计划的资料一览 表4-17

工作	A	B	C	D	E	G	H	I	J	K
持续时间	2	3	5	2	3	3	2	3	6	2
紧前工作		A	A	B	B	D	G	E、G	C、E、G	H、I

15. 已知网络计划如图4-59所示，箭杆上方数字表示工作的持续时间，下方数字为资源的每天需用量，试对其进行工期固定—资源均衡的优化。

16. 已知网络计划如图4-60所示，其资源限量为20，试进行资源有限—工期最短的优化。

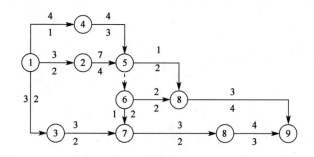

图4-59 网络计划(一)　　　　　　　图4-60 网络计划(二)

17. 已知网络计划如图4-61所示，图中箭线上方为直接费率，箭线下方括号外为正常持续时间，括号内为最短持续时间，费用率单位为千元/d，时间单位为天(d)。若间接费率为1.0千元/d，试对其进行费用优化。

18. 某机场跑道长3 200m，宽58m(含道肩)，跑道方向为东西向如图4-62所示。距跑道西端1 400m处有一条横穿跑道的管涵(位于填方区)，跑道道肩边缘设有盲管，道坪基础为0.25m厚的碎石。先将

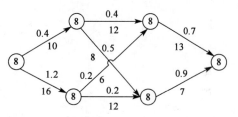

图4-61 网络计划(三)

跑道划分为8个作业段(400m/段)，组织两个流水施工组(东西端各4个作业段为一流水组)施工。其中西端流水组设有道槽土方、碎石基础、道坪混凝土浇筑、盲管、管涵5个施工项目(表4-18)。要求盲管施工只能在相应的土方完成之后、混凝土之前进行，管涵应在所处作业段的土方施工之前完成。试编制西端流水组的施工网络计划。

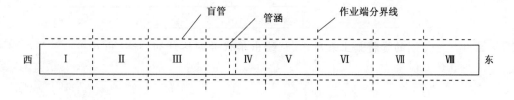

图4-62 某机场跑道示意图

西端流水组施工详情　　　　　表4-18

施工过程	专业队		流水段	天(段)
道槽土方	A		Ⅰ~Ⅳ	15
碎石基础	B		Ⅰ~Ⅳ	18
混凝土浇筑	C	C_1	Ⅰ、Ⅲ	36
		C_2	Ⅱ、Ⅳ	36
盲管	D		Ⅰ~Ⅳ	10
管涵	E		Ⅳ	34

第五章 机场场道工程施工组织设计

第一章第四节详细论述了施工组织设计的概念、内容、编制依据和一般程序。本章根据机场工程的特点，论述机场场道工程施工组织设计的编制方法和内容。

第一节 施工组织设计概述

一、施工组织设计的概念与作用

施工组织设计是指导施工项目管理全过程的规划性的、全局性的技术经济文件，或称"管理文件"。其内容是技术和经济相结合，既解决技术问题，又考虑经济效果，所以它是一种管理文件。施工组织设计的全局性是指工程对象是整体的，文件内容是全面的，且全方位地发挥管理职能。

施工组织设计的基本任务是：按照工程建设的基本规律，施工工艺流程及施工经营管理规律，制订合理的组织方案、施工方案，科学安排施工顺序和进度计划，有效地利用施工现场，优化配置人力、物力、资金、技术等生产要素，提出施工进度控制、质量控制、成本控制、安全控制、现场管理、各项生产要素管理的目标和技术组织措施。

施工组织设计是施工投标书内容和合同文件的组成部分。

二、施工组织设计的分类与内容

1. 施工组织设计的分类

根据施工组织设计阶段和编制对象的不同，施工组织设计可分为两大类：一类是施工投标前的施工组织设计（简称"标前设计"）；另一类是施工投标后的施工组织设计（简称"标后设计"）。

"标前设计"又分为两类：一类是设计单位在初步设计阶段和施工图设计阶段编制的施工组织设计，主要作为设计概算或施工图预算的依据；另一类是施工单位为满足施工投标需要而编制的施工组织设计，是投标合同文件的重要组成部分。

"标后设计"是施工单位中标后，为了保证合同要求相应编制的指导施工的全局性文件。它包括：施工组织总设计、单位工程施工组织设计、分部工程施工组织设计或称为特殊项目的施工组织设计。

虽然施工组织设计分为不同的类型，但其主要内容基本相同，只是其深度和广度有所区别，各类施工组织设计追求的主要目标有所不同而已。

2. 各类施工组织设计的主要内容

1) 标前施工组织设计

设计单位编制的初步设计阶段施工组织设计主要内容有：施工方案说明，人工、主要材料及施工机具设备安排表、概略性工程进度图表、临时工程一览表等。在施工图设计阶段设计单位编制的施工组织设计内容和施工单位投标前编制的施工组织设计内容大致相同,主要包括:设计施工方案及施工组织、编制施工进度及资源调配计划,提出主要技术组织措施(包括保证质量、保证安全、保证进度、防止环境污染等方面)、绘制施工平面图等。施工单位还要进行有关投标和签约谈判所需要的设计。

2) 施工组织总设计

施工组织总设计是以整个建设项目或群体项目为对象编制的,其深度应视工程的性质、规模、结构和施工的复杂程度、工期要求、建设地区自然条件及经济条件而有所不同,原则上应突出"规划性"和"控制性"的特点。它一般应包括下列内容。

(1) 工程项目概况。其主要包括:建设地点、建设规模、建筑结构类型及其复杂程度、工程水文地质及自然条件、工程总的期限及分期投资的项目与期限、占用土地及拆迁房屋的情况、编制依据等。

(2) 施工部署。其主要包括:施工项目经理部的组建,施工任务的组织分工和安排,重要单位工程施工方案,主要工种工程的施工方法,以及"七通一平"规划等。

(3) 施工准备工作计划。其主要有:测量控制网的确定和设置;土地征用,居民迁移,障碍物拆除;研究采用有关新技术、新材料、新设备,进行科研试验;原材料检验、配比设计等试验工作安排;大型临时设施规划,施工用水、电、路及场地平整工作的安排;技术培训;物资和机具的申请和准备等。

(4) 施工总进度计划图。其是指用横道图或网络计划方法表示的各项施工准备工作、各主要工程项目施工的时间安排及相互搭接关系。

(5) 各类资源用量计划表。其包括:劳动力需要量计划,主要材料与加工品需用量计划和运输计划,主要机具需用量计划,大型临时设施建设计划等。

(6) 施工总平面图。其主要对施工所需的各项临时设施的现场位置、相互之间的关系,它们和永久性建筑物之间的关系和布置等,进行规划和部署,绘制布局合理、使用方便、利于节约、保证安全的施工总平面布置图。

(7) 技术经济指标分析、质量保证体系、安全措施、环保措施等。

3) 单位工程施工组织设计

单位工程施工组织设计是以单体工程,如机场场道工程、一幢维修机库、民用房屋、构筑物等作为施工组织对象而编制的,是施工组织总设计的具体化,通过单位工程施工组织设计实施施工组织总设计,并在施工方法、人力、材料、机械、资金,时间、空间等方面进行具体规划,使施工在一定的时间、空间和资源供应条件下,有组织、有计划、有秩序地进行。单位工程施工组织设计的编制内容的广度和深度应视工程规模、技术复杂程度和施工条件而定。对于工程规模大、技术复杂的单位工程,其施工组织设计的主要内容与施工组织总设计类似,包括以下7个方面。

(1) 工程概况。其包括:工程特点、建设地点特征、施工条件3个方面。

(2) 施工方案。其包括:确定施工程序和施工流向,划分施工段,主要分部分项工程施工方法的选择和施工机械的选择,技术组织措施等。

(3) 施工准备工作计划。其包括:技术准备、现场准备,劳动力、机具、材料、构件、加工半成品的准备等。

(4)施工进度计划。其包括:划分施工项目,确定各分部分项工程的施工顺序。计算工程量、劳动量和机械台班量,确定各施工过程的持续时间并绘制进度计划图。

(5)编制各项需用量计划。其包括:材料需用量计划,劳动力需用量计划,构件、加工半成品需用量计划,施工机具需用量计划等。

(6)施工平面图。其表明单位工程施工所需施工机械、加工场地、材料、构件等的放置场地及临时设施在施工现场合理布置的图形。

(7)技术经济指标。对于工程规模不大、技术不复杂的单位工程,其施工组织设计通常只编制施工方案并附以施工进度表和简明的施工平面图。

4)分部工程施工组织设计

分部工程施工组织设计的编制对象是难度较大、技术复杂的分部工程。它突出作业性,主要进行施工方法、施工作业计划及技术措施的设计。

三、施工组织设计的编制

1. 施工组织设计编制依据

不同种类的施工组织设计编制依据,既存在差异又有共同点。设计单位在初步设计阶段编制的施工组织设计是施工图设计阶段编制施工组织设计的依据,施工图设计阶段编制的施工组织设计是施工单位投标前编制施工组织设计的依据,标前施工组织设计是施工组织总设计的依据,施工组织总设计又是单位工程施工组织设计的依据,而单位工程施工组织设计又是分部工程施工组织设计的依据。各类施工组织设计编制的依据是:

(1)设计图纸、工程数量图表资料。
(2)水文、地质、气象等自然条件。
(3)建设地区交通运输、地方资源等情况。
(4)市场经济动态信息资料。
(5)施工队伍的素质、施工经验和技术装备水平。
(6)施工中可能实现的技术组织措施。
(7)国家颁布的有关技术规范、规程、规定及其定额标准等。
(8)有关上级的指令、合同、协议等。
(9)过去同类工程的历史资料等。

2. 施工组织设计编制原则

严格遵守基本建设程序和承包合同及上级有关指示,保质保量按期完成工程任务;科学安排施工程序,在保证工程质量和施工安全的前提条件下,力争加快施工进度;提高施工机械化和预制装配化程度,提高劳动生产率,减轻劳动强度;科学安排施工组织方法,对复杂工程采用网络计划技术寻找最佳施工组织方案;切实做好冬、雨季施工进度安排和相应的特殊措施,确保全年连续、均衡施工;精心规划设计施工现场,减少临时工程,降低工程成本;尽可能就地取材,利用当地资源,减少物资运输、节约能源;认真研究建设地区自然环境,做好环境保护并力求少占农田,防止水土流失。

3. 施工组织设计编制程序

编制施工组织设计应按施工的客观规律进行，协调并处理各种因素之间的关系，遵照一定的程序进行科学的编制。其一般编制程序为：熟悉、审查图纸，进行施工现场调查研究，确定或计算工程量，制订施工组织及施工方案；编制工程进度计划及资源调配计划；规划施工现场并绘制施工平面图；分析技术经济指标并报审批。

第二节 机场施工组织总设计

一、原始资料的调查分析

要编好施工组织设计，首先必须要有准确、齐全的原始资料作为依据，而后才能做好施工方案、施工进度，才能正确做出各项资源和施工现场的安排。机场场道工程施工组织设计涉及的原始资料主要有：工程技术资料、自然条件资料、技术经济条件资料等。原始资料调查之前，要根据工程的规模与复杂性拟订调查提纲。调查时，应首先向业主、设计单位、勘测单位收集资料，不足之处应通过现场勘察与调查取得。通过原始资料调查分析，熟悉工程项目，掌握施工场地环境特点和技术经济条件，找出施工的有利因素和不利因素。

1. 工程技术资料

工程技术资料除了设计图纸、设计文件资料外，还应包括工程承包合同、相关技术规范、定额等资料。通过对工程技术资料的阅览、分析，熟悉工程项目的内容、结构特点，了解施工的难易性、工期和质量要求等。

2. 自然条件资料

1) 地形资料

收集区域地形图、工程位置地形图、当地建设规划、调查施工场区地形地貌情况、控制桩和水准点的位置。其目的在于了解建设地区的特征和地形，以便选择施工用地，布置施工总平面图，计算现场平整土方量和掌握障碍物的类型、特点及其数量。

2) 工程地质资料

工程地质资料主要包括建设地区钻孔布置图、工程地质剖面图，场区土壤的物理力学性质、最大冻结深度；地下有无古墓、洞穴、枯井及地下构筑物等。根据这些工程地质资料了解地质构造；人为的地表破坏情况，土壤特征与承载力等，决定土方施工方法、土基处理和施工方法。

3) 水文资料

(1) 地下水资料。其包括：地下水位及变化范围，地下水的流向，流速和流量，水质分析等。根据这些资料，可以决定土方工程、排水工程的施工方法，制订预防不良水质侵蚀性危害的措施等。

(2) 地面水资料。其包括：临近的江河湖泊及距离洪水、平水及枯水时期的水位、流速、流量和航道深度，水质分析等。根据这些资料可以确定临时给水的可能性及其给水方法，施工排水及防洪的措施，水路运输的可能性等。

4) 气象资料

气象资料包括当地气温、降雨、风。

(1)气温资料。其包括:年平均温度,最高、最低温度,最冷、最热月的逐月平均温度,结冰期、解冻期、冬、夏季室外计算温度,小于或等于-3℃、0℃、+5℃天数,起止时间。了解这些资料,以便决定冬季施工技术措施、降暑降温措施、工程正常施工时间等。

(2)降雨资料。其包括:雨季起止时间,全年降水量及日最大降水量,年雷暴日数等。了解这些资料,以便确定雨季施工措施及工地防洪排涝及防雷击措施。

(3)风的资料。其包括:主导风向及频率,八级以上大风的全年天数及时间。了解这些资料,以便确定临时设施的布置、高空作业及吊装措施、对道面水泥混凝土施工的影响及注意事项。

通过以上气象资料的调查分析,估算施工期内的有效工作日。有效工作日可按下式计算:

$$T = T_0 - T_1 - T_2 \tag{5-1}$$

式中:T——有效工作日(d);

T_0——合同工期(日历天数);

T_1——节假日和政治教育天数;

T_2——气候影响天数。

3.技术经济条件资料

调查该地区的技术经济条件资料的目的在于查明建设地区地方建筑材料、交通运输、动力资源及生活福利设施等地区经济因素的可能利用程度。技术经济条件资料主要包括:

1)地方建筑工业情况

查明当地是否有采煤场,水泥及其他建筑材料、构件等的生产企业,了解其分布情况,所在地及所属关系,产品的名称、规格、数量、质量、生产能力、可供情况、交货价格、运输方式及运价等。

2)地方资源情况

查明当地有无可供生产建筑材料及建筑零配件的资源,如石灰、岩石、河砂、地方工业的副产品(粉煤灰、矿渣)等,了解其蕴藏量、物理化学性能,有无开采、运输和使用的可能性及经济合理性。

3)交通运输情况

(1)铁路。了解邻近有无可供利用的铁路专用线、车站距工地的距离及运输方式、车站的装卸能力、运费及装卸费等。

(2)公路。了解主要材料运入工地的公路等级及路宽、路面构造、允许最大载重量;了解桥涵的等级及允许最大承载力;了解当地可供运输的能力及修配能力等。

(3)水路航运条件。了解货源、工地至邻近河流、码头、渡口的距离;道路情况:洪水、平水、枯水期,通航的最大船只及吨位,取得船只的可能,码头装卸能力,最大超重量,增设码头的可能;渡口能为施工提供的轮渡能力;运费、渡口费、装卸费等。

4)供电、供水情况

了解能从地区电力网取得电力及可供施工应用的程度,接线地点、距离及使用条件等;了解水源及可供施工使用的供水量,连接地点,现有上水管径、埋深、水压、供水距离等。

5)劳动力和生活设施的情况

了解当地可以提供的劳动力可作为施工工人和服务人员的数量与文化技术水平。了解建设单位所在地区已有或在施工期间可作为办公、工人宿舍、食堂、浴室、文化娱乐的建筑物及其数量,并查明地点、面积、结构特征、交通、通信及设备条件。了解当地的可供工地利用的医疗条件。了解当地可对工地供应主副食、日常生活、文化教育及消防治安的支援能力。了解当地有无公害污染及地方病传染情况、当地的风俗习惯等。

6)工程机械、设施

了解当地是否有可供施工的工程机械,提供商品混凝土的拌和设施。了解当地进行工程质量、原材料试验检测的能力。

二、施工部署与施工方案

施工部署是对整个建设工程进行的全面安排,并解决工程施工中的重大战略问题,一般包括以下4项内容。

1. 组织安排和任务分工

(1)明确如何建立施工项目管理机构(项目经理部),人员设置及分工,施工项目经理部的职能机构应根据工程规模、特点设置。机场场道工程比较单一,项目经理部一般下设工程科、合同计划科、材料设备科、财务科、行政科等职能机构。工程科通常设工程技术组、质量检验组、试验室等,是项目经理部的核心机构。

(2)建立专业化施工队伍,进行工程分包安排。

机场场道工程可根据土方工程、道面基层工程、道面混凝土工程、道面排水工程及其他附属工程等的工程量的大小、工期要求,组建若干个专业化施工队,划分各参与施工单位的任务,签订分包合同,进行施工。

(3)划分施工阶段,明确各施工单位分期分批的主攻项目和穿插项目。

2. 主要准备工作安排

施工准备是顺利完成施工任务的一个重要阶段。这里是指全局性的施工准备工作,主要包括:

(1)生产、生活基地的暂设工程。

为了保证建设工程顺利施工,通常需要设置一些附属生产企业,如木材加工厂、钢筋混凝土构件预制厂等。原则上,附近已有该种生产企业,而生产能力和供应期限、质量均能满足施工的需要时,则施工现场可以不再设置,否则可以考虑设置。

临时办公和生活房屋的设置,应根据建设地点所能提供使用的永久房屋的数量及工地施工人员的数量确定。

(2)场内外运输、施工用主干道的布置。

按临时道路与永久道路相结合的原则安排施工,若全部修好有困难,也应先将路基铺筑好,作为临时道路用。

(3)水、电来源及其输送方案。

水、电来源及输送按先生活后施工的原则安排施工。

(4)施工场地的平整工作。

施工场地的平整工作主要是指临时设施场地、材料堆放场的平整工作,施工区域内的旧建筑物、构筑物、其他障碍物的拆除和清理工作。

(5)全场性的排水、防洪方案。

全场性的排水和防洪原则上要临时工程与永久工程相结合安排施工,若全部修好有困难,可以先开挖槽作为临时排水沟用。

(6)建立工地试验室。

(7)施工控制网的复测与加密等。

(8)确定大宗材料的来源。

(9)施工机具加工、预制构件生产安排。

在原始资料的调查分析基础上,通过技术经济比较,确定砂子、石子、水泥的产地及运输方式。

3. 施工方案的拟定

施工方案的拟定主要是确定单位工程的施工方案和一些主要的、特殊的分项工程的施工方案。其目的是为了进行技术和资源的准备工作,同时也为了施工进程的顺利开展和现场的合理布置。其内容应包括工程量(或施工段)的划分、施工工艺流程及工艺技术措施、机械设备的选择等。

(1)场道土方

主要确定土方调配方案,土方的施工方法,施工机械的选择与组合,特殊土质地段、地下隐患的处理措施。

(2)道面基层

划分施工段,确定集料或混合料的拌和、摊铺、碾压的施工工艺方法和施工机械设备,确定混合料拌和站的设置方案。

(3)道面水泥混凝土

划分施工段,确定水泥混凝土搅拌站的类型、数量,混凝土的铺筑方法及养生方法等。

(4)道面沥青混凝土

确定拌和厂的设置、铺筑方案,不停航施工的组织措施和技术措施等,其中较为重要的是做好机械化施工组织。

(5)排水设施

确定排水结构物的施工方法。

4. 施工顺序安排

1)确定工程项目施工顺序的基本原则

施工顺序是工程项目之间时间先后顺序的排列,既有结构本身和施工工艺决定的先后次序,又有施工组织安排的顺序,其安排原则是:

(1)在保证合同工期的前提下,尽量实行分期分段组织流水施工。这样既能使每一具体项目迅速建成,又能在全局上取得施工的连续性和均衡性,以减少暂设工程数量,降低工程成本。

(2)重点考虑影响全局的关键项目的合理施工顺序,确保总工期。

(3)尽量防止自然条件对施工产生的不利影响,以确保工程质量、工期和施工安全。

(4)一般应该以先地下、后地上,先深后浅,先干线后支线的原则进行安排,如穿越道面的管涵应先安排施工。

2)机场场道工程施工顺序

根据以上原则,机场场道各工程项目的施工顺序安排如下:

(1)首先应做好施工部署中安排的施工前期的准备工作。

(2)在施工前期准备工作基本结束以后,就可安排大宗材料陆续进场。如果采料场很近,运输条件有保障,道面基层石料可以安排在道槽土基完工后进料;道面混凝土用料可以考虑边施工边备料,从而避免材料二次倒运。如果采料场较远,运输又没保障,则应在基层或道坪混凝土施工之前,进场大部分基层和道面混凝土材料,避免在基层或道面混凝土施工中出现停工待料现象。

(3)排水工程应在雨季到来之前修通场外截洪沟、场内临时排水沟及部分永久排水设施(以场内水能自流为原则),防止雨季出现场外水流入场内,场内水不能自流而积水的现象,确保主导工程顺利展开。道面下的涵管施工宜在所在施工段的道槽土方开工之前完成,其他地段的暗管施工也应尽可能在相应地段的土方工程开工前完工。道坪边缘盲沟一般可在道槽土基完工之后,道肩基层铺筑之前安排施工。其余排水工程可安排在主导工程施工期间的空档穿插进行。

(4)在完成临时道路和场地平整的土方工程及场地清理工作以后,应集中力量进行道槽土方工程施工。道槽土方应划分若干施工段,与道面基层和道面面层一起组织流水施工。土质地段土方工程可与道面面层同时施工。但道面面层的接坡土方的最后平整压实应在相应地段的道面面层完成后进行。道槽土方工程和排水工程施工应尽可能避开雨季。

(5)在竣工收尾阶段,施工项目有临时设施的拆除、道面接坡土方及其他土质地段土方的最后平整压实、清场等工作。

此外,在编排施工计划时,还应确定一些附属工程或零星工程项目作为后备项目(穿插项目),用以调节主要项目的施工进度。

三、施工总进度计划

施工总进度计划是现场施工活动在时间上的体现。编制施工总进度计划就是根据施工部署确定的工作内容、施工方案和工程的开展顺序,对各个单位工程施工和主要的施工准备工作做出时间上的安排(包括总包、分包、协作施工单位的所有工程项目)及施工资源调配计划安排。

1.施工作业总进度计划的编制方法

1)分解工程项目

对于不同性质、不同结构、不同规模的建设项目,工程项目划分序列也不同。对于机场场道工程,一般包括以下一些工程项目。

(1)暂设工程。它包括临时交通运输道路,临时供水设施,施工用电及通信设施,临时工棚(行政、生活福利用建筑,民工用房,仓库,试验室等),附属加工厂,搅拌站,临时排水等项目。

(2)备料。其主要是指砂、石、水泥三大材料。

(3)排水工程。其包括土明沟、盖板沟、三角沟、管沟、涵洞等项目。

(4)土方工程。其包括临时设施场地材料堆放场的平整工作;施工区域内的旧建筑物、构筑物及其他障碍物的拆除和清理工作;道槽土方、土面区土方施工等。

(5)道面基层。其包括底垫层、底基层、上基层。

(6)道面面层。

(7)其他施工项目。如永久公路、旧道面处理、清场收尾等。

2)计算工程量和确定劳动量和机械台班数

工程量计算应根据施工图和工程量计算规则进行。为便于计算和校核,工程量计算应按一定的顺序和格式进行。

根据施工过程的工程量,并参照施工单位的实际情况,选定施工方法和施工定额子目,计算出完成施工过程任务所需的工日、材料、机械台班的数量。工程量的计量单位应和所采用的定额的单位一致。

$$p = \frac{Q}{S} = Q \cdot H \tag{5-2}$$

式中:p——某施工过程所需的劳动量(工日或机械台班数);

Q——某施工过程的工程量;

$S(H)$——产量定额(或时间定额)。

3)确定各项目的施工时间

计算各施工过程的持续时间的方法一般有以下两种。

第一种方法,即根据各施工过程的劳动量和配备的工人数量及机械数量,按下式确定各项目的施工持续时间。

$$T = \frac{p}{n \cdot b} \tag{5-3}$$

式中:T——完成某施工过程的持续时间(工日);

p——劳动量(工日或台班数);

n——配备的工人数或机械数量;

b——每天工作班数,常取1~3。

第二种方法,根据工期要求倒排进度,即由T、p、b求n。

确定持续时间时,应考虑施工人员和机械所需的最小工作面。同时,还必须考虑资源供应能力应能满足需求。

4)编制施工进度计划

在确定了各项目的施工持续时间以后,根据施工部署确定的施工顺序,采用横道图方法或网络计划方法编制施工总进度图。下面以横道图方法为例,介绍编制机场场道工程施工总进度图的一般方法步骤。

(1)编制初始方案

总进度计划能否按期实现,在时间上主要取决于道面混凝土的结束时间。因此,为了确保计划的完成,通常在编制进度计划时,主要是根据合同工期确定混凝土施工的最迟结束日期。由此往后,安排竣工阶段各项目的施工进度;由此往前,根据全场道面混凝土量和可能投入该项工程的力量所求得的混凝土施工天数,确定混凝土工程的大致开工日期,即混凝土工程的紧前工序的结束期限;根据这些紧前工序的工程量和可能投入这些工序的力量所求得的这些工序的作业天数,又可以确定这些工序的大致开工日期(或者是根据规定的作业时段和工程量确定相应工序应投入的力量)。以此类推,就可确定每道工序的开、竣工日期,最后再用横道图形式将各道工序的进度表示出来,并绘出相应的劳动力及主要施工机械动态图,便可得到一个施工进度计划初始方案图。

(2)检查与调整

编出初始方案以后,一般要根据以下5个方面进行检查与调整。

①总工期是否符合规定的工期要求;

②各项工程的相互搭接是否合理;

③劳动力、主要施工机械使用是否均衡;

④劳动力及主要施工机械的供应与施工进度是否协调;

⑤施工与自然条件是否协调。

经过检查,对不符合上述要求的地方,进行调整和修改,直到满意为止。

2.编制施工资源调配计划

为了保证施工进度计划的顺利实现,尚需编制劳动力、施工机械、材料、预制构件、制品等资源的需要量计划。编制方法为:按照施工进度计划,套用技术定额或经验资料便可计算出各时间段内各单位工程(或工序)所需劳动力、材料、机械等资源的需要量的计划。将各单位工程(或工序)所需各种资源分别汇总,填入规定的资源需用量表,即可得整个施工项目的资源需要量计划。

1)劳动力需要计划

劳动力需要量计划是规划临时工棚、组织劳动力进场及施工期间进行劳动力调配的依据。施工期间所需劳动力人数可依据施工总进度图确定。其方法是:将施工总进度图内所列各项目(或工序)每天(或旬、月、季)所需工人人数按工种进行汇总,即得每天(旬,月或季)所需的各工种人数及施工高峰期劳动力总人数。

2)施工机械设备需要量计划

计划内容包括机械设备的类型、数量、使用时间。

3)各种物资需要量计划

物资需要量计划是安排运输、筹建仓库、规划材料堆放场地的依据。物资需要量计划主要包括:

(1)砂、石、水泥、钢材、木材、填缝料等建筑材料用量计划。

(2)预制加工构件用量计划。

(3)主要施工机具用量计划。

四、施工总平面布置图

机场施工总平面图,即施工现场布置图,可用以正确处理全工地在施工期间所需各项设施和永久性建筑之间的空间关系,按施工方案、施工进度的要求对施工用交通道路、材料仓库、附属生产单位、临时房屋建筑、临时供水供电设施等暂设工程做出合理规划。

通常在1:5 000或1:2 000比例的地形图(标有永久工程位置)上绘制施工总平面图。有时为了表明施工现场以外的交通道路和材料场等临时工程位置和工地附近区域内的有关情况,需要补绘在1:50 000或1:25 000的地形图上。为了表示某个临时设施的位置,如混凝土搅拌站及大宗材料堆放场的布置情况时,常需另加绘1:500或1:100的细部图。

1. 施工总平面图的内容

施工总平面图上应表明的内容一般如下:

(1)一切地上、地下的已有或拟建的建筑物、构筑物以及其他设施的位置和尺寸。

(2)一切为施工服务的临时设施的布置,其包括:

①工地上为道面工程服务的水泥混凝土搅拌站、沥青拌和厂,以及机械、车辆等的修理与停放场,附属生产单位;

②要建筑材料、成品半成品、工具及零件的仓库或堆放场地;

③施工用地范围,施工用的各种道路;

④行政管理用房、施工人员宿舍及生活福利设施等临时建筑物;

⑤临时给水、排水及供电设施。

(3)取土及弃土场的位置。

2. 施工总平面图的设计依据

机场施工总平面图设计规划工作通常应具有下列资料。

(1)机场总体布置图。图中必须标明建设范围内一切已建和拟建的建筑物和构筑物周围的地形变化。这是正确决定施工道路、临时排水等问题所必需的资料。

(2)与本工程有关的一切已有和拟建的地下管道位置。规划临时建筑物位置时,不要布置在其上面,并考虑尽量利用永久性管线为施工服务。

(3)土方调配图。

(4)施工部署、总进度计划。该资料可提供合同期各阶段的施工情况,以及各个建筑物的施工顺序,以便考虑把后期施工的建筑物的场地作为某些临时建筑或仓库的位置。

(5)劳动力、施工机械、运输工具需用量计划,各种物资资源需用量计划、运输方式。其目的是规划施工道路、停车场、料场、仓库、临时房屋和工棚。

(6)混凝土搅拌站等加工厂的规模及其工艺流程以及配套设施情况。

(7)水源、电源资料。

(8)临时设施计算参考手册等。

3. 施工总平面图的设计原则

施工总平面图设计的各项暂设工程,是为永久工程施工需要而设置的,为此,一切暂设工程应能最有效地为永久工程施工服务。暂设工程是保证永久工程顺利施工的手段、条件,工程施工完成后便要拆除,它不是施工的目的,故应在保证永久工程施工顺利的基础上,尽可能地注意节约。据此特点,施工总平面图设计应遵循下列一般性原则。

(1)尽量不占征购范围外的土地,需要时亦尽量不占或少占农田、经济园林,并尽量少损坏青苗。

(2)材料和半成品等堆放场或仓库应尽量地布置在使用地点附近,以减少工地内部运输工作量,这是衡量施工总平面图设计合理与否的一个重要标志。

有的工地对这个问题注意不够,导致材料在工地内部的多次搬运,不但浪费了人力、物力,降低了材料利用率和干扰了场内其他工作的顺利进行,增加了工程成本,而且还会影响工程质量,甚至会延误工期。

(3)为施工服务的暂设工程费用最少。首先应尽量减少暂设工程的数量,充分利用永久性的建筑物或设施为施工服务。如起用永久性宿舍、食堂、澡堂以及上、下水的构筑物与管线、电力网等设施。也可以租借民用或原有工程使用单位的房屋等建筑物与设施。这样,可以大大减少临时设施的费用。必须自建的临时建筑物,应尽量采用定型的装配式结构物或活动房,一旦工程施工结束,便可移至其他工地使用。

(4)加工厂、混凝土搅拌站的位置,应在考虑本身生产需要的同时,尽可能选择在适中、运输费用最少的位置。

(5)遵循劳动保护和防火等安全要求。

4.施工总平面目设计步骤

施工总平面图规划设计的特点是将施工现场布置进一步具体化,并用图示方式体现出来。一般可按以下步骤进行设计。

(1)分析研究原始资料,了解全部施工过程的特点及要求。机场场道工程施工总平面图设计,一般侧重考虑道面工程施工的技术经济要求。

(2)根据施工所用砂、石、水泥材料的水源及运输方式、进场计划和当地交通运输条件,确定场外交通的引入方案。

(3)根据道面施工方法、劳动组织、进度要求等,设计基层混合料拌和站、面层混凝土搅拌站的位置,布置现场施工人员的临时住房。

(4)确定附属企业、仓库、机械修理厂与停车场、行政管理、生活福利区的布置方案。

(5)根据上述临时设施的布置,规划工地内部主要运输干线的设置方案。

(6)根据上述临时设施的布置,以及当地原有的水、电网条件,决定临时给水、给电网的设置方案。

5.主要暂设工程的规划

1)水泥混凝土搅拌站设置

(1)搅拌站数量的确定

搅拌站数量的计算公式为:

$$N = \frac{Q \times K}{T \times R} \tag{5-4}$$

式中:N——搅拌站数;

Q——混凝土总量(m^3);

K——施工不均衡系数,取 1.2~1.5;

T——混凝土施工总工作日;

R——混凝土搅拌机台班产量(m^3/台班)。

(2)水泥混凝土搅拌站选位要求

①搅拌站到铺筑地点的最大距离应满足混凝土的施工技术要求。

②符合施工进度要求。要考虑为材料的堆放场地(库)和机械设备、水、电线路的尽早安装创造条件。有的扩建机场,施工期限较短,停飞时间又较迟,若待停飞后再开始设置搅拌站,则势必造成准备工作量过分集中,难以保证道面工程按期完工。因此,选位时要考虑在不影响

飞行的条件下,尽早做准备。

③运输道路,水电线路尽可能最短。通常将各搅拌站集中设在一处。

④搅拌站在满足施工进度要求的前提下,应尽量少设。

⑤搅拌站场地应开阔,便于材料堆放。搅拌站所选位置若过小,则材料堆放数量受限,势必增加材料二次倒运成本;各种机械、车辆和与其配合的施工人员的效率也不易充分发挥,且易发生安全事故。

⑥场地平整工程量较小,有较好的排水条件。

⑦尽可能不占用永久工程位置。

2)工地运输计划

机场施工,要调运大量的建筑材料和其他物资,工地运输规划工作直接关系工程施工的顺利进行,关系工程造价的高低。因此,应合理地组织运输工作,其中最主要的是要细致地组织安排砂、石、水泥三大建筑材料的运输工作。运输工作可分为场内运输与场外运输两类。

(1)场外运输。一是将物资由外地利用各种交通工具运至工地;二是在本地区之内的运输。例如,从本地的采砂场将砂子运往工地,从钢筋混凝土构件预制厂将预制构件运往工地等。

(2)场内运输。即物资在施工区域内的运输工作:一是工地范围内各单位之间的运输,如从工地附属生产基地将半成品或预制构件运至施工现场仓库或堆放场;二是在工程施工时半成品或预制构件从堆放场或仓库运至使用地点。

为了降低运输成本,避免材料存放转运过程中的浪费,应尽量减少建筑材料的场内运输量,如级配碎石基层施工,可将碎石一次运至工程施工地点。为此必须合理规划工地运输。工地运输规划一般包括:确定运输量、选择运输方法、计算运输工具的需要量、规划与设计运输线路。

(1)运输量的确定

无论是组织场内还是场外的运输,首先必须确定货物运输量。货运量可用下式计算:

$$q = \frac{\sum Q_i \times L_i}{T} \times k \tag{5-5}$$

式中:q——日货运量($t \cdot km$);

Q_i——各种货物的年度需用量,或整个工程的货物用量;

L_i——各种货物从发货地点到储存地点的距离(km);

T——工程年度运输工作日数,对于单位工程,其为单位工程的运输天数;

k——运输工作不均衡系数,铁路运输取1.5,汽车运输取1.2。

(2)选择运输方式

运输方式主要有:水路运输、铁路运输、汽车运输、拖拉机运输。选择运输方式时,必须充分考虑各种影响因素,如运输量的大小、运距和货物的性质、现有运输设备条件、交通条件、地形条件和运输成本等。一般场外跨地区运输,采用铁路将材料运到当地车站,再用汽车转运工地。有水运条件的可以采用水运。地材运输及场内运输通常采用汽车运输、拖拉机运输。当有几种可能的运输方案时,应进行运力和成本比较,然后确定。运输成本可按下式计算:

$$C_T = C_1 + C_2 + C_3 \tag{5-6}$$

式中：C_T——每吨货物的运输成本；
　　C_1——摊在每吨货物上的运费；
　　C_2——每吨货物的装卸成本；
　　C_3——摊在每吨货物上的道路使用费（包括临时道路工程造价与维修费用等）。

（3）运输工具需要量的确定

应根据施工进度计划来确定各施工阶段中所需各种运输工具数量。运输工具需要量的最大值，一般为施工运输"高峰"期所需运输工具数量，可按下式确定：

$$N = \frac{Q}{T \times C \times q} \times k \tag{5-7}$$

式中：N——某种运输工具数量；
　　Q——高峰期某种运输工具完成的运输量；
　　T——高峰期某种运输工具运输工作人数；
　　C——某种运输工具的日工作台班数，如汽车日工作 16h，则 $C = 2$；
　　q——某种运输工具台班产量；
　　k——某种运输工具出勤率系数，如出勤率为 80%，则 $k = 1.25$。

（4）运输线路的规划设计

临时运输线路的布置，首先取决于已有的和拟建的永久性道路的布置情况；其次应考虑已建和拟建工程及各种临时设施的平面布置情况；此外，规划线路时，还应注意以下 5 个问题。

①造价低，通车条件好；

②充分考虑本工程的施工特点，施工期限和运输量的大小；

③尽可能利用拟建的永久公路为施工服务；

④保证车辆的运行安全；

⑤遵守有关的技术规范。

3）工地临时供水规划

临时供水规划的主要内容有：决定需水量、选择水源、设计配水管网（必要时并设计取水、净水、储水构筑物）。

（1）需水量计算

①施工工程用水量：

$$q_1 = k_1 \sum \frac{Q_1 \times N_1}{T_1 \times b} \times \frac{k_2}{8 \times 3600} \tag{5-8}$$

式中：q_1——施工工程用水量（L/s）；
　　k_1——未预见的施工用水系数，常取 1.05～1.15；
　　Q_1——年（季）度工程量，以实物计量单位表示；
　　N_1——施工用水定额（附表1）；
　　T_1——年（季）度有效作业日（d）；
　　b——每天工作班数（班）；
　　k_2——用水不均衡系数，施工工程用水，取 1.5；生产企业用水取 1.25。

②施工机械用水:

$$q_2 = k_1 \sum Q_2 \times N_2 \frac{k_3}{8 \times 3600} \tag{5-9}$$

式中:q_2——施工机械用水量(L/s);
k_1——同施工工程用水,取 1.05~1.15;
Q_2——同一种机械台数(台);
N_2——施工机械台班用水定额(附表2);
k_3——施工机械用水不均衡系数,施工机械运输机具取 2.0;动力设备取 1.05~1.10。

③施工现场生活用水:

$$q_3 = \frac{P_1 N_3 k_4}{b \times 8 \times 3600} \tag{5-10}$$

式中:q_3——施工现场生活用水量(L/s);
P_1——施工现场高峰人数(人);
N_3——施工现场生活用水定额,视当地气候、工种而定;
k_4——施工现场生活用水不均衡系数,取 1.30~1.50;
b——每人工作班数(班)。

④生活区生活用水:

$$q_4 = \frac{P_2 N_4 k_5}{24 \times 3600} \tag{5-11}$$

式中:q_4——生活区生活用水(L/s);
P_2——生活区居民人数(人);
N_4——生活区生活用水定额,一般可取 100~120L/(人·日);
k_5——生活区生活用水不均衡系数,取 2.0~2.5。

⑤消防用水(q_5),见附表3。
⑥总用水量。
a. 当$(q_1 + q_2 + q_3 + q_4) \leq q_5$,则:

$$Q = q_5 + \frac{1}{2(q_1 + q_2 + q_3 + q_4)} \tag{5-12}$$

b. 当$(q_1 + q_2 + q_3 + q_4) > q_5$时,则:

$$Q = q_1 + q_2 + q_3 + q_4 \tag{5-13}$$

当工地面积小于 5hm²,而且$(q_1 + q_2 + q_3 + q_4) < q_5$时,则:

$$Q = q_5 \tag{5-14}$$

(2)水源选择和确定临时给水系统
①水源选择
工地临时供水水源,最好利用附近居民区或企业区的现有给水管,只有在工地附近没有现成的给水管,或无法利用,或供水量不足时,才另选天然水源。常见天然水源有:地面水,如江河水、湖水、人工蓄水水库等;地下水,如泉水、井水。
选择水源应考虑下列因素:水量充沛可靠,能满足最大需水量的要求,符合生活饮用水、生产用水的水质要求;取水、输水、净水设施安全可靠;施工、运转、管理、维护方便。

②临时给水系统

给水系统由取水设施、净水设施、储水构筑物、水塔及蓄水池、输水管和配水管组成。通常应尽先修建施工区永久性给水系统,只有在工期紧迫、修建永久性供水系统难、急需时,才修建临时供水系统。

a. 取水设施一般由取水口、进水管及水泵站组成。取水口距河底(或井底)不得小于 0.25m。在冰层下部边缘的距离也不得小于 0.25m。给水工程一般用离心泵,所用的水泵要有足够的抽水能力和扬程。

水泵扬程可按下式计算。

(a)将水送至水塔时,其扬程为:

$$H_{泵} = (Z_{塔} - Z_{泵}) + H_{塔} + a + \sum h' + h_{吸} \tag{5-15}$$

式中:$H_{泵}$——水泵所需的扬程(m);

$Z_{塔}$——水塔处的地面高程(m);

$Z_{泵}$——水泵轴中线的高程(m);

a——水塔的水箱高度(m);

$\sum h'$——从泵站到水塔间的水头损失(m);

$h_{吸}$——水泵的吸水高度(m);

$H_{塔}$——水塔高度(m)。

(b)将水直接送到用户时,其扬程为:

$$H_{泵} = (Z_{户} - Z_{泵}) + H_{户} + \sum h + h_{吸} \tag{5-16}$$

式中:$Z_{户}$——供水对象(即用户)最不利处之高程(m);

$H_{户}$——供水对象最不利处的自由水头,一般采用 8~10m;

$\sum h$——供水网路中的水头损失(m)。

b. 储水构筑物是指水池、水塔。在临时供水中,只有在水泵不能连续工作或者是水井单位时间供水量不能满足施工需要时才设置。

储水构筑物的高度与供水范围、供水对象的位置及构筑物本身的位置有关,可用下式确定:

$$H_{塔} = (Z_{户} - Z_{塔}) + H_{户} + \sum h' \tag{5-17}$$

式中:符号意义同上。

c. 计算管径,选择管材。

给水管管径可用下式确定:

$$d = \sqrt{\frac{4q}{1\,000\pi v}} \tag{5-18}$$

式中:d——给水管直径(m);

q——耗水量(L/s);

v——管网中水流速度(m/s),见附表4。

已知流量后亦可用简明查表法求出管径,见附表5和附表6。

临时给水管道,根据管径尺寸和压力大小选择管材。一般干管为钢管或铸铁管,支管为钢管。

4)工地临时供电规划

工地临时供电规划一般包括:计算用电量、选择电源、确定变压器,以及布置配电线路和决定导线断面。

(1)工地总用电量计算

施工用电量大体上分为动力用电和照明用电两大类,可用下式计算:

$$P = 1.05 \sim 1.10 \left(K_1 \frac{\sum P_1}{\cos\varphi} + K_2 \sum P_2 + K_3 \sum P_3 + K_4 \sum P_4 \right) \tag{5-19}$$

式中:P——供电设备总需要容量(kV·A);

P_1——电动机额定功率(kW);

P_2——电焊机额定容量(kV·A);

P_3——室内照明容量(kW);

P_4——室外照明容量(kW);

$\cos\varphi$——电动机的平均功率因数,在施工现场最高为0.75~0.78,一般为0.65~0.75;

$K_1 \sim K_4$——需要系数,K_4取1.0;K_3取0.8;电焊机3~10台时,K_2取0.6,10台以上时,K_2取0.5;电动机3~10台时,K_1取0.7,11~30台时,K_1取0.6,30台以上时,K_1取0.5。

施工现场的照明用电量所占的比重较动力用电量要少得多,所以在估算总用电量时可以不考虑照明用电量,只要在动力用电量之外再加上10%作为照明的用电量即可。

(2)选择电源及确定变压器

在选择电源时,一般应考虑:利用现有电源的多余容量能否满足施工期间最高的负荷,电源距离远近,接来电力是否经济;根据建筑与安装工程量来考虑和计算供电能力的大小,避免造成浪费或不足;电源位置应设在用电设备集中、负荷最大而输电距离最短的地方。

工地临时用电电源通常有以下几种情况。

①完全由工地附近的电力系统供给。

②工地附近的电力系统只能供给一部分,工地需增设临时电站以补不足。

③工地位于边远地区,没有电力系统,电力完全由临时电站供给。

采用哪种方案,要根据工程具体情况进行比较后确定。一般是将附近的高压电,通过设在工地的变压器引入工地。变压器的功率可按下式计算:

$$p = K \left(\frac{\sum p_{\max}}{\cos\varphi} \right) \tag{5-20}$$

式中:p——变压器的功率(kV·A);

K——功率损失系数,取1.05;

$\sum p_{\max}$——各施工区的最大计算负荷(kW);

$\cos\varphi$——功率因数。

根据计算所得容量,可以从变压器产品目录中选用相近的变压器。

(3)导线截面选择

①按机械强度选择

导线必须保证不致因一般机械损伤而折断。在各种不同铺设方式下,导线按机械强度要求所必需的最小截面可参见有关资料。

②按允许电流选择

导线必须能承受负载电流长时间通过所引起的升温。

三相四线制线路上的电流可按下式计算：

$$I = \frac{kP}{\sqrt{3}V\cos\varphi} \tag{5-21}$$

二线制线路可按下式计算：

$$I = \frac{P}{V\cos\varphi} \tag{5-22}$$

式中：I——电流值(A)；

P——功率(W)；

k——需要系数,取值同式(5-19)；

V——电压(V)；

$\cos\varphi$——功率因数,临时网络取 0.7~0.75。

制造厂根据导线的容许温升,确定各类导线在不同铺设条件下的持续允许电流值。选择导线时,导线中通过的电流不允许超过此值。

③按容许电压降选择

导线上引起的电压降必须限制在一定限度之内。配电导线的截面可用下式求得：

$$S = \frac{\sum P \times L}{C \times \xi}\% \tag{5-23}$$

式中：S——配电导线截面面积(mm^2)；

P——负载的电功率或线路输送的电功率(kW)；

L——送电线路的距离(m)；

ξ——容许的相对电压降(%),即线路电压损失,照明电路中容许电压降不应超过2.5%~5%,电动机电压降不得超过±5%,临时供电可降低到8%；

C——系数,视导线材料、送电电压及配电方式而定。

按以上3项要求,择其截面最大者为准,并从有关资料中选用稍大于所求得的线芯截面即可。通常导线截面先根据负荷电流的大小选择,然后再以机械强度和允许的电压损失值进行核算。

第三节　机场单位工程施工组织计划

机场场道包括的主要单项工程有土(石)方工程,排水工程,道坪工程和公路工程等。单位工程施工组织计划是具体指导单位工程施工的技术性指导文件,其内容主要包括单位工程的具体施工方法及施工作业计划。本节主要阐述编制场道各单位工程施工作业计划的特点和要求。

一、土方工程施工作业计划编制特点与要求

1. 工作段划分

由于各机场所处地形不同,工作段划分应视工程量的大小、工地具体条件而定,通常应根据下列原则进行:

(1)根据整个工程施工平面布置图,考虑与其他工程的配合问题,当条件允许时,应首先完成施工前期暂设工程的土方,如混凝土搅拌站及材料堆放场地的土方,进料道路土基等,然后进行道面土基土方施工;其他地区的土方工程则可作为后备机动工程。

(2)根据土方调配图划分工作段。

(3)每个工作段的挖、填土数量最好大体上平衡。

(4)每个工作段的劳动量最好大体相等。

(5)工作段尺寸应力求保证作业队发挥最大的生产效率、生产安全。

(6)尽可能按原土方方格网划分工作段,以减少不必要的重复计算与放线操作。例如,依地形划分,将山头、沟坎边线、和零线地区作为分界处。

2. 作业队的组织

土方作业队通常分为人工作业队和机械作业队两种。人工作业队主要用于土基表层和土面区表面的平整作业和挖、填量不大且深度不大和运距不远的工作段的土方施工。机械工作队则用于挖、填深度较大、土方量大而集中的地区土方施工。机械作业队组织可参考下述程序方法进行。

(1)划分施工过程,选择施工机械。例如,跑道土方作业机械可以按下述原则选用。

①除去和堆放腐殖土:推土机,或铲运机、平地机;

②挖运土方:铲运机,推土机,单斗挖掘机配自卸卡车;

③土方平整:推土机,平地机;

④分层碾压:振动压路机;

⑤恢复腐殖层:推土机,平地机。

(2)确定机械数量

在配组机械作业队时,可根据工程量和规定的工期,按《机场施工技术》第二章第八节式(2-11)介绍的方法计算主导机械的数量;再根据主导机械的生产率,按式(5-24)求出辅助机械数量。

$$N = \frac{Kv}{v'b} \tag{5-24}$$

式中:N——辅助机械数量(台);

v——主导机械生产率;

v'——辅助机械生产率;

b——台班系数;

K——主导机械与辅助机械的生产率的单位换数系数;例如,主导机械为铲运机,其生产率单位是 m^3/台班,辅助机械为平整机械,其生产率单位是 m^2/台班;若填土厚度为20cm,则 $K=1/0.2=5$。

二、道面水泥混凝土工程施工作业计划编制特点与要求

1. 施工组织及准备工作的要求

道面混凝土工程的施工组织设计应根据总的施工方案和土方、排水工程的特点和配合保证情况,以及人工机械、机具、水源、电力、模板、建筑材料等供应情况来决定。具体要求有:

(1)要充分利用允许的施工时间,组织均衡施工,合理地使用资源,充分发挥人力与机械的效率,避免单位时间内资源使用过于集中。

(2)一般应先进行跑道混凝土的施工,然后再铺筑滑行道、停机坪、拖机道等。

(3)为了保证跑道混凝土道面的及早完工,跑道土方应从工程最少的地段开始施工。这样土方工程就可以较迅速地为道面面层尽早展开创造必要的工作条件。

(4)为了保证道基质量,在道面灌注之前均应做好相应的永久排水,必要时,也可先修临时排水沟。此外,道肩还应与道面同时或随后不久修筑,使道面与道间区有良好的连接,以保证雨水不从道面边缘自由渗入道基。上述情况,在雨水季节或稳定性差的土质条件下施工时,更需特别重视。

(5)横跨(穿越)道面的地下管涵均应在基础铺筑前竣工验收完毕。一切地下隐患(如坟墓、井水、地下构筑物等)均应在此之前处理完毕。

(6)道坪工程加工所需的材料、模板、水电供应、机械设备、作业队的组织与训练以及运输混凝土的道路等准备工作均应在混凝土工程施工前完成。

2. 施工队的组织

根据式(5-4)确定的混凝土搅拌站的数量和生产能力,确定混凝土施工队的数量。施工队的人数可参考《机场施工技术》第六章第二节表6-5确定;混凝土运输车的数量根据式(5-7)确定。

3. 工作段划分

1)工作段的最小长度

划分工作段应保证在浇筑填仓时,不损坏先浇筑的道面板。为此,工作段长度(L)应满足下式要求:

$$L \geqslant L_{\min} \tag{5-25}$$

$$L_{\min} = \frac{atQk}{Bh} \tag{5-26}$$

式中:$L_{\min}$——最小工作段长度;

t——先铺板允许填仓的时间间隔(d);

Q——搅拌站额定日产混凝土量(m^3);

k——实际产量与额定产量之比;

B——道面宽度(m);

h——道面厚度(m);

a——浇筑方案循环系数;二次循环,a取2;三次循环,a取3;但当打一空三,第二次浇筑中间独立仓时,a应取4。

2)工作段划分方法

工作段划分应根据机场道面混凝土总浇筑量和工期要求,结合混凝土的生产能力及混凝

土浇筑能力以及相应资源供应能力等相机决定,一般可根据能力设备的数量与性能。考虑施工允许的工期和混凝土工作量及分布情况,先确定完成任务所需最小搅拌站数量及相应作业及相应作业队数量,进而初步确定工作段数量和区段划分的划分的范围。最后,再进行工作段长度的校核。

三、排水工程施工组织计划编制的特点

机场排水工程常见的有河渠改造、截洪沟、土明沟、盖板沟、暗管沟、涵洞及中小型桥梁和防洪堤坝等项目。它们主要由混凝土工程、土方工程、砌石工程、管道铺设等内容组成。排水工程在机场场道工程中属附属工程,它的施工组织计划安排应围绕道面施工计划进行。

1. 安排施工顺序的基本原则

(1)排水工程的施工应注意与道面混凝土工程和土方工程的密切配合。

一般应在大规模土方施工之前做好某些排水工程项目,为土方工程创造条件和减小重复工程量,并尽可能先修筑与土方工程施工相关的永久排水工程,以便减少临时排水设施。当工期紧迫,为了不致因排水工程推迟其他工程的开工,则宁可将某些排水工程推后进行。当工程处于雨季较长且雨量较大的地区时,为改善整个工程施工条件和施工质量,应尽可能先修筑永久排水工程,而将有关土方与混凝土道面工程施工推后,否则将因小失大,事与愿违。在任务重而工期短时,可先临时排水,最后再修整加固永久排水结构物。对于穿越混凝土道面的水管网,必须在道面混凝土施工前完成。

(2)在洪水到来或河水上涨之前应作好场外的排泄设施,如拦河坝工程、改河工程等截水工程,保证场内工程施工免遭洪水的威胁。

(3)民用水利工程的改迁应在使用之前完成,以免影响农业的生产。

(4)地下水位较高地区,应在土方施工前作好降低与排除地下水的设施。

(5)雨水较多地区的机场,其道面边沟应在混凝土施工前完成,以保证雨水及施工用水的及时排除。

(6)沟管等工程的施工,应在下游逐段进行,以便将槽内雨水及时排除。

(7)应在道面、土方工程施工可利用的间歇时间内,完成场内水文管网的相互贯通工作,以便在道面工程完成后,尽早完成整个排水系统。

(8)各工序的衔接应满足相应的技术要求。

(9)检查井与干管的修筑顺序,一般先修井后下管。修井时应将与其连接的至少一节管一同修好;预制构件装配式井管可与管道同时施工,当采用先管后井方案施工时,应预留与井连接的一至二节干管,待与井身一起修筑。

2. 作业队的组织

排水工程作业队的组织如同土方工程作业队组织一样,应视工程数量、施工条件(作业面大小、工作标高等)而定。因为排水工程多为工作面窄长的线形工程,呈条状分布,工序又复杂,且质量不易保证,故多为人工作业。只有少数条件许可的项目,可由机械作业,如沟槽开挖。无论采用哪种作业方式,作业队组织均应保证机械与人员发挥最大效率。

四、机场公路工程施工组织计划编制的特点

机场公路有场内公路和场外公路。

1. 场外公路

场外公路一般应在施工准备阶段安排施工。在施工组织方面可分成两大部分组织流水施工,即小桥或涵洞,路基和路面。小桥或涵洞应先修好,否则材料难以运输。路基、基层、面层视工程规模大小分段流水施工。

2. 场内公路

场内公路一般为水泥混凝土路面或沥青路面,可考虑先修路基和碎石(或砾石)基层,作为临时道路用,面层可安排在最后施工。

复习思考题

1. 施工组织设计的意义是什么？施工组织设计的内容一般应包括哪些方面？
2. 机场场道工程施工组织设计的内容主要有哪些方面？
3. 简要说明机场场道工程施工组织设计的基本程序。
4. 机场场道工程各工程项目施工顺序安排的一般原则有哪些？如何编制施工总进度计划？
5. 施工总平面图的主要内容有哪些？如何规划暂设工程？

第六章 机场建设工程造价管理

第一节 工程造价构成

一、工程造价的概念

建设项目总投资包含固定资产投资和流动资产两个部分。工程造价，一般是指建设一项工程预期开支或实际开支的全部固定资产投资费用。为了取得预期的效益，投资者需要对项目进行决策设计、建设实施直至竣工验收等一系列的活动，这些活动的全部费用就构成工程造价。工程造价主要由工程费用设备工器具购置费、建筑安装工程费、工程建设其他费用、预备费（包括基本预备费和涨价预备费）和建设期利息组成。我国现行工程造价的构成如表图 6-1 所示。

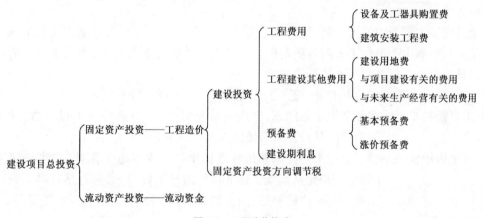

图 6-1 工程造价构成

二、建筑安装工程费

建筑安装工程费是工程建设项目投资的重要组成部分，它作为建筑安装工程价值的货币表现，亦被称为建筑安装工程造价，它由建筑工程费用和安装工程费用两个部分构成。

建筑工程费用包括：

（1）各类房屋建筑工程和列入房屋建筑工程预算的供水、供电、供暖、卫生、通风、煤气等设备费用及装饰、油饰工程的费用，列入建筑工程预算的各种管道、电力、电信和电缆导线敷设工程费用。

（2）设备基础、支柱、工作台、烟囱、水塔、水池、灰塔等建筑工程以及各种炉窑的砌筑工程和金属结构工程的费用。

(3)为施工而进行的场地平整,工程和水文地质勘查,原有建筑物和障碍物的拆除以及施工临时用水、电、气、路和完工后的场地清理,环境绿化、美化等工作的费用。

(4)矿井开凿、井巷延伸、露天矿剥离,石油、天然气钻井,修建铁路、公路、桥梁、水库、堤坝、灌渠及防洪等工程的费用。

安装工程费用包括:

(1)生产、动力、起重、运输、传动和试验等各种需要安装的机械设备的装配费用,与设备相连的工作台、梯子、栏杆等设施的工程费用,附属于被安装设备的管线敷设工程费用,以及被安装设备的绝缘、防腐、保温、油漆等工作的材料费和安装费。

(2)为测定安装工程质量,对单个设备进行单机试运转和对系统设备进行系统联动无负荷试运转工作的调试费。

根据《住房城乡建设部、财政部关于印发〈建筑安装工程费用项目组成〉的通知》(建标〔2013〕44号,以下简称44号文),我国现行建筑安装工程费项目按两种不同方式划分,即按费用构成要素划分和按造价形成划分,其具体组成如图6-2和图6-3所示。

1. 按照费用构成要素划分建筑安装工程费用项目构成和计算

按费用构成要素划分,建筑安装工程费包括:人工费、材料费(包含工程设备,下同)、施工机具使用费、企业管理费、利润、规费和税金。其中人工费、材料费、施工机具使用费、企业管理费和利润包含在分部分项工程费、措施项目费、其他项目费中。

1)人工费

建筑安装工程费中的人工费,是指按工资总额构成规定支付给从事建筑安装工程施工的生产工人和附属生产单位工人的各项费用。计算人工费的要素有两个,即人工工日消耗量和人工工日单价。人工费的基本计算公式为:

$$人工费 = \sum(工日消耗量 \times 日工资单价) \quad (6-1)$$

式中:工日消耗量——在正常施工条件下,生产建筑安装产品(分部分项工程或结构构件)必须消耗的某种技术等级的人工工日数量;

日工资单价——施工企业平均技术熟练程度的生产工人在每工作日(国家法定工作时间内)按规定从事施工作业应得的日工资总额,它包括计时工资或计件工资、奖金、津贴补贴、加班加点工资、特殊情况下支付的工资等。

2)材料费

建筑安装工程费中的材料费,是指施工过程中耗费的原材料、辅助材料、构配件、零件、半成品或成品、工程设备的费用。工程设备是指构成或计划构成永久工程一部分的机电设备、金属结构设备、仪器装置及其他类似的设备和装置。计算材料费的基本要素包括两个,即材料消耗量和材料单价。材料费的基本计算公式如下:

$$材料费 = \sum(材料消耗量 \times 材料单价) \quad (6-2)$$

式中:材料消耗量——在合理使用材料的条件下,生产建筑安装产品(分部分项工程或结构构件)必须消耗的一定品种、规格的原材料、辅助材料、构配件、零件、半成品或成品等的数量;它包括材料净用量和材料不可避免的损耗量;

材料单价——建筑材料从来源地运到工地仓库直至出库形成的综合平均单价,它包括材料原价、运杂费、运输损耗费、采购及保管费等。材料单价基本计算公

式如下:

$$材料单价 = \{(材料原价 + 运杂费) \times [1 + 运输损耗率(\%)]\} \times [1 + 采购保管费率(\%)] \quad (6-3)$$

材料原价——材料、工程设备的出厂价格或商家供应价格;

运杂费——材料、工程设备自来源地运至工地仓库或指定堆放地点所发生的全部费用;

运输损耗费——材料在运输装卸过程中不可避免的损耗;

采购及保管费——为组织采购、供应和保管材料、工程设备的过程中所需要的各项费用,包括采购费、仓储费、工地保管费、仓储损耗。

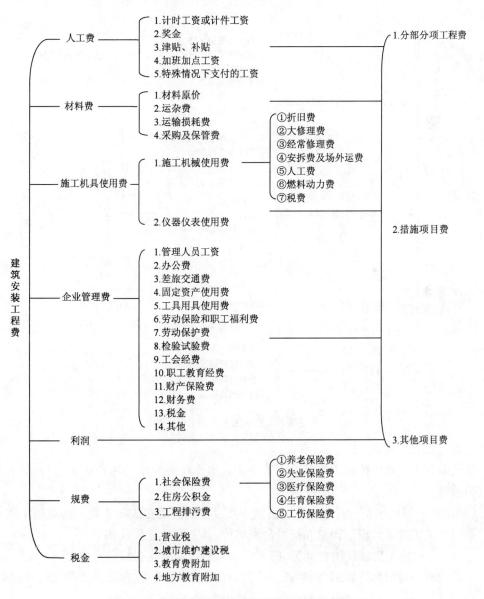

图6-2 按费用构成要素划分,建筑安装工程费用项目组成

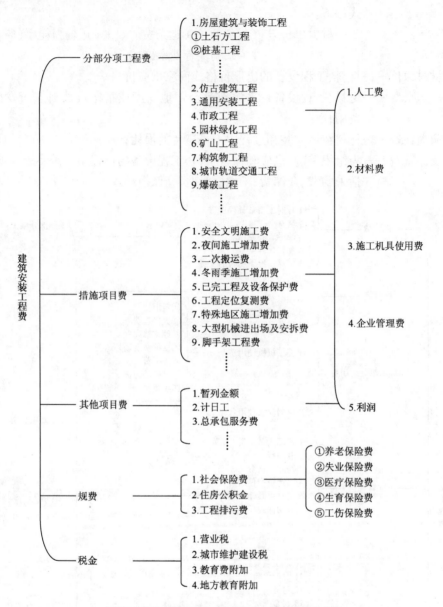

图 6-3 按造价形成划分,建筑安装工程费用项目组成

3)施工机具使用费

建筑安装工程费中的施工机具使用费是指施工作业所发生的施工机械、仪器仪表使用费或其租赁费。

(1)施工机械使用费。其是指施工机械作业发生的使用费或租赁费。构成施工机械使用费的要素是施工机械台班消耗量和机械台班单价,其基本计算公式如下:

$$施工机械使用费 = \sum(施工机械台班消耗量 \times 机械台班单价) \quad (6-4)$$

机械台班单价由台班折旧费、台班大修费、台班经常修理费、台班安拆费及场外运费、台班人工费、台班燃料动力费、台班车船税费 7 项费用组成。

(2)仪器仪表使用费。其是指工程施工所需使用的仪器仪表的摊销及维修费用。仪器仪表使用费的基本计算公式如下:

$$仪器仪表使用费 = 工程使用的仪器仪表摊销费 + 维修费 \qquad (6-5)$$

4)企业管理费

企业管理费是指建筑安装企业组织施工生产和经营管理所需的费用。其内容包括:

(1)管理人员工资。其是指按规定支付给管理人员的计时工资、奖金、津贴补贴、加班加点工资及特殊情况下支付的工资等。

(2)办公费。其是指企业管理办公用的文具、纸张、账表、印刷、邮电、书报、办公软件、现场监控、会议、水电、烧水和集体取暖降温(包括现场临时宿舍取暖降温)等费用。

(3)差旅交通费。其是指职工因公出差、调动工作的差旅费、住勤补助费,市内交通费和误餐补助费,职工探亲路费,劳动力招募费,职工退休、退职一次性路费,工伤人员就医路费,工地转移费以及管理部门使用的交通工具的油料、燃料等费用。

(4)固定资产使用费。其是指管理和试验部门及附属生产单位使用的属于固定资产的房屋、设备、仪器等的折旧、大修、维修或租赁费。

(5)工具用具使用费。其是指企业施工生产和管理使用的不属于固定资产的工具、器具、家具、交通工具和检验、试验、测绘、消防用具等的购置、维修和摊销费。

(6)劳动保险和职工福利费。其是指由企业支付的职工退职金、按规定支付给离休干部的经费,集体福利费、夏季防暑降温、冬季取暖补贴、上下班交通补贴等。

(7)劳动保护费。其是企业按规定发放的劳动保护用品的支出。如工作服、手套、防暑降温饮料以及在有碍身体健康的环境中施工的保健费用等。

(8)检验试验费。其是指施工企业按照有关标准规定,对建筑以及材料、构件和建筑安装物进行一般鉴定、检查所发生的费用,包括自设试验室进行试验所耗用的材料等费用。不包括新结构、新材料的试验费,对构件做破坏性试验及其他特殊要求检验试验的费用和建设单位委托检测机构进行检测的费用,对此类检测发生的费用,由建设单位在工程建设其他费用中列支。但对施工企业提供的具有合格证明的材料进行检测不合格的,该检测费用由施工企业支付。

(9)工会经费。其是指企业按《工会法》规定的全部职工工资总额比例计提的工会经费。

(10)职工教育经费。其是指按职工工资总额的规定比例计提,企业为职工进行专业技术和职业技能培训,专业技术人员继续教育、职工职业技能鉴定、职业资格认定以及根据需要对职工进行各类文化教育所发生的费用。

(11)财产保险费。其是指施工管理用财产、车辆等的保险费用。

(12)财务费。其是指企业为施工生产筹集资金或提供预付款担保、履约担保、职工工资支付担保等所发生的各种费用。

(13)税金。其是指企业按规定缴纳的房产税、车船使用税、土地使用税、印花税等。

(14)其他。其包括技术转让费、技术开发费、投标费、业务招待费、绿化费、广告费、公证费、法律顾问费、审计费、咨询费、保险费等。

企业管理费一般采用取费基数乘以费率的方法计算,取费基数有三种,分别是分部分项工程费、人工费与机械费之和或人工费。相应的企业管理费率计算公式如下:

①以分部分项工程费为计算基础：

$$\text{企业管理费费率} = \frac{\text{生产工人年平均管理费}}{\text{年有效施工天数} \times \text{人工单价}} \times \text{人工费占分部分项工程费比例} \times 100\% (\%) \tag{6-6}$$

②以人工费和机械费合计为计算基础：

$$\text{企业管理费费率} = \frac{\text{生产工人年平均管理费}}{\text{年有效施工天数} \times (\text{人工单价} + \text{每一工日机械使用费})} \times 100\% (\%) \tag{6-7}$$

③以人工费为计算基础：

$$\text{企业管理费费率} = \frac{\text{生产工人年平均管理费}}{\text{年有效施工天数} \times \text{人工单价}} \times 100\% (\%) \tag{6-8}$$

工程造价管理机构在确定计价定额中企业管理费时，应以定额人工费或定额人工费与定额机械费之和作为计算基数，其费率根据历年工程造价积累的资料，辅以调查数据确定，列入分部分项工程和措施项目中。

5）利润

利润是指施工企业完成所承包工程获得的盈利，由施工企业根据自身需求并结合建筑市场实际自主确定。工程造价管理机构在确定计价定额中利润时，应以定额人工费或（定额人工费＋定额机械费）作为计算基数，其费率根据历年工程造价积累的资料，并结合建筑市场实际确定，以单位（单项）工程测算，利润在税前建筑安装工程费的比重可按不低于5%且不高于7%的费率计算。利润应列入分部分项工程和措施项目中。

6）规费

规费是指按国家法律、法规规定，由省级政府和省级有关权力部门规定必须缴纳或计取的费用。其主要包括社会保险费、住房公积金和工程排污费。

（1）社会保险费

①养老保险费。其是指企业按照规定标准为职工缴纳的基本养老保险费。

②失业保险费。其是指企业按照规定标准为职工缴纳的失业保险费。

③医疗保险费。其是指企业按照规定标准为职工缴纳的基本医疗保险费。

④生育保险费。其是指企业按照规定标准为职工缴纳的生育保险费。

⑤工伤保险费。其是指企业按照规定标准为职工缴纳的工伤保险费。

（2）住房公积金。其是指企业按规定标准为职工缴纳的住房公积金。

（3）工程排污费。其是指按规定缴纳的施工现场工程排污费。

其他应列而未列入的规费，按实际发生计取。

规费的计算分为以下两个方面。

（1）社会保险费和住房公积金的计算

社会保险费和住房公积金应以定额人工费为计算基础，根据工程所在地省、自治区、直辖市或行业建设主管部门规定费率计算。其计算公式为：

社会保险费和住房公积金 = ∑（工程定额人工费 × 社会保险费和住房公积金费率）

式中，社会保险费和住房公积金费率可以每万元发承包价的生产工人人工费和管理人员工资含量与工程所在地规定的缴纳标准综合分析取定。

(2)工程排污费的计算

工程排污费等其他应列而未列入的规费应按工程所在地环境保护等部门规定的标准缴纳,按实计取列入。

7)税金

税金是指国家税法规定的应计入建筑安装工程造价内的营业税、城市维护建设税、教育费附加以及地方教育附加。税金计算公式如下:

$$税金 = 税前造价 \times 综合税率(\%) \qquad (6\text{-}9)$$

综合税率按照纳税地点不同分别进行计算。

(1)纳税地点在市区的企业:

$$综合税率 = \frac{1}{1-3\%-(3\%\times7\%)-(3\%\times3\%)-(3\%\times2\%)} - 1(\%) \qquad (6\text{-}10)$$

(2)纳税地点在县城、镇的企业

$$综合税率 = \frac{1}{1-3\%-(3\%\times5\%)-(3\%\times3\%)-(3\%\times2\%)} - 1(\%) \qquad (6\text{-}11)$$

(3)纳税地点不在市区、县城、镇的企业

$$综合税率 = \frac{1}{1-3\%-(3\%\times1\%)-(3\%\times3\%)-(3\%\times2\%)} - 1(\%) \qquad (6\text{-}12)$$

(4)实行营业税改增值税的,按纳税地点现行税率计算。

2.按照工程造价形成划分建筑安装工程费用项目构成和计算

建筑安装工程费用按造价形成划分,由分部分项工程费、措施项目费、其他项目费、规费、税金组成。

1)分部分项工程费

分部分项工程费是指各专业工程的分部分项工程应予列支的各项费用。按现行国家计量规范,专业工程划分为房屋建筑与装饰工程、仿古建筑工程、通用安装工程、市政工程、园林绿化工程、矿山工程、构筑物工程、城市轨道交通工程、爆破工程等九类。各类专业工程的分部分项工程划分应遵循现行国家或行业计量规范的规定。分部分项工程费按下式进行计算:

$$分部分项工程费 = \sum(分部分项工程量 \times 综合单价) \qquad (6\text{-}13)$$

综合单价包括人工费、材料费、施工机具使用费、企业管理费和利润以及一定范围的风险费用(下同)。

2)措施项目费

措施项目费是指为完成建设工程施工,发生于该工程施工前和施工过程中的技术、生活、安全、环境保护等方面的费用。措施项目及其包含的内容详见各类专业工程的现行国家或行业计量规范,常见内容包括如下9项。

(1)安全文明施工费

①环境保护费。其是指施工现场为达到环保部门要求所需要的各项费用。

②文明施工费。其是指施工现场文明施工所需要的各项费用。

③安全施工费。其是指施工现场安全施工所需要的各项费用。

④临时设施费。其是指施工企业为进行建设工程施工所必须搭设的生活和生产用的临时建筑物、构筑物和其他临时设施费用。其包括临时设施的搭设、维修、拆除、清理费或摊销费等。

(2)夜间施工增加费。其是指因夜间施工所发生的夜班补助费、夜间施工降效、夜间施工照明设备摊销及照明用电等费用。

(3)二次搬运费。其是指因施工场地条件限制而发生的材料、构配件、半成品等一次运输不能到达堆放地点,必须进行二次或多次搬运所发生的费用。

(4)冬雨季施工增加费。其是指在冬季或雨季施工需增加的临时设施、防滑、排除雨雪,人工及施工机械效率降低等费用。

(5)已完工程及设备保护费。其是指竣工验收前,对已完工程及设备采取的必要保护措施所发生的费用。

(6)工程定位复测费。其是指工程施工过程中进行全部施工测量放线和复测工作的费用。

(7)特殊地区施工增加费。其是指工程在沙漠或其边缘地区、高海拔、高寒、原始森林等特殊地区施工增加的费用。

(8)大型机械设备进出场及安拆费。其是指机械整体或分体自停放场地运至施工现场或由一个施工地点运至另一个施工地点,所发生的机械进出场运输及转移费用及机械在施工现场进行安装、拆卸所需的人工费、材料费、机械费、试运转费和安装所需的辅助设施的费用。

(9)脚手架工程费。其是指施工需要的各种脚手架搭、拆、运输费用以及脚手架购置费的摊销(或租赁)费用。

按照有关专业计量规范规定,措施项目分为应予计量和不宜计量的措施项目两类,两类措施项目的计算方法不同。

(1)应予计量的措施项目。其计算公式为:

$$措施项目费 = \sum(措施项目工程量 \times 综合单价) \tag{6-14}$$

(2)不宜计量的措施项目。通常用计算基数乘以费率进行计算,分为以下两个部分。

①安全文明施工费:

$$安全文明施工费 = 计算基数 \times 安全文明施工费费率(\%) \tag{6-15}$$

计算基数应为定额基价(定额分部分项工程费+定额中可以计量的措施项目费)、定额人工费或(定额人工费+定额机械费),其费率由工程造价管理机构根据各专业工程的特点综合确定。

②其余不宜计量的措施项目,如夜间施工增加费、冬雨季施工增加费、二次搬运费、已完工程及设备保护费等,计算公式如下:

$$措施项目费 = 计算基数 \times 措施项目费费率(\%) \tag{6-16}$$

这些措施项目的计费基数应为定额人工费或(定额人工费+定额机械费),其费率由工程造价管理机构根据各专业工程特点和调查资料综合分析后确定。

3)其他项目费

(1)暂列金额

暂列金额是指建设单位在工程量清单中暂定并包括在工程合同价款中的一笔款项。其主要用于施工合同签订时尚未确定或者不可预见的所需材料、工程设备、服务的采购,施工中可能发生的工程变更、合同约定调整因素出现时的工程价款调整以及发生的索赔、现场签证确认等的费用。

暂列金额由建设单位根据工程特点,按有关计价规定估算,施工过程中由建设单位掌握使用,扣除合同价款调整后如有余额,归建设单位。

(2)计日工

计日工是指在施工过程中,施工企业完成建设单位提出的施工图纸以外的零星项目或工作所需的费用。

计日工由建设单位和施工企业按施工过程中的签证计价。

(3)总承包服务费

总包管理费是指总承包人为配合、协调建设单位进行的专业工程发包,对建设单位自行采购的材料、工程设备等进行保管以及施工现场管理、竣工资料汇总整理等服务所需的费用。

总承包服务费由建设单位在招标控制价中根据总包服务范围和有关计价规定编制,施工企业投标时自主报价,施工过程中按签约合同价执行。

4)规费和税金

规费和税金的计算与按费用构成要素划分建筑安装工程费用项目组成部分是相同的。

三、设备工器具购置费

设备工器具购置费是由设备购置费和工器具、生产家具购置费用组成。设备购置费是指为工程建设项目购置或自制的达到固定资产标准的设备、工具、器具的费用。确定固定资产的标准是:使用年限在一年以上,单位价值在 800 元、500 元或 200 元以上。具体由各主管部门规定。新建项目和扩建项目的新建车间购置或自制的全部设备、工具、器具,不论是否达到固定资产标准,均计入设备工器具购置费中。

$$设备购置费 = 设备原价 + 设备运杂费 \tag{6-17}$$

式中:设备原价——国产标准设备、非标准设备、引进设备的原价,设备运杂费指设备供销部门手续费、设备原价中未包括的包装和包装材料费、运输费、装卸费、采购和仓库保管费之和。

不够固定资产标准的工器具及生产家具一般按下式计算:

$$工器具及生产家具购置费 = 设备购置费 \times 定额费率 \tag{6-18}$$

四、工程建设其他费用的构成

工程建设其他费用是指从工程筹建起到工程竣工验收交付使用的整个建设期间,除建筑安装工程费和设备工器具购置费用以外的,为保证工程建设顺利完成和交付使用后能够正常发挥而发生的各项费用。它包括土地使用费、与项目建设有关的费用和与未来生产经营有关的费用。

1.土地使用费

土地使用费是指为获得工程项目建设土地的使用权而在建设期内发生的各项费用。在我国,获取土地使用权主要有划拨和出让两种方式。

通过划拨方式取得农村集体所有土地使用权时应支付征地补偿费。按照国家规定它包括土地补偿费、青苗补偿费、被征用土地上的附着物(房屋、水井、树木等)补偿费、劳动力安置补助费、耕地占用税、新菜地开发基金等。费用可根据有权单位批准的建设用地和临时用地面积,按各省、自治区、直辖市人民政府规定的各项补助费标准和耕地占用税税率等计算。

通过划拨方式取得已有房屋的国有土地使用权时应支付拆迁补偿费。拆迁补偿费包括房屋的货币化补偿或房屋产权调换以及拆迁、安置补助费。费用可根据有权单位批准的建设用地和临时用地面积,按各省、自治区、直辖市人民政府规定的各项补助费标准和耕地占用税税率等计算。

通过竞争(招标、拍卖和挂牌)和协议出让方式取得土地使用权需要支付土地使用权出让金或转让金。土地出让金是指各级政府土地管理部门将土地使用权出让给土地使用者,按规定收取的土地出让的全部价款。费用通过市场定价或协议定价确定,协议定价不得低于按国家规定所确定的最低价格。

2. 与项目建设有关的费用

1) 建设管理费

建设管理费是指建设单位为组织完成工程项目建设,在建设期内发生的各类管理费用。它一般包括建设单位管理费和工程监理费两项。

建设单位管理费是指建设单位发生的管理性开支。费用内容包括:工作人员的工资、工资性补贴、施工现场津贴、职工福利费、住房基金、基本养老保险、基本医疗保险、失业保险费、工伤保险费、办公费、差旅费、工具用具使用费、固定资产使用费、劳动保护费、零星固定资产购置费、招募生产工人费、技术图书资料费、合同公证费、工程质量监督检测费、完工清理费、交通工具购置费、工程招标费、工会经费、咨询费、法律顾问费等。

建设单位管理费通常以单项工程费用总和(建筑安装工程费和设备工器具购置费)乘以建设单位管理费费率计算,建设单位管理费费率按照工程性质和规模的不同而制订。建设单位管理费也可以建设工期和规定的金额计算。

工程监理费是委托工程监理企业对工程实施监理工作所需费用,参照国家发改委和建设部联合发布的《建设工程监理与相关服务收费管理规定》由市场定价。

2) 可行性研究费

可行性研究费是指在工程项目投资决策阶段,依据调研报告对有关建设方案、技术方案或生产经营方案进行的技术经济论证,以及编制、评审可行性研究报告所需的费用。此项费用应依据前期研究委托合同列计,或参照《国家计委关于印发〈建设项目前期工作咨询收费的暂行规定〉的通知》规定进行计算。

3) 勘察设计费

勘察设计费是指委托勘察设计单位进行工程水文地质勘查、工程设计所发生的费用。它包括工程勘察费、初步设计费、施工图设计费、设计模型制作费等。

其计算方法:参照国家颁发的工程勘察设计费取费标准和有关规定,由市场定价。

4) 研究试验费

研究试验费是指为本建设项目提供或验证设计数据、资料等进行必要的研究试验以及按照相关规定在建设过程中进行的试验、验证所需的费用。

计算方法:按照设计提出的试验内容和要求进行编制。

5)场地准备及临时设施费

建设项目场地准备费是指为使工程项目的建设场地达到开工条件,由建设单位组织进行的场地平整等准备工作而发生的费用。临时设施费是指建设期间建设单位所需的临时设施的搭设、维修、摊销费用或租赁费用。

新建项目的场地准备及临时设施费应根据实际工程量估算,或按工程费用的比例计算,其计算公式如下:

$$临时设施费 = 工程费用 \times 费率 + 拆除清理费 \qquad (6-19)$$

改扩建项目一般只计拆除清理费,此项费用不包括已经列入建筑安装工程费中的施工单位临时设施费。

6)环境影响评价费

环境影响评价费是按照国家法律规定,对工程项目进行环境污染或影响评价所需的费用。它包括编制环境影响报告书、报告表以及对其进行评估的费用。此项费用可参照国家的相关规定进行计算。

7)工程保险费

工程保险费是指为转移工程项目建设的意外费用,在建设期间对建筑工程、安装工程、机械设备、人身安全进行投保而发生的费用,包括建筑安装工程一切险、引进设备财产保险和人身意外伤害险等。对于民用建筑保险费率,通常为建筑工程费用2%～4%,其他工程为3%～6%。

8)引进技术和进口设备其他费用

引进技术和进口设备其他费用是指引进技术和进口设备发生的但未计入设备购置费中的费用。它包括外国工程技术人员的生活和接待费,出国人员的费用,引进项目图纸资料翻译复制费、备品备件测绘费、银行担保和承诺费。

9)劳动安全卫生评价费

劳动安全卫生评价费是指按照国家相关规定编制劳动安全卫生评价报告(包括预评价大纲和预评价报告书),以及为编制报告等所进行的工程分析和环境现状调查等所需的费用。

10)特殊设备安全监督检验费

特殊设备安全监督检验费是指安全监察部门在对施工现场组装的锅炉及压力容器、压力管道、消防设备、燃气设备、电梯等特殊设备和设施实施安全检验收取的费用。此项费用按项目所在省安全监察部门的规定标准计算。

11)市政公用设施费

市政公用设施费是指使用市政公用设施的工程项目,按照项目所在省级人民政府的有关规定建设或缴纳的市政公用设施建设配套费用,以及绿化工程补偿费用。此项费用按项目所在省相关规定标准计算。

3. 与未来经营有关的费用

1)联合试运转费

联合试运转费是指新建或新增加生产能力的工程项目,在交付使用前,按照规定的工程质量标准,对整条生产线或装置进行负荷或无负荷联合试运转所发生的费用支出大于试运转收入的亏损部分。

2) 专利及专有技术使用费

专利及专有技术使用费包括国外设计技术资料费、引进有效专利专有技术使用费和技术保密费,国内有效专利、专有技术使用费,商标权、商誉和特许经营权费等。项目投资只计算需要在建设期支付的专利及专有技术使用费,专有技术的界定应以省部级鉴定批准为依据,一般按照专利使用许可协议和专有技术使用合同的规定计列。

3) 生产准备和开办费

在建设期间,建设单位为保证项目正常生产而发生的人员培训费、提前进厂费以及投产使用必备的办公、生活家具用具及工器具等的购置费用。新建项目按设计定员为基数计算,改扩建按新增设计定员为基数计算,计算公式如下:

$$生产准备费 = 设计定员 \times 生产准备费指标(元/人) \tag{6-20}$$

五、预备费

按我国现行规定,预备费包括基本预备费和价差预备费。

1. 基本预备费

基本预备费是指针对项目实施过程中可能发生难以预料的支出而事先预留的费用,故又称不可预见费。它主要用于设计变更及施工过程中可能增加的工程量的费用,由以下 4 个部分构成。

(1) 在进行技术设计、施工图设计和施工过程中,在批准的初步设计范围内所增加的工程和费用;设计变更、局部地基处理等增加的费用。

(2) 一般自然灾害所造成的损失和预防自然灾害所采取的措施费用。实行工程保险的工程项目费用应适当降低。

(3) 竣工验收时,为鉴定工程质量对隐蔽工程进行必要的开挖和修复的费用。

(4) 超规超限设备运输增加的费用。

基本预备费的计算公式如下:

$$基本预备费 = (建筑安装工程费 + 设备及工器具购置费 + 工程建设其他费) \times 基本预备费率 \tag{6-21}$$

基本预备费费率按国家及部门规定执行。

2. 价差预备费

价差预备费是指为建设项目在建设期间内由于利率、汇率或价格等因素变化而预留的可能增加的费用。价差预备费的内容包括:人工、材料、设备、施工机械的价差费,建筑安装工程费及工程建设其他费用调整,利率、汇率、调整等。

引起工程造价变化的预测预留费用。费用内容包括:人工费、设备、材料、施工机械价差,建筑安装工程费及工程建设其他费用调整,利率、汇率调整等。

价差预备费的测算方法,一般根据国家规定的投资综合价格指数,以估算年份的估算投资额为基数,采用复利进行计算。其计算公式为:

$$PF = \sum_{t=1}^{n} I_t [(1+f)^m (1+f)^{0.5} (1+f)^{t-1} - 1] \tag{6-22}$$

式中:PF——涨价预备费;

I_t——建设期第 t 年的投资计划额(按建设期前一个价格水平估算);

n——建设期年份数;

f——年平均价格预计上涨率;

m——建设前期年限。

六、建设期利息

建设期利息是指项目借款在建设期内发生的为工程项目筹措资金的融资费用及债务资金利息。

但总贷款是分年均衡发放时,通常假定借款均在每年的年中支用,即当年借款按半年计息,上年贷款按全年计息。其计算公式为:

$$q_j = (P_{j-1} + \frac{1}{2}A_j) \cdot i \tag{6-23}$$

式中:q_j——建设期第 j 年应计利息;

P_{j-1}——建设期第$(j-1)$年末累计贷款本金与利息之和;

A_j——建设期第 j 年贷款金额;

i——年利率。

第二节 工程造价确定的一般方法和基本原理

一、工程造价的特点

工程造价具有各种商品价格的共性,即受到价值规律、货币流通规律和商品供求规律的支配。同时具有自身的特点,主要包括单件性计价、阶段性和动态性计价。

1. 单件性计价

由于建设工程的功能要求是多种多样的,每个建设工程都具有其独特的形式和独特的结构。即使功能要求相同、建筑类型相同,但由于地形、地质、水文、气象等自然条件不同及交通运输、材料供应等社会条件不同,建设工程的实物形态千差万别,并使构成投资费用的各种价值要素产生差异,这种建设工程的个体性特点导致了工程造价的千差万别。因而对于建设工程就不能像对工业产品那样按品种、规格、质量成批量地计价,只能是单件计价。也就是说,建设工程一般不能由国家或企业规定统一造价,每一个建设项目的建设都需要按业主的特定需要进行单独设计、单独施工,不能批量生产和按整个项目确定价格。

2. 阶段性和动态性计价

工程项目建设规模大、涉及面广,建设周期长、环节多,它必须依照基本建设程序有组织有计划的分阶段进行。相应地,工程造价也需要按照建设程序进行阶段性和动态性计价。

在编制项目建议书、可行性研究报告阶段,一般可按规定的投资指标、类似的工程造价资料、现行的设备材料价格并结合工程的实际情况进行投资估算;在设计阶段,根据初步设计文件和概算定额或概算指标等编制建设项目的总概算,根据施工图设计文件和预算定额等编制施工图预算;在发承包阶段,根据设计文件和工程量清单计价计量规范等编制招标控制价和投标价,最后形成签约合同价;在工程施工阶段,根据承包方实际完成工作的情况,按合同约定进行合同价款调整,形成竣工结算价;在竣工验收阶段,建设单位需编制竣工决算,综合反映竣工项目从筹建开始到竣工交付使用为止的全部建设费用、建设成果和财务情况。

从投资估算开始到竣工决算为止的多次性计价,反映了不同的计价主体对工程造价的逐步深化、逐步细化、逐步接近和最终确定工程造价的控制过程。

二、工程造价确定的基本原理

由于建设项目具有单件性的特点,每一个建设项目不能批量生产和按整个项目确定价格,因此,必须将整个项目进行分解,划分为可以按有关技术经济参数测算价格的基本构造单元,计算出基本构造单元的费用,然后通过汇总形成整个项目的价格。

工程造价确定的基本原理就是通过项目的分解与组合获得工程造价。随着项目建设阶段的推进,项目的信息越来越清晰详细,项目可分解成更多的层次。项目分解结构层次越多,子项也越细,工程造价计算就更精确。

一般来说,任何一个建设项目都可以分解为一个或几个单项工程,任何一个单项工程都是由一个或几个单位工程所组成。作为单位工程的各类建筑工程和安装工程仍然是一个比较复杂的综合体,为获得较精细的工程造价还需要进一步分解。单位工程可以按照结构部位、路段长度及施工特点或施工任务分解为分部工程。分解成分部工程后,为满足工程详细计价的需要,还要把分部工程按照不同的施工方法、材料、工序及路段长度等,加以更为细致的分解,划分为更为简单细小的部分,即分项工程。分解到分项工程后还可以根据需要进一步划分或组合为定额项目或清单项目,这样就可以得到具有经济参数测算价格的基本构造单元了。

对于工程概预算而言,该基本构造单元就是一定计量单位的合格的分项工程或结构构件,所谓的技术经济参数就是完成其所必需的人工、材料和施工机械台班消耗数量。

工程造价确定的基本原理可以用公式的形式表达成:

$$\text{分部分项工程费} = \sum [\text{基本构造单元工程量(定额项目或清单项目)} \times \text{相应单价}]$$

(6-24)

三、工程造价确定的基本工作内容

工程造价确定的基本思路就是将建设项目细分至基本的构造单元,根据设计文件、计量规则、当时当地的各类单价等,确定基本构造单元工程量和相应单价,依据一定的程序方法进行组合汇总,从而计算出相应工程造价。因此,概括而言,工程造价的确定可分为工程计量和工程计价两个环节。

1. 工程计量

工程计量工作包括工程项目的划分和工程量的计算。

1) 划分工程项目

划分工程项目也就是确定工程的基本构造单元。编制工程概算预算时,主要是按工程概预算定额进行项目的划分;编制工程量清单时主要是按照工程量清单计量规范规定的清单项目进行划分。

2）工程量的计算

划分为基本构造单元后，应按照施工图设计文件、施工组织设计、一定的工程量计算规则等，计算出项目含有的每种基本构造单元的数量。简单来说，就是以基本构造单元为单位，计算项目的工程量。目前，工程量计算规则包括如下两大类。

(1) 各类工程定额规定的计算规则；

(2) 各专业工程计量规范附录中规定的计算规则。

2. 工程计价

工程计价包括工程单价的确定和工程总价的计算。

1）工程单价

工程单价是指完成单位工程基本构造单元，所需要的基本费用。工程单价包括工料单价和综合单价两种。

(1) 工料单价

工料单价包括人工、材料、机械台班费用，也称直接工程费单价，是完成基本构造单元所需要的各种人工消耗量、各种材料消耗量、各类机械台班消耗量与其相应单价的乘积。其计算公式为：

$$工料单价 = \Sigma（人/材/机消耗量 \times 人/材/机单价） \quad (6-25)$$

(2) 综合单价

综合单价包括人工费、材料费、机械台班费、企业管理费、利润和风险因素。综合单价根据国家、地区、行业定额或企业定额消耗量和相应生产要素的市场价格来确定。

2）工程总价

工程总价是指经过规定的程序或办法逐级汇总形成的相应工程造价。

根据采用单价的不同，总价的计算程序有所不同。

(1) 采用工料单价时，在工料单价确定后，乘以相应定额项目工程量并汇总，得出相应工程直接工程费，再按照相应的取费程序计算其他各项费用，汇总后形成相应工程造价。

(2) 采用综合单价时，在综合单价确定后，乘以相应项目工程量，经汇总即可得出分部分项工程费，再按相应的办法计取措施项目、其他项目、规费项目、税金项目费，各项目费汇总后得出相应工程造价。

四、工程计价标准和依据

工程计价标准和依据主要包括计价活动的相关规章规程、工程量清单计价和计量规范、工程定额和相关造价信息。

从目前我国现状来看，工程定额主要用于在项目建设前期各阶段对于建设投资的预测和估计，在工程建设交易和实施阶段，工程定额通常只能作为建设产品价格形成的辅助依据。工程量清单计价依据主要适用于合同价格形成以及后续的合同价格管理阶段。计价活动的相关规章规程则根据其具体内容可能适用于不同阶段的计价活动。造价信息是计价活动所必需的依据。

1. 计价活动的相关规章规程

计价活动的相关规章规程主要包括建筑工程发包与承包计价管理办法、建设项目投资估算编审规程、建设项目设计概算编审规程、建设项目施工图预算编审规程、建设工程招标控制价编审规程、建设项目工程结算编审规程、建设项目全过程造价咨询规程、建设工程造价咨询成果文件质量标准、建设工程造价鉴定规程等。

2. 工程量清单计价和计量规范

工程量清单计价和计量规范由《建设工程工程量清单计价规范》(GB 50500—2013)、《房屋建筑与装饰工程量计算规范》(GB 50854—2013)、《仿古建筑工程量计算规范》(GB 50855—2013)、《通用安装工程量计算规范》(GB 50856—2013)、《市政工程量计算规范》(GB 50857—2013)、《园林绿化工程量计算规》(GB 50858—2013)、《矿山工程量计算规范》(GB 50859—2013)、《构筑物工程量计算规范》(GB 50860—2013)、《城市轨道交通工程量计算规范》(GB 50861—2013),以及《爆破工程量计算规范》(GB 50862—2013)等组成。

3. 工程定额

工程定额包括国家、省、有关专业部门制定的各种工程消耗量定额和工程计价定额,以及施工企业编制的企业定额等。

4. 工程造价信息

工程造价信息主要包括价格信息、工程造价指数和已完工程信息等。

五、工程计价基本程序

1. 工程概预算编制的基本程序

工程概预算的编制是国家通过颁布统一的计价定额或指标,对建筑产品价格进行计价的活动,因此又称为定额计价法。国家以假定的建筑安装产品为对象,制定统一的预算和概算定额。然后按概预算定额规定的分部分项子目,逐项计算工程量,套用概预算定额单价(或单位估价表)确定直接工程费,然后按规定的取费标准确定措施费、间接费、利润和税金,经汇总后即为单位工程概、预算价值,再经过不同层次的汇总形成相应的单项或建设项目的概预算造价。工程概预算编制的基本程序如图6-4所示。

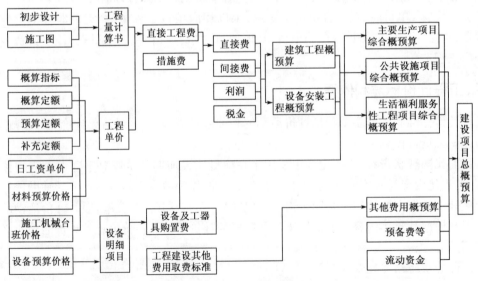

图6-4 工程概预算编制的基本程序

所谓概预算定额单价(或单位估价表),就是依据概预算定额所确定的消耗量乘以编制定额时的人材机定额单价或市场信息价,得到的一定计量单位的分部分项工程(假定建筑产品)的单价,由于该单价仅包括人工费、材料费和施工机械费,所以定额计价法又称工料单价法。可以用公式进一步明确工程概预算编制的基本方法和程序。

每一计量单位建筑产品的基本构造要素(假定建筑产品)的直接工程费单价 =

$$人工费 + 材料费 + 施工机械使用费 \qquad (6-26)$$

式中:

$$人工费 = \sum(人工工日数量 \times 人工单价) \qquad (6-27)$$

$$材料费 = \sum(材料用量 \times 材料单价) + 检验试验费 \qquad (6-28)$$

$$机械使用费 = \sum(机械台班用量 \times 机械台班单价) \qquad (6-29)$$

$$单位工程直接费 = \sum(假定建筑产品工程量 \times 直接工程费单价) + 措施费 \qquad (6-30)$$

$$单位工程概预算造价 = 单位工程直接费 + 间接费 + 利润 + 税金 \qquad (6-31)$$

$$单项工程概预算造价 = \sum 单位工程概预算造价 + 设备、工器具购置费 \qquad (6-32)$$

建设项目全部工程概预算造价 = $\sum$ 单项工程的概预算造价 + 预备费 + 有关的其他费

$$(6-33)$$

2. 工程量清单计价的基本程序

工程量清单计价方法亦称综合单价法。工程量清单计价的过程可以分为两个阶段,即工程量清单的编制和工程量清单应用。工程量清单的编制程序如图 6-5 所示,工程量清单应用过程如图 6-6 所示。

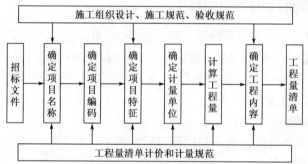

图 6-5 工程量清单的编制程序

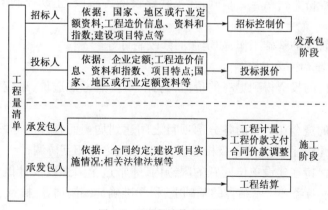

图 6-6 工程量清单应用过程

所谓综合单价是指完成一个规定清单项目所需的人工费、材料和工程设备费、施工机具使用费和企业管理费、利润,以及一定范围内的风险费用。风险费用是隐含于已标价工程量清单综合单价中,用于化解发承包双方在工程合同中约定内容和范围内的市场价格波动风险的费用。

工程量清单计价的基本方法和程序是:按照工程量清单计价规范规定,在各相应专业工程计量规范规定的工程量清单项目设置和工程量计算规则基础上,针对具体工程的施工图纸和施工组织设计计算出各个清单项目的工程量,根据规定的方法计算出综合单价,并汇总各清单合价得出工程总价。

$$分部分项工程费 = \sum(分部分项工程量 \times 相应分部分项综合单价) \quad (6-34)$$

$$措施项目费 = \sum 各措施项目费 \quad (6-35)$$

$$其他项目费 = 暂列金额 + 暂估价 + 计日工 + 总承包服务费 \quad (6-36)$$

$$单位工程报价 = 分部分项工程费 + 措施项目费 + 其他项目费 + 规费 + 税金 \quad (6-37)$$

$$单项工程报价 = \sum 单位工程报价 \quad (6-38)$$

$$建设项目总报价 = \sum 单项工程报价 \quad (6-39)$$

工程量清单计价活动涵盖施工招标、合同管理,以及竣工交付全过程,主要包括:编制招标工程量清单、招标控制价、投标报价,确定合同价,进行工程计量与价款支付、合同价款的调整、工程结算和工程计价纠纷处理等活动。

六、工程造价管理的内容和目标

工程造价管理是工程建设管理的重要组成部分,它贯穿于项目决策到设计、施工、竣工验收的全过程,涉及投资主管部门、建设、设计、施工单位以及银行、审计等有关部门。简单而言,工程造价管理就是合理确定和有效控制造价,保证资源得到最充分的利用。

1. 工程造价管理的主要内容

(1)科学地确定工程造价的构成;

(2)在工程建设的各阶段正确编制估算、概算、预算、合同价、结算价及竣工决算,并使前者控制后者、后者补充前者;

(3)以技术与经济紧密结合为基础,在工程建设的各阶段,主动控制工程造价,以保证资源的合理利用;

(4)做好造价管理的基础工作,如定额的修改制订等。

2. 工程造价管理的主要目标

(1)使建设单位的投资得到更高的价值,为此,不仅需考虑造价,还应考虑功能要求及经济的结构与布局;

(2)使可动用的资金在工程的各分部项目之间达到均衡而合理的分配,即各个分部项目的资金数额应与工程项目的类型等级相适应,而且彼此之间相互协调;

(3)把总支出保持在建设单位同意的限额内,通常这个限额以设计概算或投资估算为根据,因此必须在技术与经济紧密结合的基础上,科学准确地编制估算、概算、预算,确定合同价、结算价及竣工决算,并使前者控制后者、后者补充前者。

第三节 建设工程造价的预测

工程造价预测是建设项目投资估算、设计概算和施工图预算的统称,它是一个逐步深化、逐步细化的控制过程。在项目决策和设计阶段,依据不同的方法,即可对工程造价做出在可接受的准确性范围内的预测,从而在一个可接受的准确性范围内,把工程造价预测值当作工程造价管理的目标,作为在发承包阶段和建设实施阶段对工程造价进行控制的尺度。因此,只有科学准确地进行工程造价预测,才能对工程造价进行有效的控制和管理。

一、建设项目投资估算的编制

1. 投资估算的作用和内容

投资估算是指在整个投资决策过程中,依据现有的资料和一定的方法,对建设项目的投资数额进行的估计。整个建设项目的投资估算总额,是指从筹建、施工直至建成投产的全部建设费用。

投资决策过程可进一步划分为规划阶段、项目建议书阶段、初步可行性研究阶段、可行性研究阶段,相应地投资估算工作也划分为4个阶段。不同阶段所具备的条件和掌握的资料不同,所以投资估算的准确程度和所起的作用不同,具体见表6-1。

投资估算的作用　　　　表6-1

不同阶段的投资估算	投资估算误差率(%)	投资估算的主要作用
1. 规划阶段	±30 内	1. 说明有关各项目之间的相互关系; 2. 作为否定一个项目或决定是否继续进行研究的依据之一
2. 项目建议书阶段	±30 内	1. 审批项目建议书的依据; 2. 可否定一个项目,或判断项目是否需要进行下阶段的工作
3. 初步可行性研究阶段	±20 内	1. 为项目技术经济论证提供依据; 2. 判断是否进行详细可行性研究的依据
4. 可行性研究阶段	±10 内	1. 比选最佳投资方案的依据; 2. 决定项目是否可行

2. 投资估算的主要预测方法

投资估算的编制方法很多,各有其适用的条件和范围,而且误差程度也不相同。为提高投资估算的科学性和精确性,应按项目的性质、拥有的技术资料和数据的具体情况,有针对性地选用适宜的方法。

1) 项目规划和建议书阶段投资估算方法

项目规划和建议书阶段估算方法精度较低,可采取简单的匡算法,常用的有生产能力指数法、单位生产能力法、朗格系数法、设备系数法、主要车间系数法、比例估算法、资金周转率法、按设备费用百分比估算法等。

生产能力指数法又称指数估算法,这种方法是根据已建成的、性质类似的建设项目或生产装置的投资额和生产能力以及拟建工程或生产装置的生产能力估算其静态投资额的方法,是对单位生产能力法改进。其计算公式为：

$$C_2 = C_1 \left(\frac{A_1}{A_2}\right)^n f \tag{6-40}$$

式中：C_1、C_2——已建或拟建项目的静态投资额；

A_1、A_2——分别为已建或拟建项目的生产能力；

f——不同时期、不同地点的定额、单价、费用变更等的综合调整系数；

n——生产能力指数，$0 \leqslant n \leqslant 1$。

生产能力指数法的关键是确定生产能力指数，一般要结合行业的特点确定，并应有可靠的例证。通常情况下，$0 \leqslant n \leqslant 1$。若已建项目和拟建项目规模相差不大（生产规模比值在 0.5~2），n 取近似值为 1；若规模相差不大于 50 倍（一般在 10 倍内较宜），且扩大规模靠增加设备数量或增大设备规格，前者取 0.6~0.7，后者取 0.8~0.9。

2) 可行性研究阶段投资估算方法

在可行性研究阶段，投资估算的精度要求高，需要采用相对详细的投资估算方法。指标估算法是此阶段投资估算的主要方法，该方法根据各种具体的造价指标，对单位工程的建筑工程费、安装工程费进行估算，然后根据项目主要设备表和价格资料等编制设备及工器具购置费估算，汇总形成单项工程费用，再按相关规定估算工程建设其他费和基本预备费等，形成拟建项目的静态投资。

(1) 单位建筑工程投资估算法

建筑工程费 = 单位长度(面积/容积)建筑工程费指标×建筑工程长度(面积/容积)

(6-41)

建筑工程费 = 单位功能建筑工程费指标×建筑工程功能总量 (6-42)

套用指标时应选取规模相当、结构形式和建筑标准相适宜的投资估算指标。从公式可以看出造价指标的形式很多，例如，单位长度造价指标(元/km)、单位面积造价指标(元/m²)、单位体积造价(元/m³)、单位功能投资指标(元/床位)等。根据这些造价指标，乘以所需的长度、面积、容积、生产规模等，就可以求出相应的建筑工程费。

(2) 单位实物工程量估算法

建筑工程费 = 单位长度(面积/容积)建筑工程费指标×建筑工程实物量 (6-43)

该方法和单位建筑工程投资估算法基本相似，主要区别是以实物工程量为对象进行估算，主要用于大型土方、混凝土坝体、道路、场地铺砌、机场跑道、排水管线、桥梁、隧道、涵洞等。例如，《军用机场场道工程投资估算指标》(GJB 831A—2004)中关于 40cm 厚机场水泥混凝土跑道每平方米的造价指标见表 6-2，套用指标时应选注意取技术标准、结构形式和施工方法相适宜的投资估算指标，并根据地区及使用时间进行调整。

(3) 概算指标法

在条件具备时，对投资有重大影响的主体工程的投资费用，应估算出分部分项工程量套用估算指标进行计算。

建筑工程费 = ∑分部分项工程量×概算指标 (6-44)

采用这种方法时，需要较为详细的工程资料、建筑材料价格和工程费用指标信息。若套用的指标与具体工程之间的标准或条件有差异,应加以必要的局部换算或调整,另外使用的指标应密切结合每个单位工程的特点,能正确反映其设计参数,切勿盲目单纯地套用一种单位指标。完成估算的工作量大。

40cm 厚机场水泥混凝土跑道每平方米的造价指标 表 6-2

基价编号		3	基价单位	m²	基价(元)	274.67
基价名称		道面面层 40cm			直接费	219.73
基本特征		水泥混凝土	混凝土单方造价(元/m³)	686.66	综合取费费率	25%
					综合取费	54.93
基数直接费		元/m²	219.73	面层:放样,先筑板侧面刷沥青,混凝土摊铺振捣,抹平; 附属:混凝土运输、道面养生、人工拉毛(槽)、机械刻槽、模板安拆、人工清扫、钢筋及铁件制作、安装、场内运输; 切缝:划线定位、切假缝、扩缝、转移机械			
其中	1	道面面层工程	173.47			
	2	道面附属工程	42.47			
	3	道面切缝工程	3.79			

安装工程费的确定和建筑工程类似。常用方法有:以设备费为基数乘以相应的设备安装费率确定投资估算;或套用技术标准、材质和规格、施工方法相适应的投资估算指标,用单位(质量、体积、面积)安装费指标乘以设备总量(质量、体积、面积)确定安装工程投资。

3. 投资估算的文件的编制

投资估算文件应包括封面、签署页、目录、编制说明、有关附表等。表格主要包括:建设投资估算表、建设期利息估算表、流动资金估算表、单项工程投资估算汇总表、总投资估算汇总表、重要的分部分项工程估算表、分年度总投资估算表。机场工程常见的总投资估算表形式如表 6-3 所示。

工程主要项目规模及投资估算表 表 6-3

序 号	工程项目及费用名称	工程量		匡算值		备 注
		单位	数量	单价(元)	总值(万元)	
甲	静态部分					一+二+三
一	工程费(一)+(二)					
(一)	生产主体工程					
1	飞行区工程					
1)	土方工程					
⋮	⋮					
2	航站区工程					
⋮	⋮					
17	总图工程					
(二)	特种车辆、专用设备					
二	工程建设其他费					
1	征地费					
2	建设管理费					(一)×1.8%
⋮	⋮					

续上表

序　号	工程项目及费用名称	工程量		匡算值		备　注
		单位	数量	单价(元)	总值(万元)	
三	基本建设预备费					(一+二)×5%
乙	动态部分					
丙	铺底流动资金					
	总投资					甲+乙+丙

二、建设项目概算的编制

1. 设计概算的概念

设计概算是指在初步设计或扩大初步设计阶段,根据设计要求采用概算定额或概算指标及有关费用定额等对工程造价进行的概略计算。它是初步设计文件的重要组成部分。设计概算分为三级概算,即单位工程概算、单项工程综合概算和建设项目总概算。设计概算的编制是从单位工程概算这一级开始,经逐步汇总而成。三者的关系如图6-7所示。

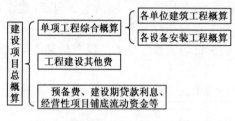

图6-7　设计概算的编制内容及相互关系

概(预)算文件由封面、目录、编制说明和有关的概(预)算表格构成。这些表格一般应包括：建设项目总概(预)算表、单项工程综合概(预)表、单位工程概(预)算表、其他工程和费用概(预)算表、材料预算价格计算表、机械台班单价计算表、工料分析表、工程量计算表、补充单位估价表等。

设计概算是确定建设项目投资、编制投资计划、进行拨款和贷款、实行投资包干、签订承包合同的依据,也是考核设计经济合理性和控制施工图预算的依据。

2. 单位工程概算的编制

单位工程概算是确定某一单项工程内的某个单位工程建设费用的文件。它是单项工程综合概算文件的组成部分。

单位工程概算分为建筑工程概算和设备及安装工程概算两大类("建筑工程概算表"和"设备及安装工程概算表"),详见表6-4和表6-5。建筑工程概算分为一般土建工程概算,卫生工程(给排水工程、采暖通风工程)概算,工业管道工程概算,特殊构筑物工程概算及电器照明工程概算,设备及安装工程概算分为机械设备及安装工程概算,电器设备及安装工程概算。

1) 建筑工程概算编制的方法

(1) 概算定额法

概算定额法又称扩大单价法。当初步设计达到一定深度、建筑结构物比较明确时,可采用这种方法编制建筑工程概算。其具体步骤如下：

①列项

收集基础资料,熟悉设计图纸,了解施工条件和施工方法。根据初步设计图纸和说明书,按概算定额分部分项顺序,列出单位工程中分项工程或扩大分项工程项目名称,并按概算定额编号顺序填入工程概算表(表6-4)。

建筑工程概算表　　　　　　　　　　　　　表6-4

建设项目:_____　　概算价值_____元共____页第____页
单位工程名称:_____　　技术经济指标_____

序号	定额编号	工程或费用名称	单位	数量	单价(元)				合价(元)			
					定额基价	人工费	材料费	机械费	合计	人工费	材料费	机械费
1	×-××	一、土石方工程 ×××× ×××× …… 二、道面工程 ××× ……										
2	×-××	小计										
		其中:人工费合计	元									
		价差	元									
17	×-××	直接费合计	元									
		企业管理费×%	元									
		利润×%	元									
		规费	元									
		税金×%	元									
		概算总计	元									

审核_____　　编制_____　　____年____月____日

②算量

工程量计算应按照概算定额规定的计算规则进行,计算时采用的原始数据必须以初步设计图纸所标识的尺寸或初步设计图纸能读出的尺寸为准,并将计算得到的各分项工程量填入工程概算表。通常还附有工程量计算表,该表无统一格式,一般应包括工程内容、定额项目、计算公式及所属设计图纸的图号等。

③套价、计算

工程量计算完毕后,逐项套用相应扩大分项工程概算定额单价(扩大单位估价),也即将定额基价、定额人工费、材料费、机械费单价填入表中,并分别乘以相应的分项工程量,就可得出各个分项工程的人、材、机费。工程概算定额基价是扩大单位估价表和概算定额的主要构成部分,它是确定概算定额规定计量单位的各扩大分项工程(或完整的结构件等)所需全部材料费、人工费、施工机械使用费之和的文件。也就是说,它是概算定额在各地区以价格表现的具体形式。一般它由各地区主管部门统一编制。

在套用扩大单位估价时,如果所在地区的工资标准、材料预算价格、机械台班费用单价与概算定额不一致,若允许,可按规定重新编制扩大单位估价表,确定定额基价,也就是用该扩大分项工程的定额人工、材料、机械消耗量分别乘以相应的人工、材料、机械台班单价并求和。若规定了人工、材料价差调整系数则应编制工料分析表,求出工料消耗总量,并按规定方法计算价差。

④计费

根据有关取费标准和方法,计算企业管理费、利润、规费和税金。

⑤计算概算造价和指标

将上述各项费用加在一起,其和为建筑工程概算造价。概算造价除以建筑面积、体积等可求出有关技术经济指标。

⑥编制概算说明书

概算说明通常包括工程概况、编制依据、编制方法、主要设备材料数量、主要技术经济指标等。

单位建筑工程概算可按照表6-4形式进行编制。

(2) 概算指标法

当初步设计深度不够,不能准确地计算工程量时,可采用这种方法编制概算。概算指标是按一定计量单位规定的、比概算定额更综合扩大的分部或单位工程等的劳动、材料和机械台班消耗量标准和造价指标。它常以元/座、元/m^2或元/m^3为计量单位。其计算方法和步骤同上。

(3) 类似工程概算法

当设计对象与已建或在建工程相类似,结构特征基本相同,并且概算定额和概算指标不全,则可采用此方法编制概算。一般它仅用于较小规模建筑工程的概算。

类似工程预算法是以原有相似的工程预算为基础,按编制概算指标的方法,求出单位工程的概算指标,再按概算指标法编制建筑工程概算。在此,需注意地区之间的费用差异及建筑结构之间的差异,并予以调整。

2) 单位设备及安装工程概算的编制方法

(1) 设备及工器具购置费编制

按设备明细表逐项计算,其计算公式为:

$$设备购置费 = 设备原价 + 设备运杂费$$

国内设备原价一般采用物资部门最新定制的设备出厂价格;进口设备原价通过对外询价、国际市场牌价和比照类似进口设备价格确定。

(2) 安装工程费的编制

凡需安装或组装的设备需要计算安装工程费。当初步设计有详细设备清单时,可直接按预算单价编制;当初步设计的设备清单不完备时,可采用主体设备、成套设备扩大单价法。无法采用预算单价法和扩大单价法时,可采用概算指标编制概算。概算指标形式较多,概括起来主要有:按占设备价值的百分比(安装费率)的概算指标计算;按每吨设备安装费的概算指标计算;按座、台、套、组、根或功率等为计量单位的概算指标计算;按设备安装工程每平方米建筑面积的概算指标计算等。

单位设备及安装工程概算可按照表6-5形式进行编制。

设备及安装工程概算表 表6-5

建设项目：＿＿＿＿＿＿＿＿＿＿ 概算价值＿＿＿＿＿＿元共＿＿＿＿页第＿＿＿＿页
工程名称：＿＿＿＿＿＿＿＿＿＿ 技术经济指标＿＿＿＿＿＿＿＿＿＿＿＿＿＿

序号	定额编号	工程项目或费用名称	单位	数量	单价(元)		定额基价	其中：		合价(元)		定额费	其中：	
					设备费	主材费		人工费	机械费	设备费	主材费		人工费	机械费
1	2	3	4	5	6		7	8		9			10	11
一 1 二	×-×× ×-××	设备安装 ×××× 管道安装 ×一×× ⋮ 小计 企业管理费 利润 规费 税金 总计												

审核＿＿＿＿＿＿＿＿ 编制＿＿＿＿＿＿＿＿ ＿＿＿＿年＿＿＿＿月＿＿＿＿日

3. 单项工程综合概算的编制方法

单项工程综合概算是确定单项工程全部费用的文件。它是由单项工程内各个单位工程概算汇总而成，是建设总概算的组成部分。综合概算一般应包括建筑工程费、安装工程费、设备及工器具购置费。当不编总概算，还应包括工程建设其他费、建设期利息、预备费等费用项目。

单项工程综合概算一般包括编制说明和单项工程综合概算表（表6-6）两大部分（含其所附的单位工程概算表和主要材料表）。编制说明一般包括编制依据、编制方法、主要设备和材料的数量及其他有关问题。当只编综合概算不编总概算时，说明应详细；若还要编总概算，编制说明可从简或省略。

单项工程综合概(预)算表 表6-6

建设单位＿＿＿＿＿＿＿＿＿＿＿＿ 共＿＿＿＿页第＿＿＿＿页
单项工程名称＿＿＿＿＿＿＿＿＿＿ 综合概算价值＿＿＿＿＿＿＿＿＿＿元

序号	单位工程或费用名称	概算价值(元)				技术经济指标			占投资总额(%)
		建筑工程	设备	安装工程	合计	单位	数量	单位造价(元)	
1	2	3	4	5	6	7	8	9	10
一	飞行区工程								
1	××××								
2	××××								
一	⋮								
	总计	××××	××	××××	××				100

审核＿＿＿＿＿＿＿＿ 编制＿＿＿＿＿＿＿＿ ＿＿＿＿年＿＿＿＿月＿＿＿＿日

4.总概算的编制方法

总概算是确定整个建设项目从筹建到建成全部建设费用的总文件,它由各个单项工程综合概算及工程建设其他费概算和预备费、建设期利息和经营性项目的铺底流动资金概算等汇总,按照规定的表格编制而成的。总概算一般包括编制说明和总概算表(表6-7)、工程建设其他费用概算表(表6-8)、各单项工程综合概算表、单位工程概算表、主材汇总表、封面等。

建设项目总概(预)算表　　　　　　　　　　表 6-7

建设单位_____　　　　　共____页第____页
工程项目名称_____　　　总概算价值_____元

序号	工程或费用指标	概算价值(元)						技术经济指标			占投资额(%)
		建筑工程费	安装工程费	设备购置费	工器具及生产用具购置费	其他费	合计	单位	数量	指标	
1	2	3	4	5	6	7	8	9	10	11	12
	第一部分　工程费用										
1	×××××××	××									
2	××××××	××									
	⋮										
	小计	××									
	第二部分　其他费用										
14	征用土地费										
	⋮										
	小计										
	第一、二部分费用总计	××									
	第三部分　费用										
	预备费										
	建设期利息										
	铺底流动资金										
	概算价值	××									
	投资比例(%)	××									

编制_____　　　审核_____　　　____年____月____日

工程建设其他费用表　　　　　　　　　　表 6-8

序号	费用项目编号	费用项目名称	费用计算基数	费率	金额	计算公式	备注
1							
2							
		合计					

为便于投资分析,总概算表中的项目,按工程性质分成三大部分:第一部分为工程费;第二部分为工程建设其他费;第三部分为预备费、投资方向调节税、建设期贷款利息等。总概算表的内容按费用构成划分为建筑工程费、安装工程费、设备购置费、工器具及生产用具购置费和其他费。编制说明包括以下内容。

(1)工程概况说明建设项目的规模、范围、建设地点、条件、期限等。

(2)编制依据说明设计文件依据、定额依据、价格依据及费用指标依据等。

(3)编制方法说明编制概算是采用概算定额,还是采用概算指标等。

(4)投资分析主要分析各项投资的比例,以及同类似工程比较,分析投资高低的原因,说明该项设计是否经济合理。

(5)主要设备和材料数量说明主要机械、电气设备及建筑安装主要材料(钢材、水泥、木材等)的数量。

(6)其他有关问题。

三、施工图预算的编制

1. 施工图预算的内容和作用

施工图预算是以施工图设计文件为依据,按照规定的程序和方法,依据现行预算定额、费用标准、地区工资标准、材料和设备的预算价格、机械台班的单价以及工程量计算规则等资料,在工程施工前对工程费用进行的预测与计算。施工图预算的成果文件称作施工图预算书,简称施工图预算,也称设计预算。

编制施工图预算时,首先编制单位工程施工图预算,然后汇总成单项工程施工图预算,再汇总便是一个建设项目建筑安装工程的预算造价。

施工图预算文件的组成同设计概算基本一致,它是设计概算的进一步具体化和精确化。

施工图预算是落实或调整年度基本建设计划、签订工程承包合同、办理财务拨款、工程贷款和工程结算的依据,是编制工程招标控制价的重要依据,也是施工企业编制施工进度计划、投标报价、实行经济核算的主要依据。

2. 施工图预算的编制依据

施工图预算的编制以下列资料为依据:

(1)施工图纸和施工方案

施工图纸(包括标准图和说明书)是编制预算的主要依据。同时施工组织设计或施工方案也是不可缺少的资料。

(2)建筑安装工程预算定额

国家颁发的统一的建筑安装工程预算定额或地方政府颁发的现行建筑安装工程定额以及专业部颁发的现行专业定额,这是单位估价表的基础资料,有的地区单位估价表内的说明没有定额里的说明详细。因此,使用地区单位估价表,还必须要有预算定额以便对照。

另外,编制施工图预算,无论是划分工程项目还是计算工程量,都必须以定额作为标准和依据。

(3)材料预算价格

材料预算价格一般由当地主管部门编制。若无现成的材料预算价格,则应由建设单位、建设银行、设计单位和施工单位在当地的建委领导下，根据国家规定的编制原则和方法共同进行编制。

（4）单位估价表和补充单位估价表

所在地区如有主管部门颁发的单位估价表，应当遵照执行。如无现成的单位估价表或缺项则应由建设单位、建设银行、设计单位和施工单位在当地的建委领导下，根据国家规定的编制原则和方法共同进行编制。

（5）各项取费定额

编制施工图预算应计取的企业管理费、措施费、规费、利润和税金等各项费用取费定额，由各省各地区主管部门根据工程类型、承包方式，以及施工企业的所有制性质和企业等级等不同情况分别制定，且各地区的取费标准不同。

（6）国家或地区颁发的有关文件

国家或主管部门制订颁发的有关编制工程预算的各种文件和规定，如新增或取消某种取费项目的文件、建筑材料统一调价的文件等都是编制施工图预算必须遵照的依据。

3. 单位工程施工图预算的编制方法和步骤

单位工程预算是确定某一单项工程内的某个单位工程建设费用的文件。它是单项工程综合概算文件的组成部分。单位工程预算分为建筑工程预算和设备及安装工程预算两大类，包括建筑安装工程费和设备工器具购置费。这里重点介绍建筑工程施工图预算编制方法。设备及安装工程预算编制内容和表格形式参见单位设备安装工程设计概算编制的相关内容。

建筑安装工程包括的专业类别很多，工程内容和施工方法各不相同，但单位施工图预算的编制方法，归纳起来就是单价法和实物法两种。

1）单价法

单价法是目前编制施工图预算最常用的方法。它是根据地区统一单位估价表中各分项工程（或构件）的综合单价，乘以相应的各分项工程（或构件）的工程量，并将单位工程内所有分项工程（或构件）费用相加，得到单位工程定额直接费（即人工费、材料费、机械使用费三者之和），再根据规定计算企业管理费、规费、利润和税金等，以上费用求和，即可得到单位工程的施工图预算。

用单价法编制施工图预算的步骤如图6-8所示。

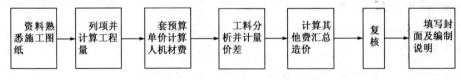

图6-8 单价法编制施工图预算步骤

（1）准备资料、熟悉施工图纸

编制施工图预算首先应广泛搜集、准备各种资料，包括施工图纸、施工组织设计、施工方案、现行的预算定额、取费标准、统一的工程量计算规则、地区统一的单位估价表和材料预算价格等。

在准备资料的基础上，应对施工图纸及有关说明进行详细的阅读和审查，以便了解设计意图和工程全貌，从而准确地计算工程量。审查图纸的重点是：图纸是否齐全；图纸与说明是否矛盾；各种尺寸是否标注清楚；建筑与结构尺寸是否冲突等。如发现问题应做好记录，提交设计人员解决。

另外，还应充分了解施工组织设计（或方案），并进行深入的现场实地考察，以便编制施工预算时注意其对工程费用的影响。调查的重点是：①工程地点的自然地质条件及运输条件；②材料和预制构件的供应条件；③现有的施工机械设备条件；④施工方法等。

只有对施工图纸、施工方案、现场条件有全面的了解，才能结合预算划分项目，正确而全面地分析该工程中各分部分项工程，才能有步骤地计算其工程量。

(2) 列项并计算工程量

首先按照预算定额的项目，将单位工程划分为若干个分部分项工程，划分完毕应仔细审查有无漏项，填入预算表（表6-15）中，然后计算各分项工程的工程量。

计算工程量是一项繁重而细致的工作，它直接影响预算的及时性和准确性。因此，工程量计算必须按照一定的规定和步骤，准确及时地进行计算，以保证预算的质量，并便于复核。

计算工程量的步骤如下：

①根据工程内容和定额项目，划分并列出分部分项工程，并应注明所属施工图的图号；

②根据一定的计算顺序和计算规则，列出计算公式；

③根据施工图纸上的设计尺寸及有关数据，代入计算公式进行数值计算；

④对计算结果的计量单位进行调整，使之与定额中相应的分部分项工程的计量单位保持一致，计算结果一般保留小数点以后两位。

为防止重复和漏算，在计算工程量时应依照施工程序，由下而上、由内而外、由左而右依次进行计算。在每分部末尾须留有空格，如发现新项目或遗漏项目，随时补充。

(3) 套用预算定额基价，计算人、材、机费

建筑安装工程预算定额基价也称单位估价，它是根据预算定额所规定的一定计量单位的分项工程或结构件所消耗的人工、材料、施工机械台班的数量，分别乘以工程所在地的人工工资单价、材料预算价格和机械台班费用单价，并求和而计算出的一定计量单位的分项工程或结构件的单位价格。简而言之，它是假定单位的分项工程或结构件的工料机单价。一般可以从单位估价表或预算定额手册中直接查出。

核对工程量计算结果后，将查到的定额子项基价（或单位估价）填入预算表单价栏中，并将单价乘以相应的分部分项工程量得出合价，将结果填入合价栏，汇总求出单位工程的人工费、机械使用费、材料费之和。

在套用预算单价的同时，应注意分项工程内容与单位估价表内容的一致性，并且必须维护单价和定额的严肃性，除定额说明允许换算调整者外，一般只能遵照执行。

另外，在套用预算单价时，当设计的分项工程在定额上既不能换算，又不能套用时，就必须编制补充单位估价表。若预算定额没给单价，而现成的单位估价表也没有时，则应编制单位估价表（表6-14）。这些资料应与预算一起送审。

(4) 编制工料分析表

所谓工料分析是指编制工程预算时，根据预算定额详细算出单位工程所需的各种用工工日数、各种主要材料数量和各种主要机械台班量的过程。它的主要作用为：

①根据所得的人工及各种材料数量可作为备料和领发料的计划依据，可以方便地求得需

调整的人工和材料的价差。

②由分析所得各工种的人工数量,可以用来调配劳力和核算工资的依据。

③汇总所得的各种机械台班数,可以作为调配机械以利发挥机械利用率和核算机械费成本的依据。

工料分析是在"工料分析表"(表6-9)上进行的。其具体步骤为:首先把施工图预算中的分项工程,逐项从预算定额中查出各种材料、机械和各工种的定额消耗数量,并分别乘以该分项工程的工程量,就可以得出该分项工程各种材料、机械和各工种的数量;然后按分部分项的顺序将各分项工程所需的材料、机械和工种分别进行汇总,就得出该分部工程各种材料、机械和工种数量;最后将各分部工程汇总,就可以得出该单位工程各种材料、机械和人工的总数量(表6-10)。

工 料 分 析 表   表6-9

工程名称_____   共____页第____页

定额编号	工程名称	单位	数量	普通工 ××级 工日		其他工 ××级 工日		水泥 42.5R t		砂 m³		钢筋 φ10 上 t		…… …… ……	
				定额	合计	定额	合计	定额	合计	定额	合计	定额	合计	定额	合计
	一、××				××		××		××		××		××		……
×	××××	×	×	×	××	×	××								
×	××××	×	×	×	××	×	××	×	××	×	××	×	××		……
	二、××				××		××		××		××		××		……
×	××××	×	×	×	××	×	××	×	××	×	××	×	××		……
	⋮														
	合计				××		××		××		××		××		……

编制_____   审核_____   ____年____月____日

工料分析汇总表   表6-10

工程名称_____   共____页第____页

序号	工料名称	规格	单位	数量		
1	人工	普工	工日			
2	水泥	42.5	t			
	⋮					

(5)按计价程序计取其他费,汇总造价

根据工程量套单价计算的仅为工程的定额直接费,还要本工程的当时当地价格调整计算价差,然后还需按规定的费率和相应的计费基础计算措施费、企业管理费、利润、规费和税金等,最后汇总得出该单位工程的预算造价。

(6)复核

当单位工程预算编制完后,由有关人员对编制的主要内容及计算情况进行核对检查,以便及时发现差错,及时修改,从而提高预算的准确性。在复核时,应对项目填列、工程量计算公式、计算结果、套用的单价、采用的各项取费费率、数字计算和数据精度等进行全面复核。

(7)编制说明、填写封面

编制说明主要是编制方向审核方交待编制的依据和编制中对某些问题的处理情况,书写方式没有统一的格式,可以逐条分述,也可以采用表格方式填写。主要内容见前述。

施工图预算书的封面没有统一格式,封面填写应包括工程编号和工程名称、建设单位和工程量(建筑面积)、工程造价和单方造价、编制者和审核者以及编制时间等。

2)实物法编制施工图预算

用实物法编制施工图预算,就是根据预算定额中各分项工程所需的各种人工、材料、施工机械台班的消耗量,乘以相应各分项工程的工程量,并按类相加,得到单位工程所需的各种人工、材料、施工机械台班消耗量,然后分别乘以当时当地各种人工、材料、施工机械台班的实际单价并求和,则得到人工费、材料费、施工机械使用费之和。措施费、企业管理费、规费、利润和税金等费用的计算方法与单价法相同。其具体步骤如图6-9所示。

图6-9 实物法编制施工图预算步骤

实物法编制施工图预算的步骤与单价法基本相似,其最大的区别在于单价法直接套用预算定额的基价(或单位估价表),而实物法只套取预算定额的人、材、机消耗量,最后乘以当时当地的人、材、机市场单价,相当于套取的是当时当地市场价计算的单位估价,不需要进行调差。

采用实物法编制施工图预算,由于所用的人工、材料和施工机械台班的单价都是当时当地的实际价格,编制出的预算能比较准确地反映实际水平,误差比较小。这种方法适用于市场经济条件下,价格波动较大的情况。单价法编制施工图预算,主要是采用了各地区、各部门统一编制的综合单价,因此,便于造价管理部门进行统一管理。这种方法适应集中的计划经济体制,并且计算简便,工作量小,但是,在市场价格波动较大的情况下,采用单价法计算的结果会偏离实际水平,造成误差,通常采用一些系数或价差弥补。

3)单位工程施工图预算编制举例

以某机场排水工程中的钢筋混凝土盖板明沟部分为例。盖板沟长2500m,断面形式和尺寸如图6-10所示。土质为砂质黏土,垫层为碎石,混凝土强度为C20,水泥强度等级为32.5级。施工方法为:盖板沟侧墙及底面现浇、盖板预制,并均采用机械拌和、机械振捣;沟槽采用人工开挖、人工回填土(要求密实度0.90);碎石垫层采用蛙式夯击实。有关机械的使用单价见表6-11,材料预算单价见表6-12,人工费为10元/工日,有关的取费标准为:工程综合费率30%,利润取7%,综合税率为3.41%。

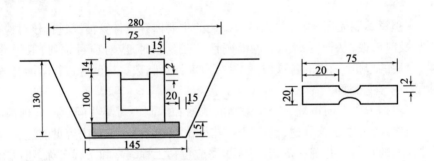

图 6-10 盖板沟断面尺寸(尺寸单位:mm)

施工机械台班单价计算表 表 6-11

工程名称:排水工程　　　　　　　单位:元/台班　　　　　　　第____页共____页

序号	定额编号	施工机械名称	规格	台班单价	不变费用	可变费用									备注
						人工		柴油		汽油		电力		小计	
						定额	费用	定额	费用	定额	费用	定额	费用		
1		搅拌机	1 000L	800.0											
2		蛙式夯		65.0											
3		压刨机		137.8											
4		振动器	类型	41.4											
5		切筋机		21.0											
6		弯筋机		21.0											
7		调直机		21.0											

编制_____　　　　　审核_____　　　　____年____月____日

材料预算单价计算表 表 6-12

工程名称:排水工程　　　　　　　单位:元　　　　　　　第____页共____页

序号	材料名称	规格	产地	单位	材料预算价格										预算单价
					材料原价	供销手续费	包装费	运杂费						采购及保管费	场外运输损耗率	
								运距(km)	运输方式	运价	金额	装卸费	小计			
1	碎石	≤4cm		m³												50.00
2	水泥	32.5级		t												400.00
3	钢筋			t												3 000.0
4	原木			m³												800.00
5	铁丝	20~30号		kg												8.00
6	圆钉			kg												8.00
7	铁件			kg												10.00
8	砂浆			m³												200.00
9	砂	粗、中		m³												60.00

编制_____　　　　　审核_____　　　　____年____月____日

根据空军后勤部《空军机场工程预算定额(试行)》第四章"场道排水工程",将盖板明沟分为沟槽开挖、槽底夯实、碎石垫层、沟墙底木模制作、盖板木模制作、沟墙底钢筋绑扎、盖板钢筋绑扎、沟侧墙和沟底混凝土、盖板预制、盖板安装、回填土11项,工程量计算具体计算见表6-13。

工 程 量 计 算 表

表6-13

单位工程名称:排水工程(钢筋混凝土盖板沟部分)　　　　　　　　第____页共____页

序号	定额编号	分项工程名称	部位图号	计算式	单位	工程量	备注
一		钢筋混凝土盖板明沟	平地区				
1	1-048	沟槽开挖		$(2.80+1.45)\times1.30\times0.5\times2500\div100$	$100m^3$	69.07	
2	1-108	槽底夯实		$1.45\times2500\div10$	$10m^2$	362.5	
3	4-004	碎石垫层		$1.15\times0.20\times2500\div10$	$10m^3$	57.5	
4	4-012	沟墙模板制作修理		$(1.00\times0.15\times2+0.45\times0.15)\times2500$	m^3	919	墙底混凝土量
5	4-016	盖板模板制作修理		$0.18\times0.15\times0.75\times(2500\div0.2)$	m^3	253	盖混凝土量
6	4-022	沟墙底钢筋加工绑扎		919×0.09	t	82.71	墙、底用筋
7	4-023	沟盖板钢筋加工绑扎		253×0.105		26.57	盖板用筋
8	4-030	盖沟墙、底混凝土		919×1.02	m^3	937.38	计损耗2%
9	4-050	盖板预制		253×1.01	m^3	255.5	计损耗1%
10	4-062	盖板安装		253	m^3	253	
11	1-109	回填土		$[(2.80+1.45)\times1.30\times0.5-1.14\times0.75-1.15\times0.2]\times2500$	$10m^3$	419.38	

编制_____　　审核_____　　____年___月___日

根据人工、材料、机械的单价及预算定额,编制分项工程预算表(可在此表中只确定直接费,相当于单位估价表),具体见表6-14。

单位估价表(分项工程预算表)　　　　　　表6-14

分部工程名称:钢筋混凝土盖板沟　　　单位:元　　　　共___页第___页

定额编号				1-048		1-108		4-004		4-031		4-050	
分项工程名称 (定额项目)	名称			沟槽开挖		槽底夯实		碎石垫层		盖沟侧墙及墙底		盖板预制	
	规格												
	计量单位			100m³实体		10m²		10m³实体		m³		m³	
单位价值	合计			346.00		6.30		750.98		740.47		733.82	
	其中	人工费		334.00		6.30		20.75		47.2		42.9	
		材料费		12.00				674.98		612.86		650.31	
		机械费						55.25		44.41		40.61	
序号	名称及规格	单位	单价	定额	合计	定额	合计	定额	合计	定额	合计	定额	合计
一	人工	工日	10.0	33.4	334.0	0.63	6.30	8.3×0.25	20.75	4.72	47.20	4.29	42.9
二	材料												
1	原木	m³	800	0.01	8.00					0.148	118.40	0.16	112.00
2	碎石≤4cm	m³	50.0					13.3	665.0				
3	碎石≤2cm	m³	50.0							0.84	42.00	0.83	41.50
4	砂(中粗)	m³	60.0							0.63	37.80	0.63	37.80
5	水泥32.5级	t	400.0							0.328	131.20	0.328	131.20
6	钢筋	t	3 000							0.09	270.00	0.105	315.00
7	圆钉	kg	8.00							0.55	4.40	0.40	3.20
8	铁件	kg	8.00	0.50	4.0								
9	其他	%						1.5	9.98	1.5	9.06	1.5	9.61
三	机械												
1	蛙夯	台班	65.0					0.85	55.25				
2	振动器	台班	41.4							0.184	7.61	0.092	3.81
3	搅拌机400L	台班	800							0.046	36.80	0.046	36.80

续上表

定额编号			4-022/4-023		4-062		1-109		4-012/4-010	
分项工程名称（定额项目）		名称	钢筋加工绑扎		盖板安装		回填土		模板制作修理	
		规格								
		计量单位	t		m³		10m³实体		1m³混凝土实体	
单位价值	合计		503.25/397.58		29.78		55.00		30.23/4.65	
	其中	人工费	348.00/248.00		17.60		55.00		26.10/4.10	
		材料费	133.20/133.20		12.18					
		机械费	22.05/16.38						4.13/0.55	
序号	名称及规格	单位	单价	定额	合计	定额	合计	定额	合计	定额	合计
一	人工	工日	10.0	34.80/24.80	348.00/248.00	1.76	17.60	5.5	55.00	2.61/0.41	26.10/4.10
二	材料										
1	钢筋	t	3 000.0	0.03/0.03	90.00/90.00						
2	镀锌铁丝20~30号	kg	8.00	5.40/5.40	43.20/43.20						
3	水泥砂浆M2.5	m³	200.00			0.06	12.00				
4	其他	%				1.50	0.18				
三	机械										
1	压刨机	台班	137.8							0.03/0.004	4.13/0.55
2	切筋机	台班	21.0	0.35/0.26	7.35/5.46						
3	弯筋机	台班	21.0	0.35/0.26	7.35/5.46						
4	调直机	台班	21.0	0.35/0.26	7.35/5.46						

编制_____　　审核_____　　____年___月___日

最后编制该排水工程的单位工程预算（钢筋混凝土盖板沟部分），具体见表6-15。

土建工程预算表 表 6-15

单位工程名称：排水工程（钢筋混凝土盖板沟部分）_____ 技术经济指标____

序号	编制依据或定额编号	工程或费用名称	单位	数量	价值（元）		备注
					单价	合价	
一		工程费用					
1	1-048	沟槽开挖	100m³	69.07	346.00	23 898.22	
2	1-108	槽底夯实	10m²	362.5	6.30	2 283.75	
3	4-004	碎石垫层	10m³	57.5	750.98	43 181.35	
6	4-012	沟墙模板制作修理	m³	919	30.23	27 781.37	
	4-016	盖板模板制作修理		253	4.63	1 171.39	
7	4-022	沟墙底钢筋加工绑扎	t	82.71	503.25	41 623.81	
	4-023	沟盖板钢筋加工绑扎		26.57	397.58	10 563.70	
4	4-030	盖沟墙、底混凝	m³	937.38	740.47	694 101.77	
5	4-050	盖板预制	m³	255.53	733.82	187 513.02	
8	4-062	盖板安装	m³	253	29.78	7 534.34	
9	1-109	回填土	10m³	419.38	55.00	23 065.90	
①		小计				1 062 734.72	
②		工程综合费		①×30%		318 820.42	
③		利润		（①+②）×7%		96 708.86	
④		税金		（①+②+③）×3.41%		50 408.80	
		预算造价				1 528 672.80	

编制_____ 审核_____ ____年____月____日

4. 单项工程综合预算与建设项目总预算编制

单项工程综合预算由组成该单项工程的各个单位工程预算汇总而成。建设项目总预算由组成该建设项目的各个单项工程综合预算，以及经计算的工程建设其他费、预备费、建设期利息、铺底流动资金汇总而成。单项工程综合预算和建设项目总预算文件与相应设计概算文件组成基本一致，预算表格形式可参照设计概算相应表格。

第四节 合同价款确定

一、发承包方式与合同价款

工程发包与承包是进行工程交易的一种商业行为，通常简称发承包。发包是指建设单位（发包人）将建设工程任务（勘察、设计、施工等）的全部或一部分通过招标或其他方式，交付给具有从事建设活动的法定从业资格的承包单位（承包人）完成，并按约定支付报酬的行为；承包则是指具有从事建设活动的法定从业资格的承包人，通过投标或其他方式承揽工程任务，并按约定取得报酬的行为。

工程发承包的最核心的问题是合同价款的确定,而合同价款的确定取决于发承包方式。发承包方式有直接发包和招标发包两种,其中招标发包是主要的发承包方式。

对于直接发包的项目,如按初步设计总概算投资包干时,应以经审批的概算投资中与承包内容相应部分的投资(包括相应的不可预见费)为签约合同价;如按施工图预算包干,则应以审查后的施工图总预算为准。

对于招标发包的项目,合同价应以中标时确定的金额为准。在工程项目招投标中,招标人编制招标文件,投标人按招标文件的规定、要求以及自己的实力和市场因素等确定投标报价,经评标被认可的投标价即为中标价,中标价经签订合同确认形成合同价。根据现行规定,使用国有资金投资的建设工程发承包必须采用工程量清单计价。工程量清单计价亦称综合单价法,是指建设工程招标投标中,招标人按照国家统一的《建设工程工程量清单计价规范》(GB 50500—2013)提供工程数量清单,由投标人依据工程量清单计算所需的全部费用,包括分部分项工程费、措施项目费、其他项目费、规费和税金,自主报价,并按照经评审合理低价中标的工程造价计价模式。简而言之,工程量清单计价法是建设工程在招标投标中,招标人(或委托具有相应资质的造价公司)编制反映工程实体消耗和措施消耗的工程量清单,作为招标文件的一部分提供给投标人,由投标人依据工程量清单自主报价的计价方式。

二、工程量清单的编制

1. 工程量清单编制原则和依据

1)编制原则

(1)要满足编制招标控制价、投标报价和工程施工的需要,力求实现合理确定、有效控制工程造价的目的。

(2)要严格执行编制工程量清单的5个统一,即项目编码、项目名称、项目特征、计量单位、工程量计算规则统一。

(3)要保证编制质量,不漏项、不错项、不重项,准确计算工程量。

2)编制依据

(1)《建设工程工程量清单计价规范》(GB 50500—2013)和相关工程的国家计量规范。

(2)国家或省级、行业建设主管部门颁发的计价依据和办法。

(3)建设工程设计文件及相关资料。

(4)与建设工程项目有关的标准、规范、技术资料。

(5)拟定的招标文件。

(6)施工现场情况、地质水文资料、工程特点及常规施工方案。

(7)其他相关资料。

2. 工程量清单的编制内容

工程量清单应以单位(项)工程为单位编制,由分部分项工程项目清单、措施项目清单、其他项目清单、规费和税金项目清单组成。

1)分部分项工程量清单与计价表编制

分部分项工程量清单所反映的是拟建工程分项实体工程项目名称和相应数量的明细清

单。分部分项工程量清单子项设置必须包括项目编码、项目名称、项目特征、计量单位和工程量在内的五项内容。清单表格形式如表 6-16 所示。

分部分项工程(单价措施项目)清单与计价表　　　　　表 6-16

工程名称：　　　　　　　　　　标段　　　　　　　　　　第　页　共　页

序号	项目编码	项目名称	项目特征描述	计量单位	工程量	金额（元）		
						综合单价	合价	其中:暂估价
1	040101001001	挖一般土方	四类土,200m 运距	m³	2 000			
⋮								
		合计						

项目编码采用 12 位阿拉伯数字,分五级设置。一、二、三、四级编码按计量规范附录的规定设置,全国统一,第五级即 10～12 位清单项目编码,应根据拟建工程的工程量清单项目名称设置,不得有重号;项目名称应按各专业工程计量规范附录的项目名称结合拟建工程的实际确定,清单名称应具体化、细化,反映影响造价的主要因素;项目特征是构成分部分项工程项目、措施项目自身价值的本质特征,是确定一个清单项目不可缺少的重要依据,应依据专业工程计量规范附录中规定的项目特征结合技术规范、标准图集、施工图纸,按照工程结构、使用材质、规格或安装位置等予以详细而准确的表述和说明,应注意它和工作内容并不相同;计量单位应采用基本单位,质量为吨(t)或千克(kg)表示,体积为立方米(m^3),面积为平方米(m^2),长度为米(m),自然单位为个、套、块、樘、组、台等,无具体数量的项目为宗、项等,吨保留三位小数、自然单位取整、其余保留两位小数;工程量依照清单计价规范的工程量计算规则计算得到,为完成后的实体工程净量,施工中各种损耗和需要增加的工程量在单价中考虑。

应注意的是当出现计量规范附录中未包括的清单项目时,补充项目的编码 6 位,由计量规范代码与 B 和 3 位数字组成,并应从 001 起顺序编码。补充项目还应完善项目名称、项目特征、计量单位、工程量计算规则和工作内容,报省级或行业工程造价管理机构备案。

2)措施项目清单与计价表编制

措施项目是指为完成工程项目施工,发生于该工程施工准备和施工过程中的技术、生活、安全、环境保护等方面的项目。措施项目清单应根据工程计量规范的规定,并结合拟建工程的实际情况列项,分为单价措施项目和总价措施项目两大类。单价措施项目是指可以精确计算工程量的措施项目,如脚手架工程、模板工程、施工降排水等,其编制方式同分部分项工程量清单,总价措施项目清单如表 6-17 所示。

总价措施项目清单与计价表　　　　　表 6-17

工程名称：　　　　　　　　　　标段　　　　　　　　　　第　页　共　页

序号	项目编码	项目名称	计算基础	费率(%)	金额元	调整费率(%)	调整后金额(元)	备注
1	041109001001	安全文明施工						
2	041109002001	夜间施工增加费						
3								

3)其他项目清单与计价表编制

其他项目费主要包括暂列金额、暂估价、计日工以及总承包服务费,详见表6-18~表6-23。

其他项目清单与计价表汇总 表6-18

工程名称: 标段 第 页 共 页

序号	项目名称	金额(元)	备注
1	暂列金额		明细详见表6-19
2	暂估价		
2.1	材料/工程设备暂估价		明细详见表6-20
2.2	专业工程暂估价		明细详见表6-21
3	计日工		明细详见表6-22
4	总承包服务费		明细详见表6-23
	合计		

暂 列 金 额 明 细 表6-19

工程名称: 标段 第 页 共 页

序号	项目名称	计量单位	计算基础	费率(%)	暂定金额(元)
	政策性调整和材料价格风险	项			
	⋮				
	合计				

材料/工程设备暂估单价 表6-20

工程名称: 标段 第 页 共 页

序号	材料名称	型号规格	单位	单价(元)	备注
	水泥	52.5			用于……
	⋮				

专业工程暂估价 表6-21

工程名称: 标段 第 页 共 页

序号	工 程 名 称	工 程 内 容	金额(元)	备注
	配套改造工程			
	⋮			

计 日 工 表6-22

工程名称: 标段 第 页 共 页

序号	项目名称	单位	暂定数量	综合单价(元)	合价(元)
一	人工				
1					
	人工小计				

续上表

序号	项目名称	单位	暂定数量	综合单价(元)	合价(元)
二	材料				
1					
	材料小计				
三	施工机械				
1					
	施工机械小计				
	总计				

总承包服务费项目　　　　　　　　　　　　　　　　表 6-23

工程名称：　　　　　　　　标段　　　　　　　　第　页　共　页

序号	项目名称	项目价值	服务内容	计费基础	费率(%)	金额(元)
1	发包人材料				1	
2	发包人发包专业工程				1	
3						
	合计					

4) 规费、税金项目清单与计价表编制

规费和税金应按照国家或省级、行业建设主管部门的规定计算，不得作为竞争性费用，详见表 6-24。

规费、税金项目清单与计价表　　　　　　　　　　　　表 6-24

工程名称：　　　　　　　　标段　　　　　　　　第　页　共　页

序号	项目名称	计算基础	费率(%)	金额(元)
1	规费			
1.1	养老保险费	定额人工费		
1.2	医疗保险费			
1.3	失业保险费			
1.4	工伤保险费			
1.5	生育保险费			
1.6	住房公积金			
1.7	危险作业意外伤害保险费			
1.8	工程排污费	当地规定		
2	税金	分部分项工程费 + 措施费 + 其他费 + 安全文明施工费 + 规费 − 规定不计税的工程设备金额		
	合计			

3. 工程量清单编制的难点和应对措施

1)编制难点综述

(1)清单项目的设置

清单项目设置不准确或漏项的存在,会给招标人带来较大的工程风险,在工程实施过程中,承包人可能会据此进行索赔。

(2)项目特征的描述

项目特征的描述不详细、不明确或不清晰,容易给投标人造成理解上的误差,使投标人在投标报价时难以把握并给今后的工程结算、价格调整、合同实施留下发生纠纷的活口。

(3)工程数量的计算

工程量计算错误,会影响投标人的报价分析,同样也会给发包人带来风险,如投标人发现工程量计算错误,可能会采取不平衡报价技巧。

2)应对措施

(1)熟悉相关专业工程量清单项目,掌握相关专业计量规范中的工程量计算规则;

(2)看懂设计图纸,复查工程数量;

(3)加强审核、防止漏算、避免重算、力求准确。

三、招标控制价和投标报价的确定

1. 招标控制价的编制

1)招标控制价的编制依据

(1)工程量清单计价规范。

(2)国家或省级、行业建设主管部门颁发的计价定额和计价办法。

(3)建设工程设计文件及相关资料。

(4)拟定的招标文件及招标工程量清单。

(5)与建设项目相关的标准、规范、技术资料。

(6)施工现场情况、工程特点及常规施工方案。

(7)工程造价管理机构发布的工程造价信息;工程造价信息没有发布的,参照市场价。

(8)其他的相关资料。

2)招标控制价编制方法和内容

招标控制价包括分部分项工程费、措施项目费、其他项目费、规费和税金。招标控制价是招标人根据国家或省级、行业建设主管部门颁发的有关计价依据和办法,以及拟定的招标文件和招标工程量清单,结合工程具体情况编制的招标工程的最高投标限价。国有资金投资的建设工程招标,招标人必须编制招标控制价,超过批准的概算时,应将其报原概算审批部门审核。

(1)招标控制价的计价程序

建设工程的招标控制价反映的是单位工程费用,它由分部分项工程费、措施项目费和其他项目费和规费、税金组成。其计价程序见表6-25。投标报价计价程序与招标控制价计价程序相同,表格栏目中斜线后带括号的内容用于投标报价,其余为通用栏。

建设单位工程招标控制价计价程序(施工企业工程投标报价计价程序)　　表 6-25

工程名称：　　　　　　　　　　　　标段

序号	内　　容	计 算 方 法	金额(元)
1	分部分项工程费	按计价规定计算/(自主报价)	
1.1			
1.2			
1.3			
2	措施项目费	按计价规定计算/(自主报价)	
2.1	其中:安全文明施工费	按规定标准计算	
3	其他项目费		
3.1	其中:暂列金额	按计价规定估算/(按招标文件提供金额计列)	
3.2	其中:专业工程暂估价	按计价规定估算/(按招标文件提供金额计列)	
3.3	其中:计日工	按计价规定估算/(自主报价)	
3.4	其中:总承包服务费	按计价规定估算/(自主报价)	
4	规费	按规定标准计算	
5	税金(扣除不列入计税范围的工程设备金额)	(1+2+3+4)×规定税率	
招标控制价/(投标报价)合计 = 1+2+3+4+5			

(2)综合单价的计算

综合单价是指完成一个清单项目所需的人工费、材料费、机械使用费、管理费、利润以及适当考虑的风险费用。综合单价乘以相应的清单项目工程量后汇总就可得到分部分项工程费和单价措施项目费等,它是工程量清单的核心。综合单价组价按以下步骤进行。

①依据工程量计价规范附录工程量计算规则和施工图纸等计算清单项目工程量;

②选定使用的计价定额,编制招标控制价时应选用地区或行业颁发的计价定额(通常采用预算定额),投标报价时应采用企业定额;

③根据该清单项目的工作内容、施工图纸、施工组织设计,按照选定的计价定额的规定,确定组价所应包含的定额子目名称,并计算出相应的定额子目工程量;定额子目工程量除以清单项目工程量称为该定额子目的清单含量;

④依据定额子目规定的消耗量标准,乘以相应的人材机价格,得到完成单位定额子目的人材机单价,然后按照规定程序方法,计算出完成单位定额子目所包含的管理费、利润和风险费用;

⑤定额子目的清单含量乘以该定额子目的单价得到合价;

⑥各定额子目的合价汇总得到综合单价。对于未计价的材料费,应计入综合单价。

因此,所谓综合单价组价实际上就是以完成该清单项目的施工费用除以清单项目工程量,而完成清单项目的施工费用是采用定额法分析计算得到的。

综合单价分析按照表 6-26 进行。

分部分项工程量清单/单价措施项目综合单价分析表

表 6-26

工程名称：　　　　　　　标段　　　　　单位：元　　　　　第　页　共　页

项目编码	040101001001		项目名称		挖一般土方		计量单位	m³	工程量	2 000
综合单价组成明细										
定额编号	定额子目名称	定额单位	数量	单价				合价		
				人工费	材料费	机械费	管理费和利润	人工费	材料费	机械费	管理费和利润
1-3	人工挖路槽土方	100m³	0.01	1 129.34			169.40	11.29			1.69
1-45	双轮斗车运土，50m 以内	100m³	0.01	431.65			64.75	4.32			0.65
1-46	双轮斗车运土，增运距 150m	100m³	0.01	256.17			38.43	2.56			0.38
人工单价				小计				18.17			2.72
22.42 元/工日				未计价材料费							
清单项目综合单价								20.89			
材料费明细	主要材料名称、规格、型号			单位		数量		单价	合价	暂估单价	暂估合价
	⋮										
	其他材料费										
	材料费小计										

2. 投标报价的编制

1）投标报价的编制依据

（1）工程量清单计价规范。

（2）国家或省级、行业建设主管部门颁发的计价办法。

（3）企业定额，国家或省级、行业建设主管部门颁发的计价定额和计价办法。

（4）招标文件、招标工程量清单及其补充通知、答疑纪要。

（5）建设工程设计文件及相关资料。

（6）施工现场情况、工程特点及投标时拟定的施工组织设计或施工方案。

（7）与建设项目相关的标准、规范等技术资料。

（8）市场价格信息或工程造价管理机构发布的工程造价信息。

（9）其他的相关资料。投标报价的编制内容和计价程序与招标控制价的编制内容和计价程序一致。

2）投标报价的编制内容和方法

投标报价编制的内容和方法与招投标控制价基本一致。

投标报价的编制应根据招标人提供的工程量清单编制分部分项工程和措施项目计价表、其他项目计价表、规费和税金计价表，计算汇总得到单位工程投标报价汇总表，再层层汇总，分别得到单项工程投标报价汇总表和建设项目投标总价汇总表。其编制步骤如下：

(1)研究招标文件、熟悉工程量清单。
(2)核算工程数量、分析项目特征、编制综合单价、计算分部分项工程费。
(3)确定措施清单内容、计算措施项目费。
(4)计算其他项目费、规费和税金。
(5)汇总各项费用、复核调整确认。
3)投标报价应注意的问题
(1)投标人必须按招标工程量清单填报价格。填写的项目编码、项目名称、项目特征、计量单位、工程量必须与招标人提供的一致。
(2)措施项目清单是由招标人提供的。投标报价时可根据实际工程施工组织设计采取的具体措施,在招标人提供的措施项目清单上,填写相应的措施项目费用;也可以在招标人提供的措施项目清单基础上,增加措施项目,填写费用。对于清单中列出而实际未采用的措施,则不填写报价。
(3)分部分项工程和措施项目中的单价项目报价的最重要依据之一是该项目的特征描述,投标人应根据招标文件及其招标工程量清单项目的特征描述确定综合单价计算,当出现招标文件中工程量清单项目的特征描述与设计不符时,应以工程量清单项目的特征描述为准。
(4)投标报价不得低于成本,也不应高于招标控制价。
(5)投标报价中可以自主确定内容包括企业定额消耗量、人材机单价、企业管理费率、利润率、措施费用、计日工单价、总承包服务费等;不可自主确定的内容包括安全文明施工费、规费、税金、暂列金额、暂估价、计日工量。

第五节　工程价款结算

一、工程价款的主要结算方式

工程价款的结算是指承包商在工程实施过程中,依据承包合同中关于付款条款的规定和已经完成的工程量,并按照规定的程序向建设单位收取工程价款的一种经济活动。它是工程项目承包中的一项非常重要的工作,是反映工程进度的主要指标,是加速资金周转的重要环节,是考核经济效益的重要指标。

我国现行工程价款结算根据情况不同,可采取不同方式。常用的结算方式有以下几种。
(1)按月结算。
按月结算即实行旬末或月中预支,月终结算,竣工后清算的办法,跨年度竣工的工程,在年终进行工程盘点,办理年度结算。我国现行建筑安装工程价款结算中,相当一部分是实行按月结算。这种结算办法是按分部分项工程,即以"假定建筑安装产品"为对象,按月结算(或预支),待工程竣工后再办理竣工结算,一次结清,找补余款。

按分部分项工程结算,便于建设单位和建设银行根据工程进展情况控制分期拨款额度,"干多少活,给多少钱";也便于施工企业的施工消耗及时得到补偿,并同时实现利润,且能按月考核工程成本的执行情况。

(2) 竣工后一次结算。

建设项目或单项工程全部建筑安装工程建设期在 12 个月以内,或者工程承包合同价值在 100 万元以下的,可以实行工程价款每月月中预支,竣工后一次结算。

(3) 分段结算。

分段结算即当年开工,当年不能竣工的单项工程或单位工程按照工程形象进度,划分不同阶段进行结算。分段结算可以按月预支工程款。分段的划分标准,由各部门或省、自治区、直辖市规定。例如,天津市规定实行招标或包干的工程,建设单位可按工程合同造价分段拨付工程款。

① 工程开工后,按工程合同造价拨付 50%;
② 工程基础完成后,拨付 20%;
③ 工程主体完成后,拨付 25%;
④ 工程竣工验收后,拨付 5%。

实行竣工后一次结算和分段结算的工程,当年结算的工程款应与分年度的工作量一致,年终不另清算。

(4) 结算双方约定的其他结算方式。

二、工程预付款

工程预付款是在开工前发包人按照合同约定,预先支付给承包人用于购买合同工程施工所需的材料、工程设备,以及组织施工机械和人员进场等的款项。此预付款构成施工企业为该承包工程项目储备主要材料、结构件所需的流动资金。其实质是建设单位为施工企业提供的无息贷款。预付款的支付时间、预付款的支付额度和预付款的扣回是预付款的 3 个要素,《建设工程价款结算暂行办法》规定,预付工程款的数额、支付时限及抵扣方式应在合同条款中进行约定。

1) 预付款的额度

预付款的支付数额对承包方正常的资金周转,保证工程施工顺利开展起到重要作用。预付款数额过少会导致承包方周转资金不足,影响施工的正常进度。在实际工作中,预付款的支付额度,要根据各工程类型、合同工期、承包方式、主材比重等不同条件而定。一般来说,主要材料在工程造价中所占比重高的项目,预付款的数额也要相应提高。例如,工业项目中钢结构和管道安装占比重较大的工程,其主要材料所占比重比一般安装工程要高,因而预付款数额也要相应提高;工期短的工程比工期长的要高;材料由施工单位自购的比由建设单位供应主要材料的要高。但只包工不包料的,则可以不预付备料款。《建设工程价款结算暂行办法》规定,包工包料工程的预付款按合同约定拨付,原则上预付比例不低于合同金额的 10%,不高于合同金额的 30%,对重大工程项目,按年度工程计划逐年预付。

预付款数额一般按以下方法计算。

(1) 按合同中约定的数额

发包人根据工程的特点、工期长短、市场行情、供求规律等因素,招标时在合同条件中约定工程预付款的百分比,按此百分比计算工程预付款数额。

(2)影响因素法

将主要材料占工程造价的比重、材料储备天数、施工工期3个因素的每个因素作为参数，进行工程预付款数额的计算。计算公式为：

$$M = \frac{P \times K}{T} \times t \qquad (6\text{-}45)$$

式中：M——工程预付款数额；

P——承包工程合同总额；

K——主要材料和构件费所占比重；

T——计划工期，按日历工作天计算；

t——材料储备时间，可根据材料储备定额或当地材料供应情况确定。

2) 预付款的支付时间

《建设工程价款结算暂行办法》规定，在具备施工条件的前提下，发包人应在双方签订合同后的一个月内或约定的开工日期前的7d内预付工程款。承包人应在签订合同或向发包人提供与预付款等额的预付款保函后向发包人提交预付款支付申请。

《标准施工招标文件》规定，若发包人未按合同约定预付工程款，承包人应在预付时间到期后10d内向发包人发出要求预付的通知，发包人收到通知后仍不按要求预付，承包人可在发出通知14d后停止施工，发包人应从约定应付之日起按同期银行贷款利率计算向承包人支付应付预付款的利息，并承担违约责任。

3) 预付款的扣回

发包单位拨付给承包单位的备料款属于预支性质，到了工程中后期，随着工程所需主要材料储备的逐步减少，应以抵充工程价款的方式陆续扣回，直至扣回全部的预付款。预付款扣回中主要是确定起扣点和每次扣回的数额。

(1) 起扣点的计算

① 累计工作量法

该方法从未施工工程尚需的主要材料及构件的价值相当于备料款数额时起扣，从每次结算工程价款中，按材料比重扣抵工程价款，竣工前全部扣清。其计算公式为：

$$Q = P - \frac{M}{K} \qquad (6\text{-}46)$$

式中：Q——起扣点，即预付备料款开始扣回的累计完成工作量金额；

M/K——主材及构件价值相当于备料款数额时未施工工程的价值。

② 工作量百分比法

在承包方完成金额累计达到合同总价的一定比例后（如10%），由承包方开始向发包方还款，发包方从每次应付给承包方的金额中扣回工程预付款，发包方至少在合同规定的完工期前一定时间内（通常为3个月）将工程预付款的总计金额按逐次分摊的办法扣回。

(2) 每次扣回的数额的确定

① 按主材所占比重确定

当累计完成工程价值大于起扣点时，开始扣回。每次从本期工程结算价款中，按材料比重

扣抵工程价款,竣工前全部扣清。其计算公式如下:

$$R_1 = (\sum P_i - Q) \times K \tag{6-47}$$

式中:R_1——第一次应扣回预付备料款;

$\sum P_i$——累计已完工程价值,可按下式进行计算:

$$R_j = P_i \times K \tag{6-48}$$

式中:R_j——以后各次应扣回预付备料款,$j=2,3,\cdots$;

P_i——每次结算的工程结算价款。

②等值扣回法

等值回扣法是在合同中约定。例如,规定累计完工金额超过合同价值10%的当月开始扣回,在合同规定竣工日期前3个月的当月扣完,在此期间逐月按等值扣回。

三、进度款的结算

工程进度款结算又称期中支付,是指发包人在合同工程施工过程中,按照合同约定对付款周期内承包人完成合同价款给予支付的款项。发承包双方应按照合同约定的时间、程序和方法,根据工程计量结果,办理工程进度款结算。进度款支付周期迎合工程计量周期一致。

1. 工程计量

1)工程计量的概念

所谓工程计量就是承发包双方根据合同约定,对承包人完成合同工程数量进行的计算和确认。具体来说,就是双方根据设计图纸、技术规范以及施工合同约定的计算方式和计算方法,对承包人已经完成的质量合格的工程实体数量进行测量与计算。

2)工程计量的原则和范围

工程计量的原则是不符合合同要求的工程不予计量,即工程必须满足设计和规范的质量要求,并且验收手续齐全。因此,对承包人超出设计图纸(含设计变更)范围和因承包人原因造成返工的工程量不予计量。

对于单价合同,施工中工程计量时,若发现招标工程量清单中出现缺项、工程量偏差,或因工程变更引起工程量的增减,应按承包人在履行合同义务中实际完成的工程量计算;对于经审定批准的施工图纸及其预算方式发包形成的总价合同,除工程变更引起的工程量增减外,总价合同各项目所罗列的工程量是承包人用于结算的最终工程量。总价合同约定的项目计量应以合同工程经审定批准的施工图纸为依据,在合同中约定的工程计量形象目标或时间节点进行。

3)工程计量的方法

(1)实地测量计量法

采用符合规定的测量仪器,对已完成工程按合同相关规定进行实地测量并计算工程量的一种工程计量方法。例如,土方工程,一般对横断面宽度、挖方的边长等需实地测量和勘察。又如场地清理,也需按野外实测的数据根据计算规则进行计算

(2)图纸分解记录计算法

根据施工图和现场监理工程师签认的签证、变更单进行计算工程量的一种工程计量方法。如对钢筋、工程结构物等内容的计量时,通常可采用此方法。

（3）分项计量法

分项计量法是将一个项目，根据工序或部位分解为若干子项，对完成的各子项进行计量支付。这种计量方法主要是为了解决一些包干项目或较大的工程项目的支付时间过长，影响承包商的资金流动等问题。

（4）凭据法

所谓凭据法，就是按照承包商提供的凭据进行计量支付。如建筑工程险保险费、第三方责任险保险费、履约保证金等项目，一般按凭据法进行计量支付。

2. 进度款支付

1）进度款的计算

进度款的支付比例按照合同约定，按期中结算价款总额计，不低于60%，不高于90%。进度款计算需要以下内容。

（1）累计已完成的合同价款。

（2）累计已实际支付的合同价款。

（3）本周期合计完成的合同条款，包括：

①本周期已完成单价项目的价款；

②本周期应支付的总价项目的价款；

③本周期已完成的计日工价款；

④本周期应支付的安全文明施工费；

⑤本周期应增加的金额；

（4）本周期合计应扣减的金额，包括：

①本周期合计应扣回的预付款；

②本周期应扣减的金额；

（5）本周期实际应支付的合同价款。

2）进度款的支付程序

承包人应在每个计量周期到期后的 7d 内向发包人提交已完工程进度款支付申请一式四份，发包人在收到付款申请后，根据合同约定对申请内容予以核实，确认后出具进度款支付证书。进度款支付具体程序如图 6-11 所示。

四、竣工结算和最终结清

1. 竣工结算

《建设项目竣工结算编审规程》明确规定：竣工结算是指承包人按照合同约定的内容完成全部工作，经发包人或有关机构验收合格后，发承包双发依据约定的合同价款的确定和调整以及索赔等事项，最终计算和确定竣工项目工程价款的文件。其中，单位工程竣工结算和单项工程结算也可看作是分阶段结算。

1）竣工结算的编制和审核

合同工程完工后，承包人应在经承发包双方确认的合同工程期中价款结算的基础上汇总编制完成竣工结算文件，在提交竣工验收申请的同时向发包人提交竣工结算文件。单位工程竣工结算由承包人编制，发包人审查；实行总承包的工程，由具体承包人编制，在总包人审查的基础上,发包人审查。单项工程和建设项目竣工总结算由总包人编制,发包人可直接审查或委托工程造价咨询机构审查。政府投资项目由同级财政部门审查。单项工程和建设项目竣工总结算经发包人签字盖章后生效。

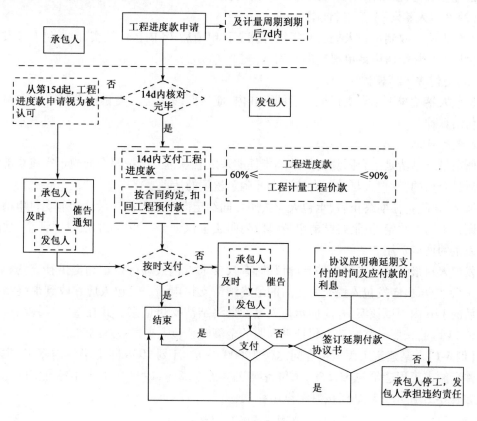

图 6-11 进度款支付程序

工程竣工结算编制依据如下:
(1)建设工程工程量清单计价规范。
(2)工程合同。
(3)发承包双方实施过程中已确认的工程量及其结算的合同价款。
(4)发承包双方实施过程中已确认调整后追加(减)的合同价款。
(5)建设工程设计文件及相关资料。
(6)投标文件。
(7)其他依据。
2)竣工结算的支付
(1)承包人提交竣工结算款支付申请

承包人应根据办理的竣工结算文件,向发包人提交竣工结算款支付申请。该申请应包括的内容为:竣工结算合同价款总额、累计已实际支付的合同价款、应预留的质量保证金、实际应支付的竣工结算款金额。

质量保证金是承包人用于保证在缺陷责任期内履行缺陷修复义务的金额。缺陷责任期一一般为 6 个月、12 个月或 24 个月,具体可由发、承包双方在合同中约定。全部或者部分使用政府投资的建设项目,按工程价款结算总额 5% 左右的比例预留保证金。社会投资项目采用预留保证金方式的,预留保证金的比例可参照执行。

(2) 发包人签发竣工支付证书

发包人应在收到承包人提交竣工结算款支付申请后 7d 内予以核实,向承包人签发竣工结算支付证书最终结清申请单提交的时间。

(3) 支付竣工结算款

发包人签发竣工结算支付证书后的 14d 内,应按照竣工结算支付证书列明的金额向承包人支付结算款。

2. 最终结清

所谓最终结清是指合同约定的缺陷责任期终之后承包人已按照合同规定完成全部剩余工作且质量合格的,发包人与承包人结清全部剩余款项的活动。

通常,缺陷责任期终止后,承包人应按照合同约定向发包人提交最终结清支付申请。除专用合同条款另有约定外,最终结清申请单应列明质量保证金、应扣除的质量保证金、缺陷责任期内发生的增减费用。

发包人对最终结清支付申请有异议的,有权要求承包人进行修正和提供补充资料。承包人修正后,应再次向发包人提交修正后的最终结清支付申请。发包人应在收到最终结清支付申请后的 14d 内予以核实,并应向承包人签发最终结清支付证书。并在签发最终结清支付证书后的 14d 内,按照最终结清支付证书列明的金额向承包人支付最终结清款。

【例 6-1】 某建筑工程承包合同总额为 600 万元,计划 1998 年上半年内完工,主要材料及构件金额占工程造价的 62.5%,预付备料款额度为 25%,1998 年上半年各月实际完成施工产值如表 6-27 所示。求如何按月结算工程款。

实际完成施工产值(万元) 表 6-27

2 月	3 月	4 月	5 月(竣工)
100	140	180	180

【解】 (1) 预付备料款 = 600 × 25% = 150(万元)

(2) 求预付备料款的起扣点,即:

开始扣回预付备料款时的工程价值 = 600 − 150/62.5% = 360(万元)

当累计结算工程款为 360 万元后,开始扣备料款。

(3) 2 月份完成产值 100 万元,结算 100 万元。

(4) 3 月份完成产值 140 万元,结算 140 万元,累计结算工程款 240 万元。

(5) 4 月份完成产值 180 万元,到四月份累计完成产值 420 万元,超过了预付备料款的起扣点。

4 月份应扣回的预付备料款 = (420 − 360) × 62.5% = 37.5(万元)

4 月份结算工程款 = 180 − 37.5 = 142.5(万元),累计结算工程款 382.5 万元。

(6) 5 月份完成产值 180 万元,应扣回预付备料款 = 180 × 62.5% = 112.5(万元);应扣 5% 的预留款 = 600 × 5% = 30(万元)。

5月份结算工程款=180-112.5-30=37.5(万元),累计结算工程款420万元,加上预付备料款150万元,共结算570万元。预留合同总额的5%作为保留金。

第六节 竣工决算

一、竣工决算概述

所有竣工验收的项目在办理验收手续之前,必须对所有财产和物资进行清理,编好竣工决算,竣工决算是反映建设项目实际造价和投资效果的文件,是竣工验收报告的重要组成部分。及时、正确编报竣工决算,对于总结分析建设过程的经验教训,提高工程造价管理水平以及积累技术经济资料等,都具有重要的意义。

1. 竣工决算的内容

建设项目竣工决算应包括从筹建到竣工投产全过程的全部实际支出费用,即建筑工程费用、安装工程费用、设备工器具购置费用和其他费用等等。竣工决算由竣工财务决算报表、竣工财务决算说明书、工程竣工图、工程造价比较分析4个部分组成。其中竣工财务决算说明书和竣工财务决算报表两部分又称建设项目竣工财务决算,是竣工决算的核心内容。

1)竣工财务决算说明书

竣工财务决算说明书反映竣工工程建设成果和经验,是对竣工决算报表进行分析和补充说明的文件,是全面考核分析工程投资与造价的书面总结、是竣工决算报告的重要组成部分。其主要内容包括:

(1)基本建设项目概况。一般从工程的进度、质量、安全和造价4个方面进行分析说明。进度方面主要说明开工和竣工时间、对照合理工期和要求工期是提前还是延期;质量方面要根据竣工验收委员会或相当一级质量监督部门的验收评定等级,合格率和优良品率进行说明;安全方面主要根据劳动工资和施工部门记录,对有无设备和人身事故进行说明;造价应对照概算造价,说明节约还是超支,用金额和百分率进行分析说明。

(2)主要技术经济指标的分析、计算情况。概算执行情况分析,根据实际投资完成额与概算进行对比分析;新增生产能力的效益分析,说明交付使用财产占总投资额的比例;固定资产占交付使用财产的比例;递延资产占投资总数的比例,分析有机构成和成果;基本建设投资包干情况的分析,说明投资包干数,实际支用数和节约额,投资包干节余的有机构成和包干节余的分配情况;财务分析,列出历年资金来源和资金占用情况。

(3)会计财务的处理、财产物资清理及债权债务的清偿情况。

(4)基建结余资金等分配情况。

(5)基本建设项目管理及决算中存在的问题。

(6)决算与概算差异的原因分析。

(7)工程建设的经验教训及有待解决的问题。

2)竣工决算报表

大中型建设项目和小型建设项目的竣工财务决算采用不同的审批制度。报表一般包括竣工工程概况表、竣工财务决算表、建设项目交付使用财产总表及明细表,建设项目建成交付使用后投资效益表等。而小型项目竣工决算报表则由竣工决算总表和交付使用财产明细表所组成。竣工决算表格共分5个部分,全部表格共9个。具体包括:

(1)基本建设项目概况表;

(2)建设项目竣工财务决算明细表,其中包括:

①建设项目竣工财务决算总表;

②建设项目竣工财务决算明细表;

③交付使用固定资产明细表;

④交付使用流动资产明细表;

⑤交付使用无形资产明细表;

⑥递延资产明细表;

⑦建设项目工程造价执行情况分析表;

⑧待摊投资明细表。

3)工程造价比较分析

竣工决算是用来综合反映竣工建设项目或单项工程的建设成果和财务情况的总结性文件,在竣工决算报告中必须对控制工程造价所采取的措施、效果以及其动态的变化进行认真的比较分析,总结经验教训。批准的概算是考核建设工程造价的依据,在分析时,可将决算报表中所提供的实际数据和相关资料与批准的概算、预算指标进行对比,以确定竣工项目总造价是节约还是超支,在对比的基础上,总结先进经验,找出落后原因,提出改进措施。

为考核概算执行情况,正确核实建设工程造价,财务部门首先必须积累概算动态变化资料(如材料价差、设备价差、人工价差、费率价差等等)和设计方案变化,以及对工程造价有重大影响的设计变更资料;其次,考查竣工形成的实际工程造价节约或超支的数额,为了便于进行比较,可先对比整个项目的总概算,之后对比工程项目(或单项工程)的综合概算和其他工程费用概算,最后再对比单位工程概算,并分别将建筑安装工程、设备工器具购置和其他基建费用逐一与项目竣工决算编制的实际工程造价进行对比,找出节约或超支的具体环节,实际工作中,应主要分析以下内容。

(1)主要实物工作量。概(预)算编制的主要实物工程数量,其增减变化必然使工程的概(预)算造价和实际工程造价随之变化,因此,对比分析中应审查项目的建设规模、结构、标准是否遵循设计文件的规定,其间的变更部分是否按照规定的程序办理,对造价的影响如何,对于实物工程量出入比较大的情况,必须查清原因。

(2)主要材料消耗量。在建筑安装工程投资中材料费用所占的比重往往很大,因此考核材料费用也是考核工程造价的重点,考核主要材料消耗量,要按照竣工决算表中所列明的三大材料实际超概算的消耗量,查清是在工程的哪一个环节超出量最大,再进一步查明超耗的原因。

(3)考核建设单位管理费、建筑及安装工程间接费的取费标准。概(预)算对建设单位管理费列有投资控制额,对其进行考核,要根据竣工决算报表中所列的建设单位管理费,与概(预)算所列的控制额比较,确定其节约或超支数额,并进一步查清节约或超支的原因。

对于建安工程间接费的取费标准,国家有明确规定。对突破概(预)算投资的各单位工程,必须要查清是否有超过规定的标准而重计、多取间接费的现象。

以上考核内容，多是易于突破概算，增大工程造价的主要因素，因此要在对比分析中列为重点去考核。在对具体项目进行具体分析时，究竟选择哪些内容作为考核重点，则应因地制宜，依竣工项目的具体情况而定。

2．竣工决算的编制

1）竣工决算的原始资料

(1) 各原始概预算。

(2) 设计图纸交底或图纸会审。

(3) 设计变更记录。

(4) 施工记录或施工签证单。

(5) 各种验收资料。

(6) 停工（复工）报告。

(7) 竣工图。

(8) 材料、设备等调整价差记录。

(9) 其他施工中发生的费用记录。

(10) 各种结算材料。

2）编制方法

根据经审定的施工单位竣工结算等原始资料，对原始概预算进行调整，重新核定各单项工程和单位工程造价。属于增加固定资产价值的其他投资，如建设单位管理费、研究试验费、土地征用及拆迁补偿费等，应分摊于受益工程，随同受益工程交付使用的同时，一并记入新增固定资产价值。

复习思考题

1. 简要说明我国现行建设项目费用的构成及其计算方法。
2. 评述建安工程费用构成。
3. 投资估算的种类及适用条件分别是什么？
4. 概算是什么？预算是什么？两者的作用和区别分别是什么？
5. 简要说明我国现行的结算方法。
6. 工程建设预算包括哪些内容？使用框图表示各文件表格间的关系。
7. 某机场跑道长 2 700m，宽 50m，道面基本板为 4m×4m，基层材料为碎石，其断面结构图如图 6-12 所示。道面混凝土 28d 抗压强度 30MPa，抗折强度为 4.5MPa，水泥强度等级为 42.5 级。施工条件：后台采用 1 500L 搅拌机一台，前台采用半机械化施工，模板采用包铁皮木模，混凝土顶撑（预算不计），木材采用机械（圆盘锯）加工，道面混凝土采用覆盖塑料布养生，养生棚采用木架框棚，采用切割机切缝，灌缝材料采用聚氨酯（1.4 万元/t，每米用量 0.45kg），基层碎石用装载机（1.5m³）装，自卸汽车运到道槽，运距 5km。砂的平均运距为 80m。道面板的分仓图见图 6-12。有关费用项目包括：夜间施工施工增加费、冬雨季施工增加费、材料二次搬运费、生产工具用具使用费均为 1%，现场经费 10%，间接费 5%，计划利润率 6%，综合税率 3.5%。人工、材料机械台班单价见表 6-28。试完成该跑道面层和基层的施工图预算（要求编制单位估价表）。

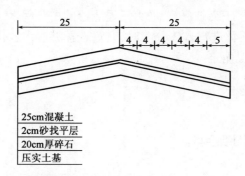

图 6-12 道面结构示意图(尺寸单位:m)

人工、材料、机械台班预算单价 表 6-28

序号	名称	规格	单位	单价元	序号	名称	规格	单位	单价元
一	人工		工日	13.0	19	煤		t	300
二	材料				20	沥青		kg	1.3
1	碎石	3~7cm	m³	33.1	21	油毡		m²	0.90
2	碎石	0.5~2.5cm	m³	50	三		机械		
3	砂	中粗	m³	60	1	洒水车	6~8t	台班	430
4	砂	细	m³	45	2	压路机	12~15t	台班	283
5	水泥	42.5级	T	350	3	压路机	3~4t	台班	168
6	木材		m³	235.5	4	自卸汽车	3~4t	台班	353.8
7	钢材		kg	8	5	机动翻斗	1t	台班	135.2
8	圆钉		kg	8	6	装载机	1.5m³	台班	543
9	木螺丝	700个/kg	kg	8	7	搅拌机	1500L	台班	823
10	钢钎		kg	7	8	振动器	平板式	台班	34.1
11	钢管、角钢		kg	6.5	9	振动器	插入式	台班	41.4
12	镀锌铁皮	白铁皮	kg	5.8	10	皮带机		台班	118.1
13	铁丝	镀锌	kg	8	11	推土机		台班	420
14	橡胶粉		kg	4.1	12	切缝机		台班	121
15	砂轮片	金刚石	片	800	13	锯木机	带(圆盘)锯	台班	137.8
16	石棉粉		kg	2.5	14	平压机		台班	56.0
17	塑料布		m²	0.6	15	空压机		台班	110
18	芦席		m²	3					

第七章　机场工程施工招投标与合同管理

第一节　机场工程施工招标投标

一、概述

1. 工程承发包与招投标的基本概念

1）工程承发包概念

承发包是一种商业交易行为，是指交易的一方负责为另一方完成某项工程、某项工作或供应一批货物，并按一定的价格取得相应报酬的一种交易行为。委托任务并负责支付报酬的一方称为发包人；接受任务并负责按时完成而取得报酬的一方称为承包人。双方通过签订合同或协议，予以明确发包人和承包人之间在经济上的权利与义务等关系，且具有法律效力。

工程承发包是指承包单位作为承包人（称乙方），建设单位（业主）作为发包人（称甲方），由甲方把工程任务委托给乙方，且双方在平等互利的基础上签订工程合同，明确各自的经济责任、权利和义务，以保证工程任务在合同造价内按期按质的全面完成。工程承发包方法主要有以下3种形式。

（1）指令方法。由国家对发包者、承包者同时下达指令，且指定承包者，适用于重点工程。

（2）协议方法。发包者与某一家承包者协商发包或在两个特邀承包者之间比较，择优发包，适用于专业性强的工程或甲、乙双方有良好信誉的情况。

（3）招标方法。召集3个以上承包单位进行承包竞争，发包单位择优选定。

2）招投标的概念

工程建设项目招标投标是市场经济条件下进行工程建设项目的发包与承包过程中所采用的一种交易方式，而工程建设的招标与投标是建设市场中一对相互依存的活动。工程建设招标是指发包人（即招标人）在发包建设项目之前通过公共媒介告示或直接邀请潜在的投标人，由投标人根据招标文件所设定的以功能、质量、数量、期限及技术要求等主要内容所构成的标的，提出实施方案及报价进行投标，经开标、评标、决标等环节，从众多投标人中择优选定承包人的一种经济活动。工程建设投标是指具有合法资格和能力的投标人根据招标文件要求，提出实施方案和报价，在拟定的期限内提交标书，并参加开标，如果中标，则与招标人签订承包协议的经济活动。

招标投标实质上是一种市场竞争行为。招标人通过招标活动在众多投标人中选定报价合理、工期较短、信誉良好的承包商来完成工程建设任务。而投标人则通过有选择的投标，竞争承接资信可靠的业主的适当的工程建设项目，以取得较高的利润。

2. 工程建设招标分类

工程建设招标，按标的内容可分为建设项目总承包招标，工程勘察设计招标，工程建设施工招标,建设项目材料、设备招标和建设监理招标。

1)建设项目总承包招标。

工程建设项目总承包招标是指从项目建议书开始,包括可行性研究、勘察设计、设备材料采购、工程施工、生产准备、投料试车直至竣工投产、交付使用的建设全过程招标,常称为"交钥匙"工程招标。承包商提出的实施方案应是从项目建议书开始到工程项目交付使用的全过程的方案,提出的报价也应是包括咨询、设计服务费和实施费在内的全部费用的报价。总承包招标对投标人来说利润高,但风险也大,因此要求投标人要有很强的技术力量和相当高的管理水平,并有可靠的信誉。在我国也有采用总承包的,但较多的是设计施工总承包。相对而言,设计、施工总承包中的未知因素要少得多,计费也较容易,风险也相对小些。

2)工程勘察设计招标。

工程勘察设计招标是招标人就拟建的工程项目的勘察设计任务发出招标信息或投标邀请,由投标人根据招标文件的要求,在规定的期限内向招标人提交包括勘察设计方案及报价等内容的投标书,经开标、评标,从中择优选定勘察设计单位(即中标单位)的活动。

在我国,有的设计单位并无勘察能力,所以勘察和设计分别招标也是常见的。一般是设计招标之后,根据设计单位提出的勘察要求再进行勘察招标,或由设计单位承包后,分包给勘察单位,或者设计、勘察单位联合承包。

3)工程建设施工招标。

工程建设施工招标是招标人就建设项目的施工任务发出招标信息或投标邀请,由投标人根据招标文件要求,在规定的期限内提交包括施工方案和报价、工期等内容的投标书,经开标、评标、决标等程序,从中择优选定施工承包人的活动。

根据承担施工任务的范围大小及内容的不同,施工招标又可分为总承包招标、单项工程施工招标、单位工程施工招标及专业工程施工招标等。

4)设备、材料招标。

工程建设项目的设备、材料招标,是一项面广量大的招标工作,是招标人就设备、材料的采购发布信息或发出投标邀请,由投标人投标竞争获得采购合同的活动。但适用招标采购的设备、材料一般都是用量大、价值高、对工程的造价、质量影响大的,并非所有的设备、材料均由招标采购而得。工程建设监理招标是建设项目的业主为了加强对设计、施工阶段的管理,委托有经验有能力的建设监理单位对建设项目的设计、施工进行监理而发布监理招标信息或发出投标邀请,由建设监理单位竞争承接此建设项目的监理任务的过程。

3. 工程建设项目招标范围和条件

1)必须招标的工程项目的范围

依照我国招标投标法及有关规定,在我国境内建设的以下项目必须通过招标投标选择承包人。

(1)关系社会公共利益、公众安全的大型基础设施项目

①煤炭、石油、天然气、电力、新能源项目;

②铁路、公路、管道、水运、航空以及其他交通运输业等交通运输项目;

③邮政、电信枢纽、通信、信息网络等邮电通信项目;

④防洪、灌溉、排涝、引(供)水、滩涂治理、水土保持、水利枢纽等水利项目;
⑤道路、桥梁、地铁和轻轨交通、污水排放及处理、垃圾处理、地下管道、公共停车场等城市设施项目;
⑥生态环境保护项目;
⑦其他基础设施项目。
(2)关系社会公共利益、公众安全的公用事业项目
①供水、供电、供气、供热等市政工程项目;
②科技、教育、文化等项目;
③体育、旅游等项目;
④卫生、社会福利等项目;
⑤商品住宅,包括经济适用房;
⑥其余公用事业项目。
(3)全部或部分使用国有资金投资的项目
①使用各级财政预算资金的项目;
②使用纳入财政管理的各种政府性专项建设基金的项目;
③使用国有企业事业单位自有资金,并且国有资产投资者实际拥有投资权的项目。
(4)全部或部分使用国家融资的项目
①使用国家发行债券所筹资金的项目;
②使用国家对外借款或者担保所筹资金的项目;
③使用国家政策性贷款的项目;
④国家授权投资主体融资的项目;
⑤国家特许的融资项目。
(5)使用国际组织或者外国政府贷款的项目
①使用世界银行、亚洲开发银行等国际组织贷款资金的项目;
②使用外国政府及其机构贷款资金项目;
③使用国际组织或者外国政府援助资金项目。
以上范围内总投资超过3 000万元人民币的各类工程建设项目,包括项目的勘察、设计、施工、监理以及与工程建设有关的重要设备、材料等的采购必须进行招标。另外,总投资虽然低于3 000万元人民币,但合同估算价达到下列标准之一的也必须进行招标。
(1)施工单项合同估算价在200万元人民币以上的。
(2)重要设备、材料等货物的采购,单项合同估算价在100万元人民币以上的。
(3)勘察、设计、监理等服务的采购,单项合同估算价在50万元人民币以上的。
2)可以不招标的项目
依照我国招标投标法及有关规定,在我国境内建设的以下项目可以不通过招标投标来确定承包人。
(1)涉及国家安全、国家机密、抢险救灾或者属于利用扶贫资金实行以工代赈、需要使用农民工等特殊情况,不适宜进行招标的项目。
(2)需要采用不可替代的专利或者专有技术。

(3) 采购人依法能够自行建设、生产或者提供。
(4) 已通过招标方式选定的特许经营项目投资人依法能够自行建设、生产或者提供。
(5) 需要向原中标人采购工程、货物或者服务，否则将影响施工或者功能配套要求。
(6) 国家规定的其他特殊情形。

3) 施工招标的条件

具备招标的条件是工程施工招标的前提。我国《工程建设施工招标投标管理办法》规定，工程建设施工招标应具备下列条件。

(1) 建设单位招标应具备的条件

① 是法人、依法成立的其他组织，这是推行建设项目法人责任制的基本要求；
② 有与招标工程相适应的经济、技术管理人员；
③ 有组织编制招标文件的能力；
④ 有审查投标单位资质的能力；
⑤ 有组织开标、评标、定标的能力。

不具备上述②~⑤项条件的，须委托具有相应资质的咨询、监理等单位代理招标。

(2) 拟建建设项目招标应当具备的条件

① 概算已经批准；
② 建设项目已正式列入国家、部门或地方的年度固定资产投资计划；
③ 建设用地的征用工作已经完成；
④ 有能够满足施工需要的施工图纸及技术资料；
⑤ 有进行招标项目的建设资金或有确定的资金来源，主要材料、设备的来源已经落实；
⑥ 已经建设项目所在地的规划部门批准，施工现场的"四通一平"已经完成或一并列入施工招标范围。

4. 招标方式

招标工程根据具体条件，可采取不同的招标方式。目前国内外采取的招标方式主要有两种，即公开招标、邀请招标。

1) 公开招标

公开招标也称开放型招标，是一种无限竞争性招标。招标单位通过报刊、广播、电台等新闻媒介，发布招标公告，宣布招标项目的内容和要求。不受地区限制，各承包商凡对此感兴趣者，一律机会均等，通过资格预审后，都有权利购买招标文件，参加投标活动。招标单位则可在众多的投标者中优选出理想的承包商为中标单位。

这种方式按其开标决标的方式又可分为两种：一是公开招标和公开决标，它是在规定的时间和地点进行开标，当众宣读各承包商的标函及标书主要内容，公布中标条件和决定中标人；另一种也是公开招标和当众开标，但不当场选定和公布中标人。而是招标单位与有关部门对标书进行评审，对投标书进行审查、鉴别和比较，从中优选3~5名投标人，作为预选的中标单位，然后再分别召集预选单位进行面对面地、具体的议论与磋商，进行比较后，以书面形式通知中标人和其他落标者。

公开招标的优点是可以给一切有法人资格的承包商以平等竞争机会参加投标。招标人可以从大量的投标书中获取较为价廉而优质的报价，选择理想的承包人，做到优中选优。其缺点是招标单位的招标工作量大,时间长。

2)邀请招标

邀请招标也称有限招标或选择性招标。招标单位根据工程特点,有选择地邀请若干具有承包该项工程能力的承包商前来投标。被邀请单位的数目通常在3~10个。它是根据见闻、经验和情报资料而获得这些承包商的能力和资信状态,加以选择后,以发投标邀请书来进行的。经过标书评审择优选定中标人。这种形式目标明确,经过选定的投标单位,在施工经验、施工技术和信誉上都比较可靠;整个招标组织管理工作比前者相对要简单一些,可以减少资格审查工作量,节省招标费用;再就是可以提高每个投标者的中标几率。但是此种方式的前提是对被邀承包商充分了解,因为它限制了竞争范围,所以可能把一些更优秀的竞争者排除在外,报价也可能高于公开招标。

3)议标

议标也称定向招标。招标单位通过建设主管部门的同意,直接向指定承包商发出招标通知书,召开双方有关人员会议,直接商谈招标文件和要求。这是一种非竞争性招标,它适合于某些专业性比较强的工程以及那些迫于开工,又没有充裕时间组织招标开展竞争的工程。这种形式一般易于达成协议,工作可以立即开展。其缺点在于只此一家,不具备比较和选择的余地,因此也就起不到报价竞争的良好效果。这种形式有时也可找两家以上承包商分别商议招标条件和要求,以克服上述缺陷。

施工招标可以采用项目的全部工程招标、单位工程招标、特殊专业工程招标等办法,但不得对单位工程的分部、分项工程进行招标。招标通常采用一阶段招标方式,对技术复杂或者无法精确拟定技术规格的项目,招标人可以分两个阶段进行招标。第一阶段,投标人按照招标公告或者投标邀请书的要求提交不带报价的技术建议,招标人根据投标人提交的技术建议确定技术标准和要求,编制招标文件。第二阶段,招标人向在第一阶段提交技术建议的投标人提供招标文件,投标人按照招标文件的要求提交包括最终技术方案和投标报价的投标文件。招标人要求投标人提交投标保证金的,应当在第二阶段提出。

5. 开展招标投标活动的原则

我国招标投标法规定招标投标活动必须遵循公开、公平、公正和诚实信用的原则。

1)公开

招标投标活动中所遵循的公开原则要求招标活动信息公开,开标活动公开,评标标准公开,定标结果公开。

2)公平

招标人要给所有的投标人以平等的竞争机会,这包括给所有投标人同等的信息量、同等的投标资格要求,不设倾向性的评标条件,例如不能以某一投标人的产品技术指标作为标的要求,否则就有明显的授标倾向,而使其他投标人处于竞争的劣势。

招标文件中所列合同条件的权利和义务要对等,要体现承发包双方的平等地位。

投标人不得串通打压别的投标人,更不能串通起来抬高报价损害业主的利益。

3)公正

招标人在执行开标程序、评标委员会在执行评标标准时都要严格照章办事,尺度相同不能厚此薄彼,尤其是处理迟到标、判定废标、无效标以及质疑过程中更要体现公正。

4）诚实信用

诚实信用是民事活动的基本原则，招标投标的双方都要诚实守信，不得有欺骗、背信的行为。招标人不得搞内定承包人的虚假招标，也不能在招标中设圈套损害承包人的利益。投标人不能用虚假资质、虚假标书投标，投标文件中所有各项都要真实。合同签订后，任何一方都要严格、认真地履行。

6. 标准施工招标文件

根据《中华人民共和国招投标法》、《中华人民共和国招投标法实施条例》等法律法规，为了规范施工招标活动，通过资格预审文件和招标文件编制质量，促进招标投标活动的公开、公平和公正，国家发改委等九部委联合编制了《标准施工招标资格预审文件》和《标准施工招标文件》（以下简称《标准文件》），并颁布了关于推行《标准文件》的暂行规定，即发改委56号令。国务院有关行业主管部门根据《标准文件》并结合行业招标特点和管理需要，编制了行业标准施工招标文件。根据56号令要求，行业标准施工招标文件和招标人编制的施工招标资格预审文件和施工招标文件，应不加修改地引用"申请人须知"、"资格预审办法"、"投标人须知"、"评标办法"和"通用合同条款"等。

《标准施工招标文件》共包含附件格式和四卷八章的内容，第一卷包括第一～五章，涉及招标公告（投标邀请书）、投标人须知、评标办法、合同条款及格式、工程量清单等内容；第二卷由第六章图纸组成；第三卷由第七章技术标准和要求组成。第四卷由第八章投标文件格式组成。第一卷并列给出了3个第一章，2个第三章，由招标人根据项目特点和实际需要分别选择使用。

1）招标公告（投标邀请书）

（1）招标公告

招标公告适用于进行资格预审公开招标，内容包括招标条件、项目概况与招标范围、投标人资格要求、招标文件的获取、投标文件的递交、发布公告的媒介和联系方式等内容。

（2）投标邀请书

投标邀请书适用于资格后审的邀请招标，包括被邀请单位名称、招标条件、项目概况与招标范围、投标人资格要求、招标文件的获取、投标文件的递交、确认和联系方式等内容。

（3）投标邀请书（代资格预审通过通知书）

招标邀请书（代资格预审通过通知书）适用于进行资格预审的公开招标或邀请招标，对通过资格预审的申请投标人的投标邀请通知书。其中包括：被邀请单位名称、购买招标文件的时间、售价、投标截止时间、收到邀请书的确认时间和联系方式等内容。

2）投标人须知

投标人须知包括投标人须知前附表、正文和附表格式。正文有：

（1）总则，包括项目概况、资金来源和落实情况、招标范围、计划工期和质量要求、投标人资格要求等内容。

（2）招标文件，包括招标文件的组成、招标文件的澄清与修改等内容。

（3）投标文件，包括投标文件的组成、投标报价、投标有效期、投标保证金和投标文件的编制等内容。

（4）投标，包括投标文件的密封和标识、投标文件的递交和投标文件的修改与撤回等内容。

(5)开标,包括开标时间、地点和开标程序。
(6)评标,包括评标委员会和评标原则等内容。
(7)合同授予。
(8)重新招标和不再招标。
(9)纪律和监督。
(10)需要补充的其他内容。

前附表针对招标工程列明正文中的具体要求,明确项目的要求、招标程序中主要工作步骤的时间安排、对投标书的编制要求等内容;附表格式分别是:开标记录表、中标通知书、中标结果通知书等格式。

3)评标办法

评标办法分为经评审的最低投标价法和综合评估法两种评标办法,供招标人根据项目具体特点和实际需要选择适用。每种办法都包括评标办法前附表和正文。正文包括评标方法、评审标准和评标程序等内容。

4)合同条款及格式

合同条款及格式包括通用合同条款、专用合同条款和合同附件格式3节。通用合同条款包括一般约定、发包人义务、监理人、承包人、材料和工程设备、施工设备和临时设施、交通运输、测量放线、施工安全、治安保卫和环境保护、进度计划、开工和竣工、暂停施工、工程质量、试验和检验、变更、价格调整、计量与支付、竣工验收、缺陷责任与保修责任、保险、不可抗力、违约、索赔、争议的解决。专用合同条款由国务院有关行业主管部门和招标人根据需要编制。合同附件格式包括合同协议书、履约担保、预付款担保3个格式文件。

5)工程量清单

包括工程量清单说明、投标报价说明、其他说明和工程量清单的格式等内容。由招标人根据工程量清单有关的国家标准、行业标准,以及行业标准施工招标文件、招标项目具体特点和实际需要编制;并与"投标人须知"、"通用合同条款"、"专用合同条款"、"技术标准和要求"、"图纸"相衔接;所附表格可根据有关规定作相应的调整和补充。工程量清单包括"工程量清单说明"、"投标报价说明"、"其他说明"和"工程量清单"等内容,这些内容是参考性的。另外,标准施工招标文件规定有关"工程量清单表、计日工表、暂估价表、投标报价汇总表、工程量清单单价分析表"等工程量清单的具体表现形式可按照国家或行业标准进行细化。

6)图纸

图纸包括图纸目录和图纸两个部分。

7)技术标准和要求

技术标准和要求由招标人依据行业管理规定和项目特点进行编制。

8)投标文件格式

投标文件格式包括投标函及投标函附录、法定代表人身份证明(授权委托书)、联合体协议书、投标保证金、工程量清单、施工组织设计、项目管理机构、拟分包项目情况表、资格审查资料、其他材料10个方面的格式或内容要求。

另外,根据《标准条件》的规定,招标人对招标文件的澄清与修改也作为招标文件的组成部分。

7. 工程建设施工实行招标投标制度的作用

工程建设施工实行招标投标制度,引入公平竞争机制,有利于促进工程业主做好工程前期准备工作,有利于促进施工单位进行技术改造、提高企业的管理水平,从而获得缩短建设工期、提高工程质量、降低工程造价、提高经济效益的效果。

(1) 有利于建设市场的法制化、规范化

从法律意义上来看,工程建设招标投标是招标、投标双方按照法定程序进行交易的法律行为,所以双方的行为都受法律的约束。这就意味着建设市场在招标投标活动的推动下将更趋理性化、法制化和规范化。

(2) 形成市场定价的机制,使工程造价更趋合理

招标投标活动最明显的特点是投标人之间的竞争,而其中最集中、最激烈的竞争则表现为价格的竞争。价格的竞争最终导致工程造价趋于合理的水平。

(3) 促进建设活动中劳动消耗水平的降低,使工程造价得到有效的控制

在建设市场中,不同的投标人其个别劳动消耗水平是不一样的。但为了竞争招标项目、在市场中取胜,降低劳动消耗水平就成为市场取胜的重要途径。当这一途径为大家所重视,必然要努力提高自身的劳动生产率,降低个别劳动消耗水平,进而导致整个工程建设领域劳动生产率的提高、平均劳动消耗水平下降,使工程造价得到控制。

(4) 有力地遏制建设领域的腐败,使工程造价趋向科学

工程建设领域在许多国家被认为是腐败行为多发区、重灾区。我国在招标投标中采取设立专门机构对招标投标活动进行监督管理,从专家人才库中选取专家进行评标的方法,使工程建设项目承发包活动变得公开、公平、公正,可有效地减少暗箱操作、营私舞弊行为,有力地遏制行贿受贿等腐败现象的产生,使工程造价的确定更趋科学、更加符合其价值。

(5) 促进了技术进步和管理水平的提高,有助于保证工程质量、缩短工期

投标竞争中表现最激烈的虽然是价格的竞争,而实质上是人员素质、技术装备、技术水平、管理水平的全面竞争。投标人要在竞争中获胜,就必须在报价、技术、实力、业绩等诸方面展现出优势。因此,竞争迫使竞争者都必须加大自己的投入,采用新材料、新技术、新工艺,加强企业和项目管理,因而促进了全行业的技术进步和管理水平的提高,进而使我国工程建设项目质量普遍得到提高,工期普遍得以合理缩短。

二、机场工程施工招标投标程序

建设工程的招标投标是一个连续完整的过程,它涉及较多的单位,须依据一定的程序进行。一般要经历招标准备、招标邀请、发售招标文件、现场勘察、标前会议、投标、开标、评标、定标、签约等过程,如图7-1所示。

1. 招标准备

招标准备工作主要包括招标资格与备案、确定招标方式、编制招标文件和发布招标公告(或招标邀请书)等。

(1) 招标资格与备案

招标活动必须有一个机构来组织,这个机构就是招标组织。如果招标人具有编制招标文件和组织评标的能力,则可以自行组织招标,并报建设行政监督部门备案;否则应先选择招标

代理机构,与其签订招标委托合同,委托其代为办理招标事宜。

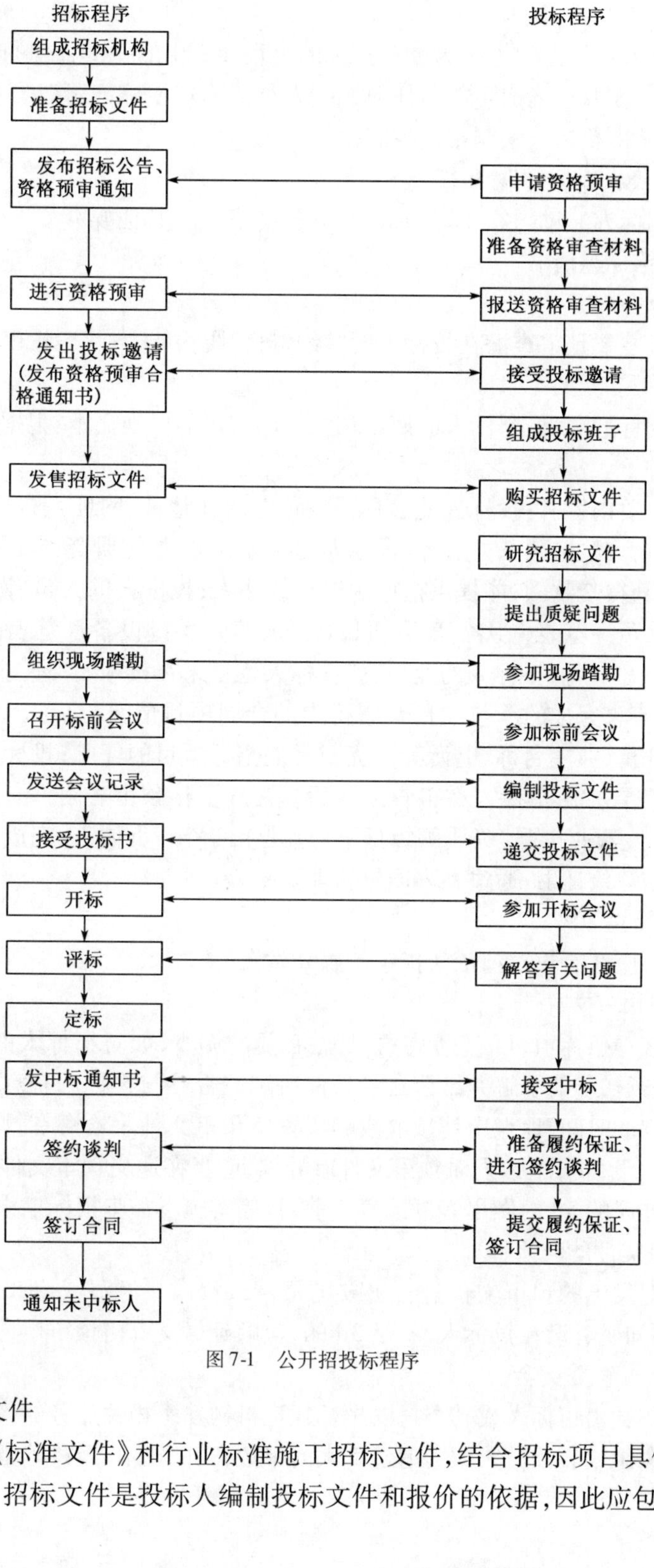

```
招标程序                        投标程序

组成招标机构
    ↓
准备招标文件
    ↓
发布招标公告、            →   申请资格预审
资格预审通知                     ↓
                              准备资格审查材料
    ↓                           ↓
进行资格预审             ←   报送资格审查材料
    ↓
发出投标邀请              →   接受投标邀请
(发布资格预审合                  ↓
格通知书)                      组成投标班子
    ↓                           ↓
发售招标文件              →   购买招标文件
                              ↓
                              研究招标文件
                              ↓
                              提出质疑问题
    ↓                           ↓
组织现场踏勘              →   参加现场踏勘
    ↓                           ↓
召开标前会议              →   参加标前会议
    ↓                           ↓
发送会议记录              →   编制投标文件
    ↓                           ↓
接受投标书               ←   递交投标文件
    ↓                           ↓
开标                    →   参加开标会议
    ↓                           ↓
评标                    →   解答有关问题
    ↓
定标
    ↓
发中标通知书             →   接受中标
    ↓                           ↓
签约谈判                ←   准备履约保证、
                              进行签约谈判
    ↓                           ↓
签订合同                ←   提交履约保证、
                              签订合同
    ↓
通知未中标人
```

图 7-1 公开招投标程序

（2）编制招标文件

招标人应根据《标准文件》和行业标准施工招标文件,结合招标项目具体特点和实际需要,编制招标文件。招标文件是投标人编制投标文件和报价的依据,因此应包括招标项目的所

171

有实质性要求和推进。

(3)编制标底

标底是由招标人组织专门人员为准备招标的工程计算出的一个合理的基本价格。标底是招标人的绝密资料,在开标之前不能向任何无关人员泄露。招标人可以自主决定编制或不编制标底。目前,通常由招标人编制招标控制价。

(4)发布招标公告或招标邀请书

招标公告由招标人通过国家指定的报刊、信息网络或者其他媒介发布。对于邀请招标的项目,招标人发出招标邀请书。

2. 组织资格审查

组织资格审查主要是审查潜在投标人的签约资格、履约能力,一般按以下程序进行。

(1)编制资格预审文件

对依法进行招标的项目,招标人应使用相关部门制定的标准文本,根据项目的特点和需要编制资格预审文件。

预审文件的主要内容有:投标人的名称、住所、电话、(地址、网址)、资质等级、内部组织结构、法定代表人姓名、职务、联系办法等;投标人的财务状况,如注册资本、固定资产、流动资金、上年度产值额、可获得贷款额、能提供担保的银行或法人;投标人的人员、设备条件,如与招标项目有关的关键人员一览表(姓名、学历、职称、经验等)、关键设备一览表(名称、性能、原值、已使用年限)、职工总数等;投标人的业绩,如投标人近年来在技术、管理、企业信誉、实力方面所取得的成绩,近年来完成的承包项目及履行中的合同项目情况(名称、地址、主要经济技术指标、交付日期、评价、业主名称、电话等),完成类似招标项目的经验;投标人在本招标项目上的优势;资格预审结论,由招标人在审查结束后填写和资格预审表附件。资格预审表附件包括:投标人企业法人营业执照、资质等级证书、近几年的资产负债表、完成项目的质量等级证书、获奖证书、资信等级证书、通过系列质量认证证书等。

(2)发售资格预审公告

资格预审公告应在有权部门依法指定的媒介发布。

(3)发售资格预审文件

潜在投标人获得招标项目信息后一般要做必要的调查,如对招标人的资信、招标项目背景、实施条件等进行初步的了解并结合自身条件决定是否参与投标。有意参加投标的就按照资格预审公告规定的时间、地点申请领取或购买资格预审文件。给潜在投标人准备资格预审文件的时间应不少于5d。申请人对预审文件有异议,应当在递交预审文件截止日前2d通常,招标人应在收到异议的3d内做出答复。答复前,暂停实施下一步招标工作。

(4)资格预审文件的澄清、修改

招标人可以对发出的预审文件进行必要的澄清或修改。澄清或修改至少应在截止日前3d,以书面形式通知所有潜在投标人,不足3d的,应顺延提交资格预审申请文件的截止日期。

(5)组建资格审查委员会

资格审查委员会由招标人或其委托的招标代理机构熟悉相关业务的代表,以及有关技术、经济等方面的专家组成。成员人数为超过5人的单数,其中技术、经济等方面专家应超过三分之二。

(6) 潜在投标人递交资格预审申请文件

潜在投标人应严格按照预审文件要求的格式和内容,编制、签署、装订、密封、标示资格预审申请文件,按照规定的时间、地点方式递交。

(7) 资格预审审查报告

资格审查委员会应当按照预审文件载明的标准和方法,对资格预审申请文件进行审查,确定通过资格预审的申请人名单,并向招标人提交书面资格审查报告。

(8) 确认通过资格预审的申请人

招标人根据资格审查报告确认通过资格预审的申请人,并向其发出投标邀请书,并要求收到后以书面方式确认是否参加投标。同时,向未通过者发出资格预审结果的书面通知。

3. 发售招标文件

招标人按照招标公告或投标邀请书的时间、地点发售招标文件。

4. 现场踏勘

现场勘察是到现场进行实地考察。投标人通过对招标的工程项目踏勘,可以了解实施场地和周围的情况,获取其认为有用的信息;核对招标文件中的有关资料和数据并加深对招标文件的理解,以便对投标项目做出正确的判断,对投标策略、投标报价做出正确的决定。

招标人在投标须知规定的时间组织投标人自费进行现场踏勘。踏勘人员一般可由投标决策人员、拟派现场实施项目的负责人及投标报价人员组成。现场考察的主要内容包括交通运输条件及当地的市场行情、社会环境条件等。招标人通过组织投标人进行现场踏勘可以有效避免合同履行过程中投标人以不了解现场,或招标文件提供的现场条件与现场实际不符为由推卸本应承担的合同责任。

5. 投标预备会

投标预备会也称标前会议或招标文件交底会,是招标人按投标须知规定时间和地点召开的会议。标前会议上招标单位除了介绍工程概况外,还可对招标文件中的某些内容加以修改或予补充说明,以及对投标人书面提出的问题和会议上即席提出的问题给予解答。会议结束后,招标人应将会议记录用书面通知的形式发给每一位投标人。

投标人应在投标公告规定的时间前,以书面形式将提出的问题送达招标人,以便招标人在会议期间澄清。投标预备会后,招标人在投标人须知前附表规定的时间内,将对投标人所提问题的澄清,以书面方式通知所有购买招标文件的投标人。该澄清内容为招标文件的组成部分。

6. 投标及投标文件的接收

投标人在获得招标文件后要组织力量认真研究招标文件的内容,并对招标项目的实施条件进行调查。在此基础上结合投标人的实际,按照招标文件的要求编制投标文件。投标文件应当对招标文件提出的实质性要求和条件做出响应。施工招标项目的投标文件,内容应当包括拟派出的项目负责人与主要技术人员的简历、业绩和拟用于完成招标项目的机械设备等。

投标人根据招标文件载明的项目实际情况,拟在中标后将中标项目的部分非主体、非关键性工作进行分包的,应当在投标文件中载明。

两个以上法人或者其他组织可以组成一个联合体,以一个投标人的身份共同投标。

联合体各方均应具备承担招标项目的相应能力。国家有关规定或者招标文件对投标人资格条件有规定的,联合体各方均应当具备规定的相应资格条件。由同一专业的单位组成的联合体,按照资质等级较低的单位确定资质等级。联合体各方应当签订共同投标协议,明确约定各方拟承担的工作和责任,并将共同投标协议连同投标文件一并提交招标人。联合体中标的,联合体各方应当共同与招标人签订合同,就中标项目向招标人承担连带责任。但招标人不得强制投标人组成联合体共同投标,不得限制投标人之间的竞争。

投标人不得相互串通投标报价,不得排挤其他投标人的公平竞争,损害招标人或者其他投标人的合法权益。投标人不得与招标人串通投标,损害国家利益、社会公共利益或者他人的合法权益。

投标人不得以低于成本的报价竞标,也不得以他人名义投标或者以其他方式弄虚作假,骗取中标。

投标人应当在招标文件要求提交投标文件的截止时间前,将投标文件送达招标文件规定的投标地点。招标人收到投标文件后,应当签收保存,不得开启。在招标文件要求提交投标文件的截止时间后送达的投标文件,招标人应当拒收。投标人在招标文件要求提交投标文件的截止时间前,可以补充、修改或者撤回已提交的投标文件,并书面通知招标人。补充、修改的内容为投标文件的组成部分。

提交有效投标文件的投标人少于3人的,招标人必须重新组织招标。

7. 组建评标委员会

评标委员会由招标人或其委托的招标代理机构熟悉相关业务的代表,以及有关技术、经济等方面的专家组成。成员人数为超过5人的单数,其中技术、经济等方面专家应超过三分之二。

8. 开标

开标是同时公开各投标人报送的投标文件的过程。开标使投标人知道其他竞争对手的要约情况,也限定了招标人只能在这个开标结果的基础上评标、定标。这是招标投标公开性、公平性原则的重要体现。

招标人应在规定的投标截止时间(开标时间)和投标人须知前附表规定的地点公开开标,并邀请所有投标人的法定代表人或其委托代理人准时参加。主持人按下列程序进行开标。

(1)宣布开标纪律。

(2)公布在投标截止时间前递交投标文件的投标人名称,并点名确认投标人是否派人到场。

(3)宣布开标人、唱标人、记录人、监标人等有关人员姓名。

(4)按照投标人须知前附表规定检查投标文件的密封情况。

(5)按照投标人须知前附表的规定确定并宣布投标文件开标顺序。

(6)设有标底的,公布标底。

(7)按照宣布的开标顺序当众开标,公布投标人名称、标段名称、投标保证金的递交情况、投标报价、质量目标、工期及其他内容,并记录在案。

(8)投标人代表、招标人代表、监标人、记录人等有关人员在开标记录上签字确认。

(9)开标结束。

9. 评标

评标活动应遵循公平、公正、科学和择优的原则,由评标委员会按照招标文件中"评标办法"规定的方法、评审因素、标准和程序对投标文件进行评审。评标完成后应当向招标人提交书面的评标报告并推荐中标候选人名单。

10. 合同签订

（1）确定中标人

定标是招标人享有的选择中标人的最终决定权、决策权。招标人可以授权评标委员会直接确定中标人，也可依据评标委员会推荐的中标候选人确定中标人，评标委员会一般推荐1~3名中标候选人。

招标人不得在评标委员会依法推荐的中标候选人以外确定中标人，也不得在所有投标书被评标委员会依法否决后自行确定中标人，否则所做的中标决定无效，并要被处以中标价千分之五到千分之十的罚款，且责任人将依法受到处罚。

确定中标人后，招标人在规定的投标有效期内以书面形式向中标人发出中标通知书，同时将中标结果通知未中标的投标人。

（2）履约担保

在签订合同前，中标人应按投标人须知前附表规定的金额、担保形式和履约担保格式向招标人提交履约担保。联合体中标的，其履约担保由牵头人递交。

中标人不能按要求提交履约担保的，视为放弃中标，其投标保证金不予退还，给招标人造成的损失超过投标保证金数额的，中标人还应当对超过部分予以赔偿。

（3）合同订立

招标人和中标人应当自中标通知书发出之日30d内，按照招标文件和中标人的投标文件订立书面合同。招标人和中标人不得再行订立背离实质性内容的其他协议。

中标人无正当理由拒签合同的，招标人取消其中标资格，其投标保证金不予退还；给招标人造成的损失超过投标保证金数额的，中标人还应当对超过部分予以赔偿。

发出中标通知书后，招标人无正当理由拒签合同的，招标人向中标人退还投标保证金；给中标人造成损失的，还应当赔偿损失。

11. 重新招标和不再招标

（1）重新招标

有下列情形之一的，招标人将重新招标：

①投标截止时间止，投标人少于3个的。

②经评标委员会评审后否决所有投标的。

（2）不再招标

重新招标后投标人仍少于3个或者所有投标被否决的，属于必须审批或核准的工程建设项目，经原审批或核准部门批准后不再进行招标。

三、施工评标办法

评标办法是招标人根据项目的特点和要求，参照一定的评审因素和标准，对投标文件进行评价和比较的方法。常用的评标方法分为经评审的最低投标价法（简称最低评标价法）和综合评估法两种。

1. 最低评标价法

最低评标价法一般适用于具有通用技术、性能标准或招标人对其技术、性能标准没有特殊要求的招标项目。其评审因素与评审标准见表 7-1。

经评审的最低评标价法评审因素与评审标准　　　　　　　　表 7-1

评审标准	评审因素	评审标准
形式评审标准	投标人名称	与营业执照、资质证书、安全生产许可证一致
	投标函签字盖章	有法定代表人或其委托代理人签字或加盖单位章
	投标文件格式	符合第八章"投标文件格式"的要求
	联合体投标人	提交联合体协议书,并明确联合体牵头人(如有)
	报价唯一	只能有一个有效报价
	……	……
资格评审标准	营业执照	具备有效的营业执照
	安全生产许可证	具备有效的安全生产许可证
	资质等级	符合"投标人须知"规定
	财务状况	符合"投标人须知"规定
	类似项目业绩	符合"投标人须知"项规定
	信誉	符合"投标人须知"项规定
	项目经理	符合"投标人须知"规定
	其他要求	符合"投标人须知"规定
	联合体投标人	符合"投标人须知"规定(如有)
	……	……
响应性评审标准	投标内容	符合"投标人须知"规定
	工期	符合"投标人须知"规定
	工程质量	符合"投标人须知"规定
	投标有效期	符合"投标人须知"规定
	投标保证金	符合"投标人须知"规定
	权利义务	符合"合同条款及格式"规定
	已标价工程量清单	符合"工程量清单"给出的范围及数量
	技术标准和要求	符合"技术标准和要求"规定
	……	……
施工组织设计和项目管理机构评审标准	施工方案与技术措施	……
	质量管理体系与措施	……
	安全管理体系与措施	……
	环境保护管理体系与措施	……
	工程进度计划与措施	……
	资源配备计划	……

续上表

评审标准	评审因素	评审标准
施工组织设计和项目管理机构评审标准	技术负责人	……
	其他主要人员	……
	施工设备	……
	试验、检测仪器设备	……
	……	……
详细评审标准	单价遗漏	……
	付款条件	……
	……	……

1) 评标方法

(1) 评审比较的原则

最低评标价法是以投标报价为基数,考量其他因素形成评审价格,对投标文件进行评价的一种评标方法。

评审委员会对满足招标文件实质要求的投标文件,根据详细评审标准规定的量化因素及量化标准进行价格折算,按照经评审的投标价由低到高的顺序推荐中标候选人,或根据招标人授权直接确定中标人,但报价低于成本的例外,并且中标人的投标应当能够满足招标文件的实质性要求。经评审的投标报价相等时,投标报价的优先,投标报价也是相等的,由招标人自行确定。

(2) 最低评标价法的基本步骤

首先按照初步评审标准对投标文件进行初步评审,然后根据详细评审标准对通过初步审查的投标文件进行价格折算,确定其评审价格,再按照由低到高的顺序推荐 1~3 名中标候选人或根据招标人的授权直接确定中标人。

2) 评审标准

(1) 初步评审标准

投标初步评审分为形式评审、资格评审、响应性评审和施工组织设计和项目管理机构评审标准 4 个方面。具体内容见表 7-2。

综合评估法评审因素与评审标准　　表 7-2

评审标准	评审因素	评审标准
形式评审标准	投标人名称	与营业执照、资质证书、安全生产许可证一致
	投标函签字盖章	有法定代表人或其委托代理人签字或加盖单位章
	投标文件格式	符合第八章"投标文件格式"的要求
	联合体投标人	提交联合体协议书,并明确联合体牵头人
	报价唯一	只能有一个有效报价
	……	……

续上表

评审标准	评审因素	评审标准
资格评审标准	营业执照	具备有效的营业执照
	安全生产许可证	具备有效的安全生产许可证
	资质等级	符合"投标人须知"规定
	财务状况	符合"投标人须知"规定
	类似项目业绩	符合"投标人须知"规定
	信誉	符合"投标人须知"规定
	项目经理	符合"投标人须知"规定
	其他要求	符合"投标人须知"规定
	联合体投标人	符合"投标人须知"规定
	……	……
响应性评审标准	投标内容	符合"投标人须知"规定
	工期	符合"投标人须知"项规定
	工程质量	符合"投标人须知"规定
	投标有效期	符合"投标人须知"规定
	投标保证金	符合"投标人须知"规定
	权利义务	符合"合同条款及格式"规定
	已标价工程量清单	符合"工程量清单"给出的范围及数量
	技术标准和要求	符合"技术标准和要求"规定
	……	……
分值构成(总分100分)		A 施工组织设计:分 B 项目管理机构:分 C 投标报价:分 D 其他评分因素:分
投标报价的偏差率计算公式		偏差率=100%×(投标人报价-评标基准价)/评标基准价
施工组织设计评分标准	内容完整性和编制水平	……
	施工方案与技术措施	……
	质量管理体系与措施	……
	安全管理体系与措施	……
	环境保护管理体系与措施	……
	工程进度计划与措施	……
	资源配备计划	……
	……	……
项目管理机构评分标准	项目经理任职资格与业绩	……
	技术负责人任职资格与业绩	……
	其他主要人员	……
	……	……

续上表

评审标准	评审因素	评审标准
投标报价评分标准	偏差率	……
	……	……
其他因素评分标准	……	……

(2)详细评审标准

详细评审的因素一般包括单价遗漏和付款条件等。详细评审标准对表7-3中规定的量化因素是列举性的,并没有包括所有量化因素和标准,招标人应根据项目具体特点和实际需要,进一步删减、补充或细化。

(3)评标程序

①初步评审

对于未进行资格预审的,评标委员会可以要求投标人提交规定的有关证明和证件的原件,以便核验。评标委员会依据上述标准对投标文件进行初步评审,有一项不符合评审标准的,作废标处理。

对于已进行资格预审的,评标委员会依据本评标办法中表7-2规定的评审标准对投标文件进行初步评审。有一项不符合评审标准的,作废标处理。当投标人资格预审申请文件的内容发生重大变化时,评标委员会依据表7-2规定的标准对其更新资料进行评审。(适用于已进行资格预审的)

投标报价有算术错误的,评标委员会按以下原则对投标报价进行修正,修正的价格经投标人书面确认后具有约束力。投标人不接受修正价格的,其投标作废标处理。

a. 投标文件中的大写金额与小写金额不一致的,以大写金额为准;

b. 总价金额与依据单价计算出的结果不一致的,以单价金额为准修正总价,但单价金额小数点有明显错误的除外。

②详细评审

评标委员会评标办法中详细评审标准规定的量化因素和标准进行价格折算,计算出评标价,并编制价格比较一览表。

评标委员会发现投标人的报价明显低于其他投标报价,或者在设有标底时明显低于标底,使得其投标报价可能低于其成本的,应当要求该投标人做出书面说明并提供相应的证明材料。投标人不能合理说明或者不能提供相应证明材料的,由评标委员会认定该投标人以低于成本报价竞标,其投标作废标处理。

③投标文件的澄清和补正

在评标过程中,评标委员会可以书面形式要求投标人对所提交的投标文件中不明确的内容进行书面澄清或说明,或者对细微偏差进行补正。评标委员会不接受投标人主动提出的澄清、说明或补正。

澄清、说明和补正不得改变投标文件的实质性内容(算术性错误修正的除外)。投标人的书面澄清、说明和补正属于投标文件的组成部分。

评标委员会对投标人提交的澄清、说明或补正有疑问的,可以要求投标人进一步澄清、说明或补正,直至满足评标委员会的要求。

④评标结果

除授权直接确定中标人外,评标委员会应按照经评审的价格由低到高的顺序推荐中标候选人。完成评标后,应当向招标人提交书面评标报告。

2. 综合评估法

综合评估法是综合衡量价格、商务、技术等各项因素对招标文件的满足程度,按照统一的标准量化后进行比较的方法,采用综合评标法,可以将这些因素折算为、分数或比例系数等,再做比较。

综合评估法一般适用于招标人对招标项目的技术、性能有专门要求的招标项目。与最低评标价法要求一样,招标人编制的施工招标文件时,应按照标准施工招标文件的规定进行评标。评标因素见表7-2。

1) 评标方法

评标委员会对满足招标文件实质性要求的投标文件,按照表7-2所列的分值构成与评分标准进行打分,并按得分由高到低顺序推荐中标候选人,或根据招标人授权直接确定中标人,但投标报价低于其成本的除外。综合评分相等时,以投标报价低的优先;投标报价也相等的,由招标人自行确定。

2) 评审标准

(1) 初步评审标准

综合评估法与最低评标价法初步评审标准的参考因素与评审标准等方面基本相同,只是综合评估法初步评审标准包含的形式评审标准、资格评审标准和响应性评审标准三部分应按照一定的标准进行分值或货币量化。

(2) 分值构成与评分标准

①分值构成

根据项目实际情况需要,将施工组织设计、项目管理机构、投标报价及其他评分因素分配一定的权重或分值及区间。例如,以100分为满分,施工组织设计占25分,项目管理机构10分,投标报价60分,其他因素5分。

②评标基准价计算

评标基准价的计算方法应在表7-2中明确。招标人可依据招标项目的特点、行业管理规定给出评标基准价的计算方法。需要注意的是招标人需要在表7-2中明确有效报价的含义,以及不可竞争费用的处理。

③投标报价的偏差率计算

投标报价的偏差率计算公式为:

$$偏差率 = 100\% \times \frac{投标人报价 - 评标基准价}{评标基准价}$$

④评分标准

招标人应该明确施工组织设计、项目管理机构、投标报价和其他因素的评分因素、评分标准,以及各评分因素的权重。

(3) 评标程序

①初步评审

评标委员会依据规定的评审标准对投标文件进行初步评审。有一项不符合评审标准的，作废标处理。当投标报价有算术错误的，评标委员会按以下原则对投标报价进行修正，修正的价格经投标人书面确认后具有约束力。投标人不接受修正价格的，其投标作废标处理。

投标文件中的大写金额与小写金额不一致的，以大写金额为准；总价金额与依据单价计算出的结果不一致的，以单价金额为准修正总价，但单价金额小数点有明显错误的除外。

②详细评审

评标委员会按规定的量化因素和分值进行打分，并计算出综合评估得分。对施工组织设计计算出得分 A；对项目管理机构计算出得分 B；对投标报价计算出得分 C；对其他部分计算出得分 D。评分分值计算保留小数点后两位，小数点后第三位"四舍五入"。

投标人得分 = A + B + C + D。

评标委员会发现投标人的报价明显低于其他投标报价，或者在设有标底时明显低于标底，使得其投标报价可能低于其个别成本的，应当要求该投标人做出书面说明并提供相应的证明材料。投标人不能合理说明或者不能提供相应证明材料的，由评标委员会认定该投标人以低于成本报价竞标，其投标作废标处理。

③投标文件的澄清和补正

投标文件的澄清和补正与最低标价法同。

④评标结果

评标结果与最低标价法同。

第二节　机场工程合同管理

一、建设工程合同概述

1. 合同

1) 合同的概念

依据《合同法》的规定，合同是平等主体的自然人、法人、其他组织之间设立、变更、终止民事权利义务关系的协议。

合同在主体上范围较宽，可以是法人，也可以是自然人或其他组织。自然人是基于出生而依法成为民事法律关系主体的人。法人是具有民事权利能力和民事行为能力，依法独立享有民事权利和承担民事义务的组织，它包括企业法人、机关法人、事业单位法人和社会团体法人。其他组织是指依法成立，但不具备法人资格，而能以自己的名义参与民事活动的经济实体或者法人的分支机构等其他社会组织。

合同在内容上应是关于财产关系即民事债权和债务关系的协议而不是人身关系的协议，这是合同法的要求。对涉及婚姻、收养、监护等有关身份关系的协议，适用其他法律的规定。

合同具有以下法律特征。

(1) 依法成立的合同，对双方当事人具有法律约束力；

（2）合同当事人应当具有相应的民事权利能力和民事行为能力；

（3）合同是当事人双方在平等协商基础上共同做出的法律行为，又是基于双方当事人自由自愿的意思表示而成立的法律行为。

2）合同的分类

(1)《合同法》的基本分类

我国合同法将合同划分为买卖合同、供应电、水、气、热力合同、赠予合同、借款合同、租赁合同、融资租赁合同、承揽合同、建设工程合同、运输合同、技术合同、保管合同、仓储合同、委托合同、行纪合同、居间合同，共15类。

(2)其他分类

①计划合同与非计划合同

计划合同是根据国家有关计划签订的合同；非计划合同则是当事人根据市场需求和自己的意愿订立的合同。市场经济条件下，计划合同比重大大降低，非计划合同比重逐渐上升。

②双务合同与单务合同

双务合同是当事人双方相互享有权利和相互负有义务的合同。大多数合同都是双务合同，如建设工程合同。单务合同是指合同当事人双方并不相互享有权利、负有义务的合同，如赠予合同。

③诺成合同和实践合同

诺成合同是当事人意思表示一致即可成立的合同。实践合同则要求在当事人意思表示一致的基础上，还必须交付标的物或其他给付义务的合同。在现在经济生活中，大部分合同都是诺成合同。这种合同分类的目的在于确定合同的生效时间。

④主合同与从合同

主合同是指不依赖其他合同而独立存在的合同。从合同是以主合同的存在为存在前提的合同。主合同的无效、终止将导致从合同的无效、终止，但从合同的无效、终止不能影响主合同。担保合同是典型的从合同。

⑤有偿合同与无偿合同

有偿合同是指合同当事人双方任何一方均须给予另一方相应权益方能取得自己的利益的合同。而无偿合同当事人一方均无须给予相应权益即可从另一方取得利益。在市场经济中，绝大部分合同都是有偿合同。

⑥要式合同和不要式合同

如果法律要求必须具备一定形式和手续的合同，称为要式合同。反之，法律不要求必须具备一定形式和手续的合同，称为不要式合同。

2.建设工程合同

1）建设工程合同概念

建设工程合同是指建设工程项目业主与承包商为完成一定的工程建设任务，而明确双方权利义务的协议，是承包商进行工程建设，业主支付价款的合同。建设工程合同是一种诺成合同，合同订立生效后双方应当严格履行。建设工程合同也是一种双务、有偿合同，当事人双方在合同中都有各自的权利和义务，在享有权利的同时必须履行义务。

2)建设工程合同的类型

根据不同的分类标准,建设工程合同可以划分为不同的类型。

(1)根据完成承包的内容划分

①施工承包合同

a.单项工程的施工或安装承包合同;

b.施工和安装总承包合同。

《标准施工招标文件》中的合同模式是我国建设工程施工合同目前采用的基本合同模式。

②材料、设备采购合同

a.生产设备采购合同;

b.生产设备采购与安装合同;

c.生产设备采购、安装与包含部分土建工程设计、施工、安装总承包合同。

我国基本采用前两种合同模式,第三种模式属于以生产设备采购为主体的总承包合同模式,具体内容参考国外和国际招标采用的总承包合同模式。

③建设工程咨询服务合同

a.勘察、设计合同;

b.建设监理合同;

c.科学研究合同;

d.专题咨询服务协议。

我国在咨询服务领域里常见的4种合同模式中,勘察、设计合同、建设监理合同通常采用招标方式或直接委托建立,后两类合同一般通过询价方式或直接委托建立。

(2)根据承包的范围划分

①建设全过程承包合同。建设全过程承包合同也称工程项目总承包合同,即通常所说的"交钥匙"合同。采用这种合同的工程项目,主要是大型工业、交通和大型设施项目。

②阶段承包合同。阶段承包合同是以建设过程中的某一阶段或某些阶段的工作为标的承包合同。

③专项承包合同。专项承包合同是以建设过程中某一阶段某一专业性项目为标的承包合同。这种合同通常由总承包单位与相应的专业分包单位签订;有时也可由建设单位与专业承包商直接签订。

④建设—运营—转让承包合同。简称BOT合同,是世纪年代新兴的一种带资承包方式,主要适用于大型基础设施项目,如高速公路、地下铁道、海底隧道、发电厂等。

(3)按承包合同计价方法划分

工程项目的条件和承包内容的不同,常要求不同的合同和包价计算方法。因此,在实践中,合同类型和计价方法就成为划分承包方式的主要依据。

①总价合同

总价合同要求承包商按照业主提供的文件要求报一个总价,据之完成文件中所规定的全部项目。采用这种合同,对业主比较简便,开工前期,对工程总的开支就可以做到心中有数;在施工过程中,只需按合同规定的方式付款,可集中精力控制工程质量和进度。但是这种合同方式在选择承包商时一般应具备下列两个条件。

a. 业主必须详细而全面地准备好设计图纸(一般要求施工详图)和各项说明,以便承包商能准确地计算工程量。

b. 工程风险不大,技术不太复杂,工程量不太大,工期不太长,一般在一年以内。

因为总价合同对承包商来说,具有一定的风险,如物价波动、气候条件恶劣、水文地质条件差以及其他意外的困难等。总价合同主要有以下两种。

a. 固定总价合同。按商定的总价承包工程。它的特点是以图纸和工程说明书为依据,明确承包内容的计算包价,并一次包死。采用这种方式,对业主来讲比较省事,大都比较欢迎与乐意;但对承包商来说,如果工期较短(一般不超过一年),能比较精确地估算造价,不冒太大风险,也是一种比较简便的方式。如果不能精确估价、问题较多,势必增加不可预见费,对承发包双方都不利,不宜采用这种方式。

b. 调值总价合同。在报价及订合同时,以招标文件的要求及当时的物价计算总价合同,但在合同条款中双方商定:如果在执行合同中由于通货膨胀引起工料成本增加达到某一限度时,合同总价应相应调整。这种合同业主承担了通货膨胀这一不可预见的费用因素的风险,承包商承担其他风险,适用于工期较长(一年以上)的工程。

②单价合同

单价合同是总价合同的一种变种形式。其主要特征是:在整个合同期间执行同一合同单价,而工程量则按实际完成的数量结算,也就是量变而价不变。这是目前国际上采用最为普遍的一种合同形式。单价合同分为估计工程量单价合同和纯单价合同两种形式。

a. 估计工程量单价合同。以工程量清单和单价表为计算包价的依据。通常由业主委托设计单位或咨询机构提出工程量清单,列出分部分项工程量,由承包商填报单价,再算出总价。但在每月结账时,以实际完成的工程量结算。在工程全部完成时以竣工图最终结算工程的总价格。

b. 纯单价合同。承包商根据业主提供的分项工程的工作项目一览表填报各项目的单价,施工时按实际工程量结算。在设计单位还来不及提供施工详图,或虽有施工图但由于对工程的某些条件尚不完全清楚而不能比较准确地计算工程量时采用这种合同形式。

③成本加酬金合同

成本加酬金合同是业主向承包商支付实际工程成本中的直接费,按事先协议好的某一种方式支付酬金(管理费及利润)的一种合同方式。对工程内容及其技术经济指标尚未完全确定而又急于上马的工程,可采用这种合同。其缺点是业主对工程造价不易控制。成本加酬金合同有多种形式,主要有以下几种。

a. 成本加固定酬金指将发生的工程直接费实报实销,但补偿给承包商的酬金事先商定在一个固定不变的数额上。其计算公式为:

$$C = C_d + F \tag{7-1}$$

式中:C——总造价;

C_d——实际发生的工程成本;

F——酬金。

从上式可以看出,F 数额是固定不变的,而总造价 C 则随着工程成本 C_d 的多少而确定其高低。业主应按实际发生的成本数额和双方商定的酬金支付给承包商,但承包商为了尽快得到酬金,必然关注工期的缩短,故仍有可取之处。在工程总成本一开始估计不准,可能变化较大的情况下,可采用此合同形式承包。

b. 成本加固定百分数酬金

这种承包方式是指承包商除收取实际发生的工程成本费用外,另按双方商定的以实际成本为计取基数的固定百分率计取酬金,即:

$$C = C_d(1 + p) \tag{7-2}$$

式中:p——固定百分率。

这种方式对承包商来讲不会主动关注工期缩短和降低成本,因为成本越高承包商所得酬金越高,这对业主不利。

c. 成本加浮动酬金

这种承包方式双方要事先商定工程成本和酬金的预期水平。如果实际工程成本等于工程成本的预期水平,工程总造价就是成本加固定酬金;如果实际工程成本低于工程成本的预期水平,则增加酬金;如果实际成本高于预期水平,则减少酬金。即:

$$\begin{aligned} C &= C_d + F & (C_d = C_0) \\ C &= C_d + F + \Delta F & (C_d < C_0) \\ C &= C_d + F - \Delta F & (C_d > C_0) \end{aligned} \tag{7-3}$$

式中:C_0——预期成本;

ΔF——增加或减少的酬金部分。

这种承包方式可以促使承包商关心降低成本和缩短工期;业主和承包商都不会承担多大风险;但在实践中预期成本的确定比较复杂,测算准不太容易,要求业主和承包商的代表都应具有比较丰富的实践经验。当招标前设计图纸、规范等技术文件资料准备不充分,不能据以确定合同价格,而仅能制定一个概算指标时,可采用这种形式。

d. 保证最高成本加固定数额酬金合同

这种合同规定实际造价超过议定的总价时,超过部分由承包商负责。采用这种承包方式可以保证业主不会超过预定的金额,但承包商要承担较大的风险。

3. 建设工程主要合同关系

建设工程项目是一个极为复杂的社会生产过程,涉及到多方面的合同关系,其中,最主要的是业主的合同关系和承包商的合同关系。

1)业主的主要合同关系

业主作为工程(或服务)的买方,是工程的所有者,他可能是政府、企业、其他投资者,或几个企业的组合,或政府与企业的组合。业主根据对工程的需求,确定工程项目的整体目标,这个目标是所有相关合同的核心。要实现工程总目标,业主必须将建设工程的勘察、设计、各专业工程施工、设备和材料供应、建设过程的咨询与管理等工作委托出去,必须与有关单位签订如下各种合同:施工承包合同、咨询(监理)合同、勘察设计合同、供货合同、贷款合同。

建设工程中业主的主要合同关系如图 7-2 所示。

2)承包商的主要合同关系

承包商是建设工程的具体实施者,是工程承包合同的执行者。承包商通过投标接受业主的委托,签订工程承包合同。工程承包合同和承包商是任何建设工程中都不可缺少的。但是,任何承包商都不能、也不必具备所有专业工程的施工能力、材料和设备的生产和供货能力,他同样必须将许多专业工作委托出去。所以承包商常又有自己复杂的合同关系,主要包括:分包合同、供货合同、运输合同、加工合同、租赁合同、劳务合同、保险合同。

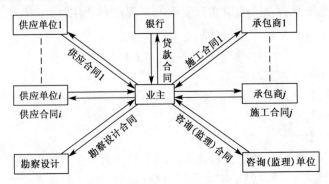

图 7-2 业主的主要合同关系

承包商的主要合同关系如图 7-3 所示。

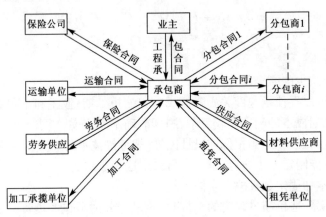

图 7-3 承包商的主要合同关系

4. 建设工程合同管理

1)建设工程合同管理的概念

建设工程合同管理,是指对建设工程项目建设有关的各类合同,从合同条件的拟定、协商,合同的订立、履行和合同纠纷处理情况的检查和分析等环节进行的科学管理工作,以期通过合同管理实现建设工程项目的"三控制"目标,维护合同当事人双方的合法权益。建设工程合同管理的过程是一个动态过程,是随着建设工程项目管理的实施而实施的,因此建设工程合同管理是一个全过程的动态管理。

2)建设工程合同管理的内容

(1)建设工程合同的总体策划。

在建设工程项目的开始阶段,必须对与工程相关的合同进行总体策划。首先应确定根本性和方向性的,对整个工程、整个合同的签订和实施有重大影响的问题。合同总体策划的目标是通过合同保证项目目标的实现。它必须反映建设工程项目战略和企业战略,反映企业的经营指导方针和根本利益。它主要确定如下一些重大问题。

①如何将项目分解成几个独立的合同？每个合同有多大的工程范围？
②采用怎样的委托方式和承包方式？
③采用怎样的合同种类、形式及条件？
④合同中一些重要条款的确定。
⑤合同签订和实施过程中一些重大问题的决策。
⑥工程项目相关各个合同在内容上、时间上、组织上、技术上的协调等。
⑦建设工程合同总体策划包括业主的合同总体策划和承包商的合同总体策划。

业主对准备招标的工程项目分成几个单独招标的部分，即对工程的这几部分都编出独立的招标文件进行招标。这几部分既可同时招标，也可分批进行几次招标，可以由数家承包商分别承包，也可由一家承包商全部中标，独家承包。分标的原则是有利于吸引更多的投标者参加投标，以发挥各个承包商的专长，降低造价，保证质量，加快工程进度。但分标也要考虑便于施工管理，减少施工干扰，使施工能有条不紊地进行。

分标时考虑的主要因素有：

①工程特点。如果工程场地集中、工程量不大、技术上不太复杂，由一家承包商总包容易管理，一般不分标。但如施工场地大，有特殊技术要求，则应考虑分标。

②对工程造价的影响。一般来说，一个工程由一个承包商施工，不但干扰少，便于管理，而且由于临时工程少，人力、机械设备可统一调度使用，因而可望得到较低的报价。但是要具体问题具体分析，如果是一个大型复杂的工程项目，则对承包商的施工能力、施工经验、施工设备有很高的要求，在这种情况下，如不分标就可能使有资格参加此项工程投标的承包商数大大减少，竞争对手的减少必然导致报价的上涨，反而不能得到合理的报价。

③有利于发挥承包商的专长，增加对承包商的吸力，使更多的承包商来投标。

④工地管理。从工地管理的角度来看，分标时应考虑两个方面的因素：一是工程进度的衔接；二是工地现场的布置与干扰。尤其是工程进度的衔接，关键线路的项目一定要选择施工水平高、能力强、信誉好的承包商，以防止影响其他承包商的进度。

⑤其他因素。如资金问题，资金不足时可以先部分招标；或者是分几标段(大型项目)同时招标，分摊风险，避免因资金暂时不到位承包商难以承受而延误工期。

例如，在机场工程建设中，一个新建机场的飞行区建设项目，按工程的特性可划分为场道工程、助航灯光工程和通讯导航工程三大项，应分别招标。其中场道工程又可视其建设规模划分为2~3个标段(一般以两个标段为最佳)同时招标，以便在招标过程中通过竞争降低标价；在工程施工中通过劳动竞赛加快施工进度，提高工程质量。

(2)建设工程合同的订立。一般情况下，建设工程合同都是通过招标投标方式选择承包商订立的。

(3)建设工程合同的履行。随着建设工程项目的实施，业主和承包商都必须有专业的合同管理小组负责合同的履行。

(4)建设工程合同的纠纷的处理。

3)建设工程合同管理的类型

(1)根据合同管理的主体划分

①业主的合同管理；

②承包商的合同管理。

(2)根据项目实施的阶段划分

①合同订立前的管理。合同签订意味着合同生效和全面履行,所以必须采取谨慎、严肃、认真的态度,作好签订前的准备工作,具体内容包括:市场预测、资信调查和决策,以及订立合同前行为的管理。

②合同订立时的管理。合同订立阶段,意味着当事人双方经过工程招标投标活动,充分酝酿、协商一致,从而建立起建设工程合同法律关系。订立合同是一种法律行为,双方应当认真、严肃拟定合同条款,做到合同合法、公平、有效。

③合同履行中的管理。合同依法订立后,当事人应认真做好履行过程中组织和管理工作,严格按照合同条款,享有权利和承担义务。在合同履行中,当事人之间有可能发生纠纷,当争议纠纷出现时,有关双方首先应从整体、全局利益的目标出发,做好有关的合同管理工作,合同资料是重要的、有效的法定证据,以利于纠纷的解决。

二、建设工程施工合同管理

1. 施工合同的概念及特点

1)施工合同的概念

建设工程施工合同建设工程合同的一种,是发包人与承包人就完成具体工程项目的建筑施工、设备安装、设备调试、工程保修等工作内容,确定双方权利和义务的协议。它属于双务、诺成合同,其目标是将设计图纸变为满足功能、质量、进度、投资等发包人投资预期目的的建筑产品。

2)施工合同的特点

(1)合同标的的特殊性

施工合同的标的是各类施工项目,其标的物是建筑产品,它不同于工厂批量生产的产品,在建造过程中常受到自然条件、地质水文条件、社会条件、人为条件等因素的影响,具有单件性的特点。这就决定了每个施工合同的标的都是特殊的,相互间具有不可替代性。

(2)合同履行期限的长期性

建筑物的施工由于结构复杂、体积大、建筑材料类型多、工作量大,工期都较长(与一般工业产品的生产相比)。在较长的合同期内,双方履行义务常会受到不可抗力、履行过程中法律法规政策的变化、市场价格的浮动等因素的影响,必然导致合同的内容约定、履行管理都很复杂。

(3)合同主体的严格性

建设工程合同的主体一般只能是法人。发包人一般只能是经过批准进行工程项目建设的法人,必须有国家批准的建设项目,落实投资计划,并且具有相应的协调能力。承包人必须具备法人资格,而且具备从事相应施工项目的资质,无营业执照或无承包资质的单位不能作为施工合同的承包人。

(4)合同内容的复杂性

虽然施工合同的当事人只有两方,但履行过程中涉及的主体却有许多种,内容的约定还需与其他相关合同相协调,如设计合同、供货合同、本工程的其他施工合同等。

(5)合同形式的特殊性

根据《合同法》规定,建设工程合同应当采用书面形式,当事人不能对合同形式加以选择。

3)建设工程施工合同的作用

(1)合同确定了建筑工程施工项目管理的主要目标,是合同双方在工程中各种经济活动的依据。

①工期。它包括工程施工开始,结束以及其中一些主要活动的具体日期。

②工程质量、工程规模和范围。

③价格。它包括工程总价格,各分项工程的单价和总价等。

它们是施工项目管理的目标和依据,工程中的合同管理工作就是为了保证这些目标的实现。

(2)合同是工程施工过程中双方的最高行为准则

工程实施过程中的一切活动都是为了履行合同,都必须按合同办事,双方的行为主要靠合同来约束,所以工程项目管理,施工项目管理均以合同为核心。

(3)合同能协调并统一工程各参加者的行为

一个参加单位与工程项目的关系,它所担任的角色,所负的责任、义务、均由与它相关的合同来限定,合同和它的法律约定力是工程施工和管理的要求和保证。

(4)合同是工程实施过程中双方争执解决的依据

争执的判定以合同作为法律依据即以合同条文判定争执的性质,谁对争执负责,负什么样的责任等。争执的解决方法和解决程序由合同规定。

2. 标准施工合同简介

鉴于施工合同的内容复杂、涉及面宽,为避免施工合同的编制者遗漏某些方面的重要条款,或条款约定责任不够公平合理,指导建设工程施工合同当事人的签约行为,维护合同当事人的合法权益,依据《中华人民共和国合同法》、《中华人民共和国建筑法》、《中华人民共和国招标投标法》、《中华人民共和国招标投标实施条例》等相关法律法规,发改委等九部委联合编制了《标准施工招标文件》(2012版)、《标准设计施工总承包招标文件》(2012版)和《标准设计施工总承包招标文件》(2012版),其中皆包括《施工合同条款及格式》(标准施工招标文件部分的合同条款以下简称标准施工合同)。

按照发改委56号令,国务院各行业主管部门编制的行业标准施工合同,应不加修改地引用"通用合同条款"。因此,通用合同条款是要求各建设行业共同遵守的共性规则。各行业编制的编制施工招标文件中的"专用合同条款",可结合各行业施工项目的特点,对标准的"通用合同条款"进行补充、细化。除"通用合同条款"明确"专用合同条款"可做出不同的约定外,补充、细化的内容不得与"通用合同条款"的规定相抵触,否则抵触内容无效。

1)标准施工合同的组成

标准施工合同由通用合同条款、专用合同条款和签订合同时采用的合同附件格式3个部分组成。

(1)通用合同条款

通用合同条款是要求各建设行业共同遵守的共性规则,通用合同条款共计24条131款分为如下8组。

①合同主要用语定义和一般性约定

它包括第1条:一般约定。针对合同使用的语言文字、法律、各项合同文件的组成和解释顺序,以及与建设工程合同的程序性条款无直接关联的联络、转让、严禁贿赂、化石文物、专利技术和保密等的单一性条款进行了专门约定。

②合同双方的责任、权利和义务

它包括第2~4条:发包人义务、监理人、承包人。从广义上来看,通用合同条款的全部24条都是约定合同双方的责任、权利和义务,第2~4条为合同条款编制框架需要表述的第一层次条款内容,其目的是列出合同双方总体的合同责任及其相应的权利和义务。

③合同双方的施工资源投入

它包括第5~9条:材料和工程设备、施工设备和临时设施、交通运输、测量放线、施工安全、治安保卫和环境保护。且主要列出双方投入施工资源的责任及其具体操作内容。

④工程进度控制

它包括第10~12条:进度计划、开工和竣工、暂停施工。且主要列出双方对工程进度控制的责任及其具体操作内容。

⑤工程质量控制

它包括第13~14条:工程质量、检验和检验。且主要列出双方对工程质量控制的责任及其具体操作内容。

⑥工程投资控制

它包括第15~17条:变更、价格调整、计量和支付。且主要列出双方对工程投资控制的责任及其具体操作内容。

⑦验收和保修

它包括第18~19条:竣工验收、缺陷责任与保修责任。且主要列出双方对工程竣工验收,缺陷修复,保修责任及其具体操作内容。

第三~七组为合同条款编制框架需要表述的第二层次条款内容,列出合同双方在工程建设过程中为完成合同约定的实物目标,需要各自履行的具体工作责任及相应的权利和义务。

⑧工程风险、违约和索赔

它包括第21~24条:保险、不可抗力、违约、索赔、争议的解决。第20~24条是为保障上述第二层次条款的实物操作内容得以公正、公平地顺利执行,保障工程的圆满完成。这一组条款应与国家的合同法及相关的法律法规衔接好,以充分体现本合同执法的公正性。

通用合同条款是合同当事人根据法律规范的规定,就工程项目施工的实施及相关事项,对合同当事人的权利义务做出的原则性、通用性约定,即反映合同的正常履行环境,以及合同双方对权利义务的理性安排。使用过程中,如果工程建设项目的技术要求、现场情况与市场环境等实际履行条件存在特别性,则可以在专用合同条款中进行相应的补充和完善。通用合同条款可以实现以下合同管理目标:第一,便于反复使用,避免重复的合同起草过程;第二,提示合同签订人应关注的合同事项,避免在合同签订时遗漏重大事项;第三,便于在合同履行过程中进行查阅。

(2)专用合同条款

专用合同条款是对通用合同条款原则性约定的细化、完善、补充、修改或另行约定的条款。

合同当事人可以根据不同建设工程的特点及具体情况,通过双方的谈判、协商对相应的专用合同条款进行修改补充。对专用合同条款的使用应当尊重通用合同条款的原则要求和权利义务的基本安排,如专用合同条款对通用合同条款进行颠覆性修改,则从基本面上背离该合同的原则和系统性,出现权利义务不平衡。

在使用专用合同条款时,应注意以下事项。

①专用合同条款的编号应与相应的通用合同条款的编号一致;

②合同当事人可以通过对专用合同条款的修改,满足具体建设工程的特殊要求,避免直接修改通用合同条款;

③在专用合同条款中有横道线的地方,合同当事人可针对相应的通用合同条款进行细化、完善、补充、修改或另行约定;如无细化、完善、补充、修改或另行约定,则填写"无"或划"/"。

(3)合同附件格式

标准施工合同中的合同附件格式,是定量合同时采用的规范化文件,包括合同协议书、履约保函和预付款保函3个文件。

合同协议书

标准施工合同协议书是合同组成文件中唯一需要发承包同时签字盖章的法律文书,主要包括:工程概况、合同工期、质量标准、签约合同价和合同价格形式、项目经理、合同文件构成、承诺以及合同生效条件等重要内容,集中约定了合同当事人基本的合同权利义务。因此,具有很高的法律效力。

合同协议书具有两个主要的作用:第一是合同的纲领性文件,基本涵盖合同的基本条款;第二是合同生效的形式要件反映。

2)标准施工合同的性质和适用范围

标准施工合同条件适用于一定规模以上,且设计和施工不是由同一承包人承担的工程承包合同。

3. 施工合同的订立和履行

1)施工合同的订立

(1)订立施工合同的程序

施工合同订立经过要约和承诺两个阶段。如果没有特殊情况,工程建设的施工都应通过招标投标确定施工企业。

订立合同的过程是合同当事人就经济合同的权利、义务及合同的主要条款达成一致的过程。当事人之间订立合同是产生一定社会后果的法律行为,为保证合同的有效性,在合同的订立过程中应遵守以下基本原则。

①合法原则。即订立合同时,必须遵守法律和行政法规,服从法律、法规的规定和要求。合法原则的内容如下:

  a. 主体资格合法;

  b. 合同的内容必须合法、真实;

  c. 代理合法;

  d. 程序和形式合法。

②平等、自愿、公平原则。

(2)施工合同文件的组成及解释顺序

组成建设工程施工合同的文件包括：

①合同协议书；

②中标通知书(如果有)；

③投标函及其附录(如果有)；

④专用合同条款及其附件；

⑤通用合同条款；

⑥技术标准和要求；

⑦图纸；

⑧已标价工程量清单或预算书；

⑨其他合同文件。

组成合同的各项文件应互相解释，互为说明。因工程建设项目投资大、技术复杂，构成合同的组成文件种类较多，且合同文件之间有可能不一致甚至相互矛盾，从而影响合同理解和履行，且容易产生争议。因此，有必要按照一定的规则，对各合同文件的优先顺序进行约定，以便在合同文件内容出现不一致或矛盾时，尽快确定合同文义，以保证合同的顺利履行。当合同文件中出现不一致时，除专用合同条款另有约定外，上面的顺序就是合同的优先解释顺序。上述各项合同文件包括合同当事人就该项合同文件所作出的补充和修改，属于同一类内容的文件，应以最新签署的为准。在合同订立及履行过程中形成的与合同有关的文件均构成合同文件组成部分，并根据其性质确定优先解释顺序。专用合同条款及其附件须经合同当事人签字或盖章。当合同文件出现含糊不清或者当事人有不同理解时，按照合同争议的解决方式处理。

(3)订立合同时需要明确的内容

针对具体施工项目或标段的合同需要明确约定的内容较多，有些招标时已在招标文件的专用条款中做出了规定，另有一些还需要在签订合同时具体细化相应内容。主要包括：

①施工现场范围和施工临时占地；

②发包人提供图纸的期限和数量；

③发包人提供的材料和工程设备；

④异常恶劣的气候条件范围；

⑤物价浮动合同价格调整的条款、调价公式、基准日期；

⑥技术标准和要求；

⑦图纸；

⑧已标价工程量清单或预算书；

⑨其他合同文件。

2)施工合同的履行

施工合同的履行，是指施工合同当事人双方，根据合同规定的各项条款，实现各自的权利，履行各自义务的行为。施工合同一旦生效，对双方当事人均有法律约束力，双方当事人应当严格履行。

施工合同的履行应遵守全面履行原则和实际履行原则。

施工合同的全面履行要求合同当事人双方必须按照施工合同规定的全部条款履行。它主要包括履行的方式、地点、期限、合同的价款,工程建设的数量和质量,都应完全按照施工合同的规定履行。

施工合同的实际履行则要求合同当事人双方必须依据施工合同规定的标的履行。由于工程建设具有不可替代性、较强的计划性、建设标准的强制性,这一原则在工程建设中显得尤为重要。合同当事人不能以支付违约金来替代合同的履行。例如,工程项目质量不符合国家强制性标准的规定,施工企业不能以支付违约金了事,必须对工程进行返工或修理,使其达到国家强制性标准的规定。

施工合同的工程竣工、验收和竣工结算是施工合同履行完成的3项基本步骤。

工程竣工必须在与施工合同约定的期限条款、数量条款和质量条款相互结合的前提下进行。因此,承包方必须同时严格遵守合同约定的时间、数量、质量等条款。只有同时符合以上条款的要求,才能视为承包方已履行施工合同的约定。

工程竣工后,则应组织竣工工程验收。竣工工程应当根据施工合同规定的施工及验收规范和质量评定标准,由发包方组织验收。验收合格后由当事人双方签署工程验收证明。验收不合格,在双方当事人协商期限内,由承包方负责返工修理,直至合格为止。但承包方只承担由于本身原因造成的返工修理费用。

竣工结算应根据施工合同规定在工程竣工验收后一定期限内按照经办银行的结算办法进行。在工程价款未全部结算并拨付前承包方不能交付工程,即可对工程实施留置。在全部结算并拨付完工程款后根据合同规定的期限内承包方向发包方交付工程,以完成施工合同履行的最后步骤。

4. 施工合同的管理

施工合同管理的目标是通过合同的签订、合同的实施控制等工作,全面完成合同责任,保证建设工程项目目标和企业目标的实现。合同签订意味合同生效和全面履行,所以合同订立前必须采取谨慎、严肃、认真的态度,作好签订前的准备工作,具体内容包括:市场预测、资信调查和决策,以及订立合同前行为的管理;合同订立阶段,意味着当事人双方经过工程招标投标活动,充分酝酿、协商一致,从而建立起建设工程合同法律关系,订立合同是一种法律行为,双方应当认真、严肃拟定合同条款,做到合同合法、公平、有效;合同依法订立后,当事人应认真做好履行过程中组织和管理工作,严格按照合同条款,享有权利和承担义务。在合同履行中,当事人之间有可能发生纠纷,当争议纠纷出现时,有关双方首先应从整体、全局利益的目标出发,做好有关的合同管理工作,合同资料是重要的、有效的法定证据,以利于纠纷的解决。

1) 发包方和监理单位对施工合同的管理

(1) 施工合同的签订管理

在发包方具备了与承包方签订施工合同条件的情况下,发包方或者监理单位,可以对承包方的资格、资信和履约能力进行预审。对承包方的预审,招标工程可以通过招标预审进行,非招标工程可以通过社会调查进行。

发包方和监理工程师还应做好施工合同的谈判签订管理。使用施工合同示范文本时,要依据《合同条件》,逐条进行谈判。对《合同条件》的哪些条款要进行修改,哪些条款不采用等,都应提出具体要求和建议,与承包方进行谈判。经过谈判后,双方对施工合同内容取得完全一致意见后,即可正式签订施工合同文件,经双方签字、盖章后,施工合同即正式签订完毕。

(2)施工合同的履行管理

发包方和监理工程师在合同履行中,应当严格按照施工合同的规定,履行应尽的义务。施工合同内规定应由发包方负责的工作,都是合同履行的基础,是为承包方开工、施工创造的先决条件,发包方必须严格履行。

在履行管理中,发包方、甲方代表、监理工程师也应实现自己的权利、履行自己的职责,对承包方的施工活动进行监督、检查。发包方对施工合同履行的管理主要是通过甲方代表(总监理工程师)进行的。具体地讲,甲方代表(总监理工程师)在合同履行中进行以下管理工作。

①在工期管理方面。按合同规定,要求承包方在开工前提出包括分月、分段进度计划的施工总进度计划,并加以审核;按照分月、分段进度计划,进行实际检查;对影响进度计划的因素进行分析,属于发包方的原因,应及时主动解决,属于承包方的原因,应督促其迅速解决;在同意承包方修改进度计划时,审批承包方修改的进度计划;确认竣工日期的延误等。

②在质量管理方面。检验工程使用的材料、设备质量;检验工程使用的半成品及构件质量,按合同规定的规范、规程,监督检验施工质量;按合同规定的程序,验收隐蔽工程和需要中间验收工程的质量;验收单项竣工工程和全部竣工工程的质量等。

③在费用管理方面。严格进行合同约定的价款的管理;当出现合同约定的情况时,对合同价款进行调整,对预付工程款进行管理,包括批准和扣还;对工程量进行核实确认,进行工程款的结算和支付;对变更价款进行确定;对施工中涉及的其他费用,如安全施工方面的费用、专利技术等涉及的费用;办理竣工结算,对保修金进行管理等。

(3)施工合同的档案管理

发包方和监理工程师应做好施工合同的档案管理工作。工程项目全部竣工之后,应将全部合同文件加以系统整理,建档保管。在合同的履行过程中,对合同文件,包括有关的签证、记录、协议、补充合同、备忘录、函件、电报、电传等都应做好系统分类,认真管理。

2)承包方对施工合同的管理

(1)施工合同的签订管理

在施工合同签订前(投标前)应对发包方和工程项目进行了解和分析,包括工程项目是否列入国家投资计划、施工所需资金等是否落实、施工条件是否已经具备等,以免遭致重大损失。

承包方投标中标后,在施工合同正式签订前还需与发包方进行谈判。当使用《示范文本》时,同样需逐条与发包方谈判,双方达成一致意见后,即可正式签订合同。

(2)施工合同的履行管理

在合同履行过程中,为确保合同各项指标的顺利实现,承包方需制定合同实施计划,确定分包范围、订立分包合同,进行合同交底,建立合同实施工作程序,如图纸批准程序、工程变更程序、索赔程序、工程问题请示报告程序等,健全施工合同管理制度,如工作岗位责任制度、检查制度、奖惩制度、统计考核制度、协商会办制度等,依据计划进行合同监督和合同追踪、诊断,做好合同变更管理。

(3)施工合同的档案管理

施工企业同样应做好施工合同的档案管理。不但应做好施工合同的归档工作,还应以此指导生产、安排计划,使其发挥重要作用。

5. 施工索赔

施工索赔是当事人在施工合同履行过程中,根据法律、合同规定及惯例,对不应由自己承担责任的情况造成的损失,向合同的另一当事人提出给予赔偿或补偿要求的行为。在工程建设的各个阶段,都有可能发生索赔,但在施工阶段发生索赔较多。

索赔是双向的,既可以是承包商向业主的索赔,也可以是业主向承包商的索赔。通常把业主向承包商的索赔称作反"索赔"。反"索赔"在合同管理中处于主动地位,他可以直接从应付给承包商的工程款中扣抵,也可以从保留金中扣款以补偿损失。而承包商向业主索赔时,则需经过一个复杂的程序才能获得业主给予的补偿。我们下面讲的索赔指的是施工索赔,即指承包商向业主的索赔。

参与索赔工作的人员,必须具有丰富的施工管理经验,熟悉施工中的各个环节,通晓各种建筑合同和建筑法规,并掌握一定的财会知识。在国外,承包企业的盈亏在很大程度上取决于是否善于索赔。索赔工作的关键是证明承包企业提出的索赔要求是正确的,要求索赔的数额计算是准确的,并提供足够的依据来证明索赔数额是完全合理的,如此索赔才能有效。

1)索赔的原因

在合同履行过程中,只要发生了不属于承包商应负责任的事件而受到损害时,都会导致承包商提出索赔要求。索赔事件的起因很多,归列起来有以下几类情况。

(1)业主的违约行为

这类情况是指,因业主主观上的过错,而导致承包商受到损害的事件。例如,逾期支付工程款、强行将本属于承包范围内的工作拿出交给其他承包商完成、未按合同规定交付施工场地、未及时提供设计图纸等情况。

(2)发生了业主应承担的风险事件

按照合同规定,属于业主应承担责任的风险事件发生后而给承包商带来损害,虽然业主没有主观上的违约行为,但应对客观事件导致的后果承担责任。例如,我国《建设工程施工合同》规定的不可抗力事件等。

(3)本应获得的正当利益没能得到建设单位的确认

这类问题大多为对变更工程的处理决定承包商不满意,要求给予进一步的补偿。主要表现为对工程量计量值和是否需确定新单价及新单价的取费标准的不同意见。

(4)监理工程师的不当行为及协调管理责任

如监理工程师的错误指令;监理工程师对承包商的施工组织进行不合理干预;监理工程师协调不利或无法进行合理协调,导致承包商的施工受到了其他承包商的干扰等。

2)施工索赔的原则

(1)时效性原则

索赔报告应采用书面形式,并在合同规定的时限内提出,否则将被拒绝。

(2)最小化原则

承包商应及时采取有效措施防止事态的扩大和损失的加剧,将损失控制在最低限度。如果不及时采取措施而导致损失扩大,承包商无权就扩大的损失部分提出索赔要求。

(3)单件性原则

索赔应遵守发生一件、提出一件、处理一件,而不能采用算总账的办法,对同一事件的工期索赔和经济索赔也要分开提出两份索赔报告,以避免个别索赔争议而延误整份索赔报告的批准,甚至导致损失扩大化或引发出其他问题。索赔报告还应编号,由专人造册管理。

(4) 补偿性原则

索赔应使索赔方的实际损失得到合理和完全的补偿,但索赔方不能因此获得额外利益。

(5) 合法性原则

索赔报告必须依据合同提出,并具备合法、全面、充分和有效的证据材料。

(6) 必要性原则

3) 施工索赔的依据

索赔费用应是履行合同所必需的.如果没有该费用的支出,承包商就难以合理履行合同施工索赔的依据:一是合同,二是资料,三是法规。每一项施工索赔事项的提出,都必须做到有理、有据、合法。也就是说,索赔事项是工程施工合同中规定的,是合理的;提出的施工索赔事项,必须有完备的资料作为凭据;如果施工索赔发生争议,应依据法律、条例、规范规程、标准等进行论证。为了保证索赔成功,承包方应指定专人负责收集和保管以下资料。

(1) 招标文件、工程施工合同签字文本及其附件。

(2) 经签证认可的工程图纸、技术规范和实施性计划。

(3) 合同双方的会议纪要和来往信件。

(4) 与建设单位代表的定期谈话资料。

(5) 施工备忘录。

(6) 工程照片或录像。

(7) 工程检查和验收报告。

(8) 各项付款单据和工资薪金单据。

(9) 施工材料和设备进场、使用情况。

(10) 设计变更通知及其他有关资料。

4) 施工索赔的程序

当发包人未能按合同约定履行自己的各项义务或发生错误,以及应当由发包人承担责任的其他原因,承包人可以向发包人提出索赔,如图7-4所示,一般要经过以下5个步骤。

(1) 承包商提出索赔申请报告。

(2) 监理工程师审核承包商的索赔申请报告。

(3) 监理工程师与承包商谈判。

(4) 业主审批监理工程师的索赔处理证明。

(5) 承包商是否接受最终的索赔决定。

5) 施工索赔的组成及计算方法

施工索赔的目的有两个方面:一是要求展延工期;二是要求经济补偿。

(1) 承包人可获得的赔偿

① 延长工期;

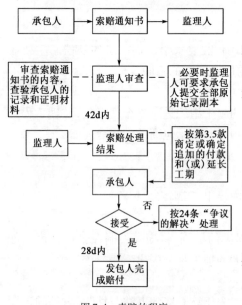

图7-4 索赔的程序

②要求发包人支付实际发生的额外费用;
③要求发包人支付合理的预期利润;
④要求发包人按合同的约定支付违约金。

依据标准施工合同承包人可获得的赔偿见表7-3。

依据标准施工合同承包人可向业主进行的索赔　　　　　　　　　　　表7-3

序号	合同条款号	条款主要内容	可调整事项
1	1.10.1	施工过程中发现文物、古迹以及其他遗迹、化石、钱币或物品	$C+T$
2	4.11.2	承包人遇到不利物质条件	$C+T$
3	5.2.4	发包人要求向承包人提前交付材料和工程设备	C
4	5.2.6	发包人提供的材料和工程设备不符合合同要求	$C+P+T$
5	8.3	发包人提供基准资料错误导致承包人的返工或造成损失	$C+P+T$
6	11.3	发包人的原因导致的工期延误	$C+P+T$
7	11.4	异常恶劣的气候条件	T
8	11.6	发包人要求承包人提前竣工	C
9	12.2	发包人原因引起的暂停施工	$C+P+T$
10	12.4.2	发包人原因造成暂停施工后无法按时复工	$C+P+T$
11	13.1.3	发包人原因造成工程质量达不到合同约定的验收标准	$C+P+T$
12	13.5.3	监理人对隐蔽工程重新检查,经检验证明工程质量符合合同要求的	$C+P+T$
13	16.2	法律变化引起的价款调整	C
14	18.4.2	发包人在全部工程竣工前,使用已接收的单位工程导致承包人费用增加	$C+P+T$
15	18.6.2	发包人的原因导致试运行失败的	$C+P$
16	19.2	发包人原因导致工程缺陷和损失	$C+P$
17	21.3.1	不可抗力	T

注:C 为成本;P 为利润;T 为工期。

(2)发包人可获得的赔偿

①延长质量缺陷修复期限;
②要求承包人支付实际发生的额外费用;
③要求承包人按合同的约定支付违约金。

依据标准施工合同业主可获得的赔偿见表7-4。

依据标准施工合同业主可向承包商的索赔　　　　　　　　　　　表7-4

序号	合同条款号	条款主要内容	索赔事项内容	可索赔内容
1	4.2	履约保证	业主根据4.2款提出的履约保证下的索赔	履约保证金额或其他金额
2	4.3.5	分包	承包商承担连带的分包责任	由分包商造成的损失
3	5.1.1	材料和工程设备的运输与保管	承包商因运输、保管不当导致业主的损害赔偿费、损失和开支	赔偿费、损失和开支
4	5.4.1	使用不合格的材料和工程设备	承包商使用不合格的材料或工程设备	材料、设备购置费

续上表

序号	合同条款号	条款主要内容	索赔事项内容	可索赔内容
5	6.2	业主提供的施工设备和临时设施	承包商使用业主的设备	使用业主设备的费用
6	6.3	增加或更换设备	承包商的设备不满足要求	更换费用和其他开支
7	11.5	承包商的工期延误	承包商因为自身的原因导致进度缓慢,需要加快进度而使业主支付的额外费用	业主因加速施工支付的额外费用
8	11.5	承包商的工期延误	承包商未能按约定的时间竣工	误期损害赔偿费
9	13.5.3	监理工程师重新检查	工程质量不符合要求	业主参加检查引起的费用
10	13.6.1	清除不合格工程	承包商未能按监理工程师的指示移除不合格的设备材料,以及不符合合同约定的工作	承包商未履行指示使业主支付的所有费用
11	17.2.3	预付款的扣回与还清	在颁发工程接受证书前,或者由于其他原因终止合同前,预付款尚未还清	尚未还清的预付款
12	18.7.1	现场清理	承包商未能按合同约定清理现场,业主可自行或委托他人完成	业主处理和恢复现场的费用
13	19.2.4	缺陷责任	承包商未能在合同期限内修补缺陷或损坏,业主自行或委托其他人完成修复工作	业主自行或委托其他人修复工程的费用
14	19.3	缺陷通知期限的延长	因承包商的责任而使工程或设备发生的缺陷或损害	缺陷通知期的延长
15	20.6.5	未按约定投保的补救	承包商未能遵守相应的约定投保	业主代替投保费用或由此遭受的损失
16	22.1.4	合同解除后的估价、付款和结清	承包商严重违约、破坏或行贿,业主可终止合同并向承包商索赔由此造成的损失	业主遭受的损失和损害赔偿费,以及完成工作所需的额外费用

(3)工期索赔计算方法

常用的工期索赔计算方法有网络图分析法和比例分析法两种。

网络图分析法是利用进度计划的网络图,分析其关键线路。如果延误的工作为关键工作,则总延误的时间为批准顺延的工期;如果延误的工作为非关键工作,当该工作由于延误超过时差限制而成为关键工作时,可以批准延误时间与时差的差值;若该工作延误后仍为非关键工作,则不存在工期索赔问题。

网络图分析法虽然最科学、最合理,但在实际工程中,干扰事件常仅影响某些单项工程、单位工程或分部分项工程的工期,分析它们对总工期的影响,可以采用更为简单的比例分析法,即以某个技术经济指标作为比较基础,计算工期索赔值。

①按合同价所占比例计算

对于已知部分工程的延期的时间:

$$工期索赔值 = \frac{受干扰部分工程的合同价}{原合同总价} \times 该受干扰部分工期拖延时间$$

对于已知额外增加工程量的价格:

$$工期索赔值 = \frac{额外增加的工程量的价格}{原合同总价} \times 原合同总工期$$

比例分析法简单方便,但有时不尽符合实际情况,比例分析法不适用于变更施工顺序、加速施工、删减工程量等事件的索赔。

②按单项工程工期延误的平均值计算

将各个单项工程延误的时间加总,计算平均值,并考虑一个修正值。

(4)费用索赔的计算方法

①总费用法

以承包商的额外成本为基点加上管理费和利润等附加费作为索赔值。使用条件如下:

a. 总费用核算准确、成本分摊方法、分摊基础合理、实际总成本与报价总成本所包含的内容一致;

b. 承包商报价合理,反映真实情况;

c. 费用损失责任完全在于业主或其他人,承包商不承担任何责任损失;

d. 合同争执不适合分项计算方法:如业主原因造成工程性质发生根本性变化,原合同报价已完全不适用;多干扰因素作用下,难以分清各索赔事件的具体影响和索赔额度;

e. 索赔是合理的、证据确凿。

【例7-1】 某工程项目报价中工地总成本380万元,公司管理费为总成本的10%,利润计算基础为成本加管理费,利润率7%。由于业主的原因,工地实际成本为420万元,计算索赔值。

【解】
$$成本增加 = 420 - 380 = 40(万元)$$
$$公司管理费 = 40 \times 10\% = 4(万元)$$
$$利润 = 44 \times 7\% = 3.08(万元)$$

故可以索赔47.08(万元)。

②分项法

分项法计算是按每个干扰事件,以及这事件所影响的人工费、施工机械使用费、材料费、企业管理费、利润分别计算索赔值的方法。具体计算方法参见第六章相关内容。

6)编写施工索赔报告

施工索赔报告是承包人向发包人正式提出的索赔文书,目前虽然没有规定标准的固定格式和内容,但在施工索赔中却起着非常重要的作用。索赔事件发生28d内,应向监理工程师送交索赔报告,监理工程师在收到承包人送交的索赔报告和有关资料后,28d内未予答复或未对承包人做进一步要求,视为该项索赔已经认可。

(1)施工索赔报告的内容

编写的施工索赔报告一般应包括以下内容。

①提出所发生的索赔事项。要开门见山,简明扼要,说明问题。

②用简练的语言,清楚地讲明索赔事项的具体内容。

③提出索赔的合法依据,通常是阐明根据合同或法律法规以及其他凭据中的哪一条款提出索赔的。

④提出索赔数及计算凭证。索赔数额要实事求是,计算要符合国家的政策。计算凭证一

定要真实,不可涂抹造假。

⑤提出对方应在收到文件后予以答复的时间(一般应按合同规定的时间)。

(2)编写施工索赔报告应注意的问题

所有索赔必须以文字形式提出索赔报告。施工索赔报告必须经有关方面的核实和审定,一定要有令人信服的效力。为了达到这个目的,应注意以下几点。

①实事求是

索赔的计算方法和要求索赔的款项应实事求是,使监理工程师和业主审核后觉得索赔要求合情合理,不应拒绝。施工合同条件对各索赔事件允许索赔的内容都有明确的规定,如有的索赔事件可以展延工期,不能给予费用补偿;有的可以给予费用补偿,但不能展延工期;有的既可以给予费用补偿,又可以展延工期;有的费用补偿只能补偿工程成本,而不能补偿利润等。在编制索赔报告时,应依据合同条件的规定,如实编报。

②准确无误

作为索赔依据的基本资料和数据的计算应准确无误,各种数据必须反复校对,不能有任何差错。数字计算上的粗枝大叶,常会导致索赔的失败。

③文字简练,组织严密,资料充足,条理清楚

要使索赔报告有说服力,必须注意文字简练,用词严密,如果业主审阅了承包商提出的索赔报告后,提不出什么大的疑问,也不要求补充任何证明材料数据,那么,索赔就有成功的希望。

施工索赔涉及工程技术、经济、法律等多方面,因此,从事建筑工程施工索赔的工作人员,应具有丰富的施工管理经验,注意积累与索赔有关的资料。同时,还要与建设单位代表(监理工程师)搞好协作共事关系,以认真务实的工作态度和通情达理的处事方法,去博得对方的尊重和同情。

复习思考题

1. 简要说明工程承发包的方式。
2. 简要说明工程建设招标、投标的一般程序。
3. 工程建设施工招标有哪些方式?各有什么特点?
4. 工程建设项目招标的范围有哪些?
5. 施工招标文件主要包括哪些内容?
6. 施工招标资格预审应考虑哪些条件?
7. 施工招标是怎样评标的?
8. 施工投标的准备工作主要包括哪些内容?
9. 如何编制标书?投标报价应考虑哪些问题?
10. 投标报价有哪些策略?
11. 招投标合同价款如何确定?
12. 简要说明合同的概念及其法律特征。
13. 合同有哪些类型?
14. 简要说明要约和承诺的概念。为什么说要约和承诺是法律行为?

15. 合同的形式和主要内容有哪些?
16. 建设工程施工合同是什么,有什么特点?
17. 标准施工合同中《协议书》、《通用条款》、《专用条款》三者是什么关系?《通用条款》由哪些内容组成?
18. 简要说明施工索赔的概念。
19. 发生施工索赔的原因主要有哪些?

第八章 机场工程施工进度管理

第一节 机场工程施工进度管理概述

一、施工进度管理的概念

施工进度管理是指为实现预定的进度目标而进行的计划、组织、指挥、协调和控制等活动。施工进度计划反映了施工过程中资源、活动的安排情况和实施进度,是控制和指导施工全过程顺利展开的关键。所以,工程进度计划管理是工程项目管理的重点之一,它是确保项目按期完成,合理安排各种资源供应,节约工程成本的重要措施。

为做好施工进度管理,项目经理部应建立以项目经理为首的工程进度管理体系,制定进度管理目标。进度管理体系包括计划人员、调度人员等专业人员以及子项目负责人、分目标责任人,通过任务分工表和职能分工表明确各自的责任,落实进度目标,进行节点考核。

施工进度管理是一个动态的循环过程,包括计划、实施、检查、调整4个过程。计划是指根据施工项目的具体情况,合理编制符合工期要求的最优计划;实施是指进度计划的落实与执行;检查是指在进度计划的落实与执行过程中,跟踪检查实际进度,并与计划进度对比分析,确定两者之间的关系;调整是指根据检查对比的结果,分析实际进度与计划进度之间的偏差对工期的影响,采取切合实际的调整措施,使计划进度符合新的实际情况,在新的起点上进行下一轮控制循环,如此循环进行下去,直到完成施工任务。

二、工程进度的管理目标

管理是为了实现目标,没有目标就没有管理。施工项目的进度目标,是项目最终动用的计划时间,也是工业项目达到负荷联动试车成功,民用项目交付使用的时间。通常,在工程招投标过程中就需要确定施工工期,工程施工承包合同中都有明确的施工期限,或者国家实施的工程任务规定了指令工期。那么,施工目标工期可参照合同工期或指令工期,结合施工生产能力和资源条件确定,并充分估计各种可能的影响因素及风险,适当留有余地,保持一定提前量。这样,施工过程中即使发生不可预见的意外事件,也不会使施工工期产生太大的偏差。

施工项目是一个复杂的系统,它是由许多相互关联又相互制约的子项目组成,具有层次性。同时,施工项目的实施过程一般较长,具有明显的阶段性。因此,施工项目可按照其内在结构或实施过程的顺序进行逐层分解,分解成相对独立的、内容单一的、易于核算与检查的工作单元。

由于施工项目结构的层次性、进展的阶段性,同时人们对事物的认识总遵循从粗到细,由近及远的规律,为了最终控制项目施工总目标,必须按照统筹规划、分段安排、滚动实施的原则,将施工目标从不同角度进行综合和分解,形成相互关联又相互制约的目标系统,从而作为实施进度控制的依据。

因此,建设工程不但要有项目建成交付使用的确切日期这个总目标,还要有各子项目交工动用的分目标以及按承包单位、施工阶段和不同计划期划分的分目标。各目标之间相互联系,共同构成建设工程施工进度控制目标体系。其中,下级目标受上级目标的制约,下级目标保证上级目标,最终保证施工进度总目标的实现。

常用的施工进度目标体系分解方式有如下 4 种。

(1)按施工项目组成分解。这种分解方式体现项目的组成结构,反映各个层次上施工项目的开工和竣工时间,通常可按建设项目、单项工程、单位工程、分部和分项工程的次序进行分解,如图 8-1 所示。

(2)按承包合同结构分解。一个建设项目通常有许多承包方参与施工,根据承包合同的不同结构,形成不同层次的总分包体系。施工进度目标按承包合同结构分解,列出各承包单位的进度目标,便于明确分工条件,落实承包责任。机场施工进度目标按承包合同结构分解示意图,如图 8-2所示。

(3)按施工阶段分解。根据施工项目特点,将施工分成几个阶段,明确每一阶段的进度目标和起止时间。以此作为施工形象进度的控制标志,使工程施工目标具体化,如图 8-3所示。

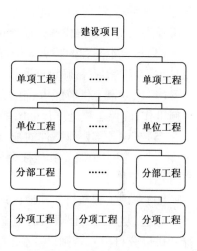

图 8-1　按项目组成分解

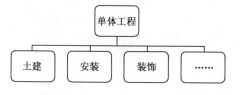

图 8-2　按项目承包合同结构分解

图 8-3　按项目组成分解

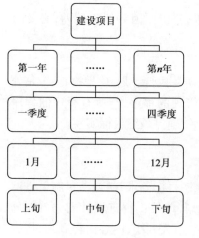

图 8-4　按周期分解

(4)按计划期分解。将施工进度目标按年度、季度、月(或旬)进行分解,从粗到细,便于滚动实施、跟踪检查,发现问题及时纠正,如图 8-4 所示。

根据工程的具体情况,施工进度目标体系可在不同分解层次使用不同的分解方法,以满足实际需要。

为了提高进度计划的预见性和进度控制的主动性,在确定施工进度控制目标时,必须全面细致地分析与建设工程进度有关的各种有利因素和不利因素。只有这样,才能制订出一个科学、合理的进度控制目标。确定施工进度控制目标的主要依据有:建设工程总进度目标对施工工期的要求,工期定额、类似工程项目的实际进度,工程难易程度和工程条件的落实情况等。

在确定施工进度分解目标时,还要考虑以下各个方面。

(1)对于大型建设工程项目,应根据尽早提供可动用单元的原则,集中力量分期分批建设,以便尽早投入使用,尽快发挥投资效益。这时,为保证每一动用单元能形成完整的生产能力,就要考虑这些动用单元交付使用时所必需的全部配套项目。因此,要处理好前期动用和后期建设的关系、每期工程中主体工程与辅助及附属工程之间的关系等。

(2)合理安排土建与设备的综合施工。要按照它们各自的特点,合理安排土建施工与设备基础、设备安装的先后顺序及搭接、交叉或平行作业,明确设备工程对土建工程的要求和土建工程为设备工程提供施工条件的内容及时间。

(3)结合本工程的特点,参考同类建设工程的经验、工期定额等来确定施工进度目标。避免只按主观愿望盲目确定进度目标,从而在实施过程中造成进度失控。

(4)做好资金供应能力、施工力量配备、物资(材料、构配件、设备)供应能力与施工进度的平衡工作,确保工程进度目标的要求而不使其落空。

(5)考虑外部协作条件的配合情况。配合情况包括施工过程中及项目竣工动用所需的水、电、气、通讯、道路及其他社会服务项目的满足程序和满足时间。它们必须与有关项目的进度目标相协调。

(6)考虑工程项目所在地区地形、地质、水文、气象等方面的限制条件。

总之,要想对工程项目的施工进度实施控制,就必须有明确、合理的进度目标(进度总目标和进度分目标);否则,控制便失去了意义

施工进度目标一般可以分为施工控制性目标和施工实施性进度目标。控制性目标包括总进度目标、分阶段目标、单项或单位工程进度目标、年或季度目标等。实施和操作性目标包括分部工程工程目标、月旬目标等。

三、施工进度管理的程序

项目经理部可按下列程序进行施工进度管理。

(1)制定进度计划。
(2)进行进度计划交底,落实责任。
(3)实施进度计划,在实施中进行跟踪检查,对存在的问题分析原因并纠正偏差,必要时对进度计划进行调整。
(4)编制进度报告,送达相关者。

这个程序实际上就是 PDCA 的管理循环。P 是编制计划,D 是执行计划,C 是检查,A 是处置。在进行管理时,每一步都是必不可少的。因此,项目进度管理的程序,与所有管理的程序基本上都是一样的。通过 PDCA 循环可不断提高进度管理水平,确保最终目标实现。

四、施工项目进度计划系统

为做好项目施工进度控制工作,必须根据项目施工进度控制目标要求,制订项目施工进度计划系统。根据需要,计划系统一般包括:施工项目总进度计划,单位工程进度计划,分部、分项工程进度计划和季、月、旬等作业计划。这些计划的编制对象由大到小,内容由粗到细,将进度控制目标逐层分解,保证了计划控制目标的落实。在执行项目施工进度计划时,应以局部计

划保证整体计划,最终达到施工项目进度控制目标。

施工进度计划按照功能进行分类,包括控制性进度计划和实施性进度计划。

(1)控制性进度计划。其包括:施工总进度计划、分阶段计划、子项目施工进度计划、单项工程进度计划、单位工程进度计划,以及年或季度进度计划。上述各项计划一次细化且被上层计划所控制;其作用是对进度目标进行论证、分解,确定里程碑事件进度目标,作为编制实施性进度计划和其他各种计划以及动态控制的依据。计划的层次性如图8-5所示。

(2)实施性进度计划。包括:分部分项工程进度计划、月度作业计划和旬度作业计划等,实施性进度计划是施工作业的依据,指导施工队完成每一工序和每一分项工程。

另外,进度计划根据使用单位的不同,又可分为业主的进度计划、总承包单位进度计划、分包单位的进度计划、监理的进度计划、设计单位规划的施工计划等。对于施工单位的进度计划,由于使用者不同,计划也不

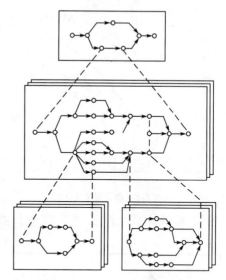

图8-5 施工进度计划系统

相同。对于项目高层领导,一个计划的实施时段可能达数年;而对于一个基层施工队,则必须每天做一次计划,时刻注意控制。图8-6和图8-7分别表示计划使用单位和计划周期与计划详细程度的关系。

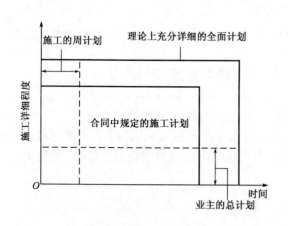

图8-6 计划使用单位与计划详细程度

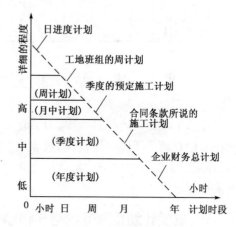

图8-7 计划周期与计划详细程度

施工项目进度控制涉及的因素多、变化大、持续时间长,不可能十分准确地预测未来或做出绝对准确的施工项目进度安排,也不能期望项目施工进度目标会完全按照规划日程实现,在确定项目施工进度目标时,必须留有余地,以使项目施工进度控制具有较强的应变能力。

五、施工进度计划的编制方法

各类施工进度计划应包括下列内容:编制说明、进度计划表、资源需要量及供应平衡表。

其中,进度计划表是最主要的内容,包括分解的计划子项名称(如作业计划的分项工程或工序),进度目标或进度图等。资源需要量及供应平衡表是实现进度表的进度安排所需要的资源保证计划。编制说明主要包括进度计划关键目标的说明,实施中的关键点和难点,保证条件的重点,要采取的主要措施等。

编制进度计划可使用文字说明、里程碑表、工作量表、横道图计划、网络图计划、曲线图计划等。对于实施性计划必须采用网络图或横道图计划方法,详见第三章和第四章内容。里程碑表也称里程碑计划,是表示关键工作开始时刻或完成时刻的计划,如表 8-1 所示。曲线图计划如图 8-8 所示,其横坐标表示进度,可以是天、周、月或总时间的百分比;纵坐标表示完成的数量,可以是工程量、劳动量、工程价值或总量的百分比。

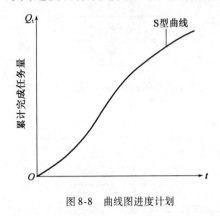

图 8-8 曲线图进度计划

××工程里程碑计划　　　　　表 8-1

序号	工程名称	进度(月末)																
		1	2	3	4	5	6	7	8	9	10	11	12	13	14	15	16	17
1	土方开始	◎																
2	土方结束			◎														
3	基层开始			◎														
⋮	⋮																	
18	验收交付																◎	

第二节　施工进度计划的检查与调整

在施工项目实施的过程中,为了有效地进行施工进度控制,进度检控人员应经常地、定期地跟踪检查施工实际进度情况,收集有关施工进度情况的数据资料,进行统计整理和对比分析,确定施工实际进度与计划进度之间的关系,预测施工进度发展变化的趋势,提出施工项目进度控制报告。

一、进度计划检查的内容与程序

进度计划检查应包括工程量的完成情况,工作时间的执行情况,资源使用及与进度的匹配情况,上次检查提出问题的处理情况等。除此之外,还可以根据需要由检查者确定其他检查内容。施工进度检查的程序如下:

(1)跟踪检查施工实际进度,收集有关施工进度的数据资料。

跟踪检查施工项目的实际进度是进度控制的关键,其目的是收集有关施工进度的数据资料。而检查的时间和数据资料的质量都直接影响施工进度控制的质量和效果。

①跟踪检查的时间间隔。跟踪检查的时间间隔一般与施工项目的类型、规模、施工条件和

对进度要求的严格程度等因素有关。通常可以确定每月、半月、旬或周进行一次;若在施工中遇到天气、资源供应等不利因素的影响时,跟踪检查的时间间隔应缩短,检查次数相应增加,甚至每天检查一次。

②收集数据资料的方式和要求。收集数据资料一般采用进度报表方式和定期召开进度工作汇报会的形式。为了确保数据资料的准确性,施工进度检控人员要经常深入到施工现场去察看施工项目的实际进度情况,经常地、定期地、准确地测量和记录反映施工实际进度状况的数据资料。

(2)整理统计数据资料,使其具有可比性。

将收集到的有关实际进度的数据资料进行必要的整理,并按计划控制的工作项目进行统计,形成与施工计划进度具有可比性的数据资料、相同的单位和形象进度类型。通常采用实物工程量、工作量、劳动消耗量或累计完成任务量的百分比等数据资料进行整理和统计。

(3)对比施工实际进度与计划进度,确定偏差数量。

施工项目的实际进度与计划进度进行比较时,常用的比较方法有横道图比较法、S型曲线比较法,另外还有"香蕉"型曲线比较法、时标网络计划的实际进度前锋线比较法、普通网络计划的分割线比较法和列表比较法等。实际进度与计划进度之间的关系有一致、超前、拖后3种情况;对于超前或拖后的偏差,还应计算检查时的偏差量。

(4)根据施工项目实际进度的检查结果,提出进度控制报告。

二、进度计划比较分析方法

1. 横道图比较法

横道图比较法是指将施工项目施工过程中定期检查实际进度时所收集的数据资料,按横道进度计划中的施工过程名称列项、整理统计后,直接用涂黑的粗实线(或彩线)重合(或并列)标注在原进度计划的横道线(改用细实线、中空线或中粗线)上方(或下方),进行直观比较的方法。

假设施工中各项工作都是按均匀的速度进行,即每项工作在单位时间里完成的任务量各自相等,工作时间与完成任务量成直线变化关系。

【例8-1】 某钢筋混凝土基础工程,分三段组织流水施工时,其施工的实际进度(用黑粗实线表示)与计划进度(细实线)比较,如图8-9所示。第10d末进行施工进度检查时,基槽挖土施工应在检查的前一天全部完成,但实际进度仅完成了7.5d的工程量,约占计划总工程量的83.3%;浇筑混凝土垫层施工也应全部完成,但实际进度仅完成了2d的工程量,约占计划总工程量的66.7%,绑扎钢筋施工按计划进度要求应完成5d的工程量,但实际进度仅完成了4d的工程量,约占计划应完成工程量的80%(约为绑扎钢筋总工程量的44.4%)。

从上述横道图比较中,可以明确地得知各施工过程的实际进度与计划进度之间的偏差数量,为施工进度控制人员采取相应的计划调整措施提供了充分的依据。它是工程施工中最常用的、简单明晰、形象直观的进度比较与控制方法。

2. S型曲线比较法

曲线进度图绘制中,因为假定工程开始和结尾阶段单位时间内施工资源投入量较少、单位时间完成工程量大,而中间阶段投入量大、单位时间完成工程量大,故随着时间的进展累计完成的工作量呈 S 型变化，故曲线图又称 S 型曲线。

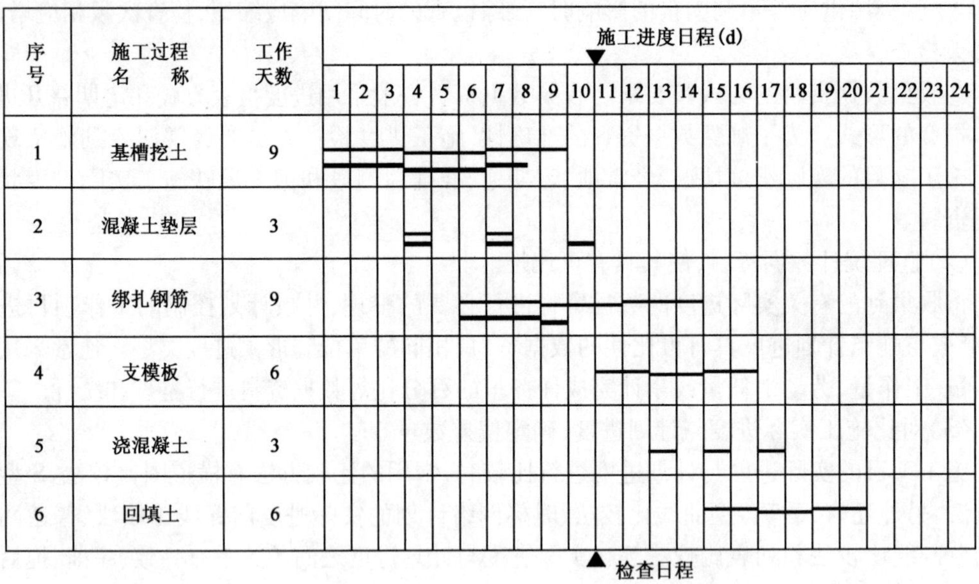

序号
施工过程名称
工作天数
施工进度日程(d)
1 2 3 4 5 6 7 8 9 10 11 12 13 14 15 16 17 18 19 20 21 22 23 24
1 基槽挖土 9
2 混凝土垫层 3
3 绑扎钢筋 9
4 支模板 6
5 浇混凝土 3
6 回填土 6
检查日程

图 8-9　实际进度与计划进度横道图比较

累计完成任务量的百分比(%)
100%
计划进度曲线
实际进度曲线
A点
B点
工期(d)

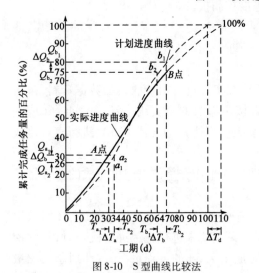

图 8-10　S 型曲线比较法

S 型曲线比较法是以横坐标表示进度时间，纵坐标表示累计完成任务量（或累计完成任务量的百分比），并按施工计划进度要求的时间和应累计完成的任务量而绘制的一条，再将依据施工过程（或整个施工项目）各检查时间及实际完成的任务量绘制出一条实际进度的 S 型曲线，并将其与计划进度的 S 型曲线进行比较的一种方法，如图 8-10 所示。

1）S 型曲线的绘制步骤

（1）首先，确定施工进度计划及各项工作的时间安排。

（2）根据施工进度计划中各项工作相应时段单位时间内完成的任务量，求和，确定整个施工计划的单位时间内完成任务量的分布，即：

$$Q^l = \sum_{k=1}^{n} q_{i-j}^{(k,l)} \tag{8-1}$$

式中：k——某计划单位时段 l 内安排的工作数变量（$i \leqslant k \leqslant n$）；

q_{i-j}——某工作单位时间的任务量；

Q^l——某计划单位时段内各项工作总任务量。

（3）将各计划单位时间内各项工作总量随时间进展累计求和，即：

$$P^t = \sum_{l=1}^{t} Q^l \tag{8-2}$$

式中：P^t——t 时刻的各项工作累计完成总任务量。

（4）根据相应时刻各项工作累计总任务量，在坐标系中绘制 S 型曲线。

2）运用两条 S 型曲线，可以进行比较

（1）判定施工实际进度比计划进度是超前还是拖后。凡是实际进度曲线位于计划进度 S 型曲线的左上方部分都是超前完成部分，而位于 S 型曲线右下方的部分都是拖后完成的部分。

（2）确定施工实际进度比计划进度超前或拖后完成的时间、超额或拖后完成的任务量。由检查日期所对应的实际进度曲线上的一点作一条垂直线和一条水平线，分别交于计划进度曲线上的两个点，再以这两个点为基准点，分别作垂直线和水平线，分别交于时间横坐标轴上两点和累计完成任务量的纵坐标轴上两点，则横坐标轴上两点的时间差为超前或拖后完成的时间，分别用 ΔT_a 和 ΔT_b 表示；纵坐标轴上两点的累计完成任务量（或任务量百分比）之差即为超额或拖后完成的任务量（或任务量百分比），分别用 ΔQ_a 和 ΔQ_b 表示。

（3）预测后期工程施工的发展趋势。在施工进度检查时，如出现较大偏差而不进行调整，施工进度将按检查时的施工速度继续进行，而到收尾阶段，施工速度还会稍有减慢，由此可推算出工期可能超前或拖后的大约时间，分别用 ΔT_c 和 ΔT_d 表示。

3．"香蕉"型曲线比较法

1）"香蕉"型曲线的由来。

"香蕉"型曲线是由两条 S 型曲线组合而成的闭合曲线。从 S 型曲线的绘制过程中可知，从某一时间开始施工的施工过程或施工项目，根据其计划进度要求而确定的施工进展时间与相应的累计完成任务量的关系都可以绘制出一条计划进度的 S 型曲线。对于一项工程的网络计划，在理论上对应每一个累计完成任务量总是分为最早和最迟两种开始与完成时间，因此也都可以绘制出两条 S 型曲线。其一是以各项工作最早开始时间和累计完成的任务量为依据绘制而成的计划进度 S 型曲线，称为 ES 曲线；其二是以各项工作最迟开始时间和累计完成的任务量为依据绘制而成的计划进度的 S 型曲线，称为 LS 曲线。两条 S 型曲线都是从计划的开始时刻开始和完成时刻结束，因此两条 S 型曲线是共用起点和终点的闭合曲线，ES 曲线在 LS 曲线的左上方，两条曲线之间的距离是中间段大，向两端逐渐变小，在端点处重合，形成一个形如"香蕉"的闭合曲线，故称为"香蕉"型曲线，如图 8-11 所示。

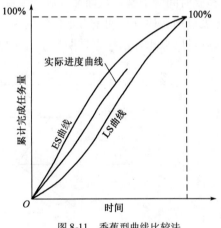

图 8-11 香蕉型曲线比较法

2）"香蕉"型曲线比较法的用途。

（1）利用"香蕉"型曲线，严格控制计划进度和实际进度的变动范围，以使计划进度更加合理可行，使实际进度的波动范围控制在总时差的范围之内。

"香蕉"型曲线主要是起控制作用。当编制的网络计划进度的 S 型曲线处在香蕉型曲线的中间位置时，说明计划进度安排较为合理；在工程施工过程中，实际进度控制的最理想状态是任何时刻施工实际进度的曲线点均落在其"香蕉"型曲线的区域内，尽管此时实际进度与计划进度已出现偏差,但只需施工人员尽力加快施工,不用采取其他措施调整原计划进度,就能保证按期完工。

(2)进行施工实际进度与计划进度的 LS 曲线和 ES 曲线的比较,以便确定是否应采取措施调整后期的原计划安排。

(3)确定在检查时的施工进展状态下,后期工程施工的 LS 曲线和 ES 曲线的发展趋势。

4. 时标网络计划的实际进度前锋线比较法

当工程项目的进度计划用时标网络计划表达时,还可以采用在时标网络图上直接绘制实际进度前锋线的方法进行施工实际进度与计划进度的比较。

实际进度前锋线比较法是指从计划规定的检查时间的上坐标点出发,用点划线依次直线连接各项工作的实际进度点,最后到同一检查时间的下坐标点为止而形成的折线形施工进展前锋线,按该前锋线与各项工作箭线交点的位置是在检查日期之前,还是在检查日期之后,来判定施工实际进度比计划进度是超前还是拖后以及偏差大小的比较方法。简而言之,实际进度前锋线比较法是通过计划规定的检查时间所测得的工程施工实际进度的前锋线位置,来判定施工实际进度与计划进度偏差的方法。

【例 8-2】 已知某项工程施工的时标网络计划,如图 8-12 所示。按计划要求第 5d 检查时:A 工作已经完成;B 工作共有 3d 的任务量,而此时只完成了 1d 的任务量,则 B 工作的实际进度点应画在箭线水平投影长度的 1/3 处;C 工作共有 3d 的任务量,此时完成了 2d 的任务量,工作的实际进度点应画在箭线水平投影长度的 2/3 处;D 工作尚未开始。用点划线依次直线连接检查时间的上坐标点,B 和 C 工作的实际进度点,D 工作箭线上的水平投影箭线的起点,检查时间的下坐标点而形成施工实际进度的前锋线。从图 8-13 中可知:B 和 D 工作的实际进度点均在检查日期垂直坐标线的左侧,均属拖后完成的工作,分别拖后 1d 和 2d;C 工作的实际进度点正好在检查日期的垂直坐标线上,属于按计划进度完成任务。

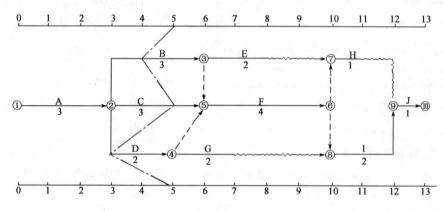

图 8-12 实际进度的前锋线图

5. 普通网络计划的列表比较法

列表比较法是在计划规定时间检查施工实际进度情况时,并认真记录每项正在进行的工作名称、已施工的天数,然后列表计算有关参数,根据计算出来的正在进行工作现有的总时差与该工作原有总时差的大小和它们之间的关系,进行实际进度与计划进度比较的方法。见表 8-2。

列 表 比 较 法 表 8-2

工作编号	工作名称	检查至完成时工作尚需时间	最迟完成时间与检查时间只差	原有总时差	现有总时差	情况判断
5-6	A	2	3	1	1	正常
7-8	D	3	2	0	-1	拖后工期1月
⋮						

三、进度报告

进度控制报告是将实际进度与计划进度的检查比较结果、有关施工进度的现状和发展趋势，提供给项目经理、业务职能部门的负责人和上级主管部门的简洁清晰的书面报告。

1．进度控制报告的种类

进度控制报告根据报告的对象不同，其编制的范围和内容也有所不同，一般有以下三种。

（1）项目概要级进度报告。它是呈报给项目经理、公司经理或业务主管部门、建设单位或业主的，以整个施工项目为对象说明其施工进度计划执行情况的报告。

（2）项目管理级进度报告。它是呈报给项目经理或有关业务部门的，以单位工程或项目分区为对象说明其施工进度计划执行情况的报告。

（3）业务管理级进度报告。它是供项目管理者及各有关业务部门为采取应急措施而使用的，以某个重点部位或重点问题为对象说明其施工进度计划执行情况的报告。

2．进度控制报告的内容

进度控制报告的内容主要包括：施工项目的实施概况、管理概况、进度概况；施工项目的施工进度、形象进度及其简要说明；施工图纸提供的进度；材料、施工机具、构配件等物资供应进度；劳务用工记录及用工状况预测；日历施工计划；对建设单位或业主及施工队组的变更指令等。

3．进度控制报告的编写人员和编报时间

施工进度报告一般由计划的负责人或进度管理人员与施工管理人员协作编写。报告时间一般与进度检查时间一致，可按月、旬、周等间隔时间进行编写、呈报。

四、进度计划调整

1．进度计划调整的内容

当原进度计划目标已经失去作用或难以实现，应根据项目的实际情况调整进度计划。进度计划调整的内容可包括工程量、起止时间、工作关系、资源供应、必要的目标调整。进度计划调整后应编制新的进度计划。

2．施工进度计划的主要调整方法

（1）改变后期施工中某些工作间的逻辑关系

当检查时施工实际进度出现的偏差影响了总工期时，在工作间的逻辑关系允许改变的条件下，改变某些关键线路上和拖后计划工期的非关键线路上的有关工作之间的逻辑关系，是达到缩短工期目的的有效方法。例如，可将某些依次施工的工作改变成平行施工或搭接施工或合并成一项混合施工的工作等,将原来未分段施工的或分段太少的流水施工组织改成分段或分段稍多一些的流水施工组织等,一般都可以达到缩短工期的目的。

(2)缩短某些工作的持续时间

在不改变各项工作之间的逻辑关系或采取改变逻辑关系后仍不能满足计划工期要求的情况下,采用缩短某些工作的持续时间加快施工速度,同样可达到确保或缩短计划工期的目的。

具体方法和要求详见第四章第五节"网络计划的优化与调整"的有关内容。

复习思考题

1. 简要说明施工进度管理的含义。
2. 施工进度管理的方法是什么?
3. 简要说明工程进度控制目标的作用及其分解方法。
4. 简要说明施工进度计划的类型及其作用。
5. 分析横道图比较法和实际进度前锋线比较法的特点。
6. 简要说明施工进度管理的含义。
7. 施工进度管理的方法是什么?

第九章 工程项目施工质量管理

第一节 工程质量管理概述

一、质量管理的相关概念

1. 质量

2015版 GB/T 19000——ISO 9000 族标准中质量的定义是:客体的一组固有特性满足要求的程度,可以从以下4个方面理解。

(1)客体又称实体,是指可感知或可想象到的任何事物,包括产品、服务、过程、人员、组织、体系、资源,可能是物质的(如一台发动机、一张纸、一颗钻石),也可能是非物质的(如转换率、一个项目计划)或想象的(如组织未来的状态)。因此,质量不仅是指产品质量,也可以是指某项活动或过程的工作质量,还可以是指质量管理体系运行的质量等。质量是由一组固有特性组成,这些固有特性是指满足顾客和其他相关方的要求的特性,并由其满足要求的程度加以表征。

(2)特性是指区分的特征。特性可以是固有的或赋予的,可以是定性的或定量的。特性有各种类型,如一般有:物质特性(如机械的、电的、化学的或生物的)、感官特性(如嗅觉、触觉、味觉、视觉及感觉控测的特性)、行为特性(如礼貌、诚实、正直)、人体工效特性(如语言或生理特性、人身安全特性)、功能特性(如飞机的航程、速度)。质量特性是固有的特性,并通过产品、过程或体系设计和开发及其之后实现过程形成的属性。固有的意思是在某事和某物中本来就有的,尤其是那种永久的特性。赋予的特性(如某一产品的价格)并非是产品、过程或体系的固有特性,不是它们的质量特性。

(3)满足要求就是应满足明示的(如合同、规范、标准、技术、文件、图纸中明确规定的)、通常隐含的(如组织的惯例、一般习惯)或必须履行的(如法律、法规、行业规则)的需要和期望。与要求相比,满足要求的程度才反映为质量的好坏。对质量的要求除考虑顾客的需要外,还应考虑其他相关方即组织自身利益、提供原材料和零部件等的供方的利益和社会的利益等多种需求。例如,需考虑安全性、环境保护、节约能源等外部的强制要求,只有全面满足这些要求,才能评定为好的质量或优秀的质量。

(4)顾客和其他相关方对产品、过程或体系的质量要求是动态的、发展的和相对的。质量要求随着时间、地点、环境的变化而变化。如随着技术的发展、生活水平的提高,人们对产品、过程或体系会提出新的质量要求。因此应定期评定质量要求、修订规范标准,不断开发新产品、改进老产品,以满足已变化的质量要求。另外,不同国家不同地区因自然环境条件不同、技术发达程度不同、消费水平不同和民俗习惯等的不同会对产品提出不同的要求,产品应具有这种环境的适应性,对不同地区提供不同性能的产品,以满足该地区用户的明示或隐含的要求。

2. 质量管理

质量管理是指在质量方面指挥和控制组织的协调活动,通常包括制定质量方针和质量目标以及进行质量策划、质量控制、质量保证和质量改进。

1) 质量方针和质量目标

质量方针是指由组织的最高管理者正式发布的该组织总的质量宗旨和质量方向。它体现了该组织的质量意识和质量追求,是组织内部的行为准则,也体现了顾客的期望和对顾客做出的承诺。质量方针是总方针的一个组成部分,由最高管理者批准。

质量目标是指在质量方面所追求的目的。它是落实质量方针的具体要求,它从属于质量方针,应与利润目标、成本目标、进度目标相协调。质量目标必须明确、具体,尽量用定量化的语言进行描述,保证质量目标容易被沟通和理解。质量目标应分解落实到各部门及项目的全体成员,以便于实施、检查、考核。

2) 质量策划

质量策划是质量管理的一部分,致力于制定质量目标并规定必要的运行过程和相关资源以实现质量目标。质量计划的编制是质量策划的一部分工作。

3) 质量控制

质量控制是质量管理的一部分,致力于满足质量要求。

质量控制是质量计划的执行、落实和检查、纠正,包括为确保达到质量要求所采取的专业技术和管理技术等。质量控制的对象应是质量形成全过程及其中的每一个子过程,即每一个质量环节,当需要明确时,可冠以限定词,如公司范围质量控制、工序质量控制、设计质量控制,采购质量控制等。

根据质量控制论的基本原理,质量控制应贯彻预防为主的原则,并和检验把关相结合。因此,一个有效的质量控制系统除了必须具有良好的反馈控制机制外,还应具有前馈控制机制,并使这两种机制能很好地结合起来。一般说来,质量控制实施的程序为:

(1) 确定控制计划与标准(来源于质量计划及更新的计划)。

(2) 实施控制计划与标准,并在实施过程中进行连续的监视、评价和验证。

(3) 发现质量问题并找出原因。

(4) 采取纠正措施,排除造成质量问题的不良因素,恢复其正常状态。

4) 质量保证

质量保证是质量管理的一部分,致力于提供质量要求会得到满足的信任,是在质量管理体系中实施并根据需要进行证实的全部有计划和有系统的活动。

质量保证可以分为内部质量保证和外部质量保证两种。前者是提供给项目管理小组和管理执行组织的保证,后者是提供给客户和其他参与人员的保证。

质量保证强调了对用户负责的基本思想。其核心问题是为用户、第三方(政府主管部门、工程质量监督部门、消费者协会等)、本组织最高管理者对实体能够满足质量要求提供足够的信任。为此,组织就必须提供足够的证据,即实物质量测定证据和管理证据。值得注意的是,这里不应笼统地提出绝对意义上的信任如"确信"等,而是"足够的信任"。这种相对意义上的表述是出于质量经济性的考虑。组织提供的质量保证水平受实体经济性如价格、外部质量保证费用等的约束。不同用途、价值的产品和服务需要证实的程度是不一样的,提供的信任达不到实际的要求固然不行,但若提供的信任超过了实际要求也是一种经济损失。为了提供"证实",组织必须开展有计划和有系统的活动。这就是说,一方面,为了"证实",必须提供充分必要的证据和记录。同时还必须接受评价,如用户、第三方、组织最高管理者组织实施的质量审核、质量监督、质量认证,质量评审等;另一方面,为组织实施全部有计划和有系统的活动,组织内应当建立一个有效的质量管理体系。这个质量管理体系应当能够满足不同用户、不同第三方可能提出的具体质量要求。

5) 质量改进

质量改进是质量管理的一部分,致力于增强满足质量要求的能力,提高有效性和效率。其目的是使组织和顾客双方都能得到更多的收益,不仅是质量改进的根本目的,也是质量改进在组织内能够持续发展并取得长期成功的基本动力。质量改进的基本途径是在组织内采取各种措施,不懈地寻找改进机会,提高活动和过程的效益和效率,预防不良质量问题的出现。质量改进活动涉及质量形成全过程及其每一个环节,和过程中每一项资源(人员、资金、设施、设备、技术和方法)有关。质量改进活动应当有组织、有计划地开展,并尽可能地调动每一个组织成员的参与积极性。质量改进活动的一般程序为计划、组织、分析诊断和实施改进。

质量控制和质量改进都是质量管理的职能活动,两者相辅相成,有联系又有区别。

质量控制是质量计划的实施、检查和纠正,目标在于确保产品或服务符合预先已规定的质量要求。因此质量控制是质量管理中最基础性的职能活动,其作业技术和活动通常具有规定性和程序化的特点。一般说来,质量控制受现有质量管理体系的约束,其基本任务是使过程、活动和资源处于受控状态。和质量控制不同,质量改进虽然也受现有质量管理体系的约束,但其目标却是超越现状,针对改进项目,采取各种措施,寻求突破,解决问题,从而使过程、活动、资源质量得到提升。质量改进活动经常具有项目型的特点,改进活动的结果常导致原有质量标准的提高,使过程、活动、资源在更高、更合理的水平上重新处于受控状态。

质量控制是质量改进的基础和前提,质量改进是质量控制的延伸和发展。服从于组织质量方针和目标,以及贯穿落实于质量形成全过程是两者的共同特点。

3. 质量管理的产生与发展

质量管理的产生和发展可谓源远流长,它是整个社会生产发展的客观要求,同时又与科学技术的进步、管理科学的发展密切相关。工业革命以后,机器工业生产的出现,人类社会发展产生了根本性的变化,质量管理作为一门新兴学科得到了全世界的关注和重视,并得到了快速地发展。它的发展过程大致分为以下3个阶段。

(1) 质量检验阶段

这一阶段基本特征是对工程质量作竣工检验,又称事后检查阶段。这对于防止不合格工程产品交付使用、保证工程质量是完全必要的。但这种单纯依靠事后检验的质量管理手段,只是从成品中剔出废品,尚不能及时发现和解决产生质量事故的原因和问题,常造成浪费及成本的增加,因而是不完善的质量管理。

(2) 统计质量管理阶段

统计质量管理是在产品生产过程中引入和应用数理统计方法,分析生产过程中可能影响产品质量的因素和环节,并采取积极的预防措施,使之不出或少出废品。实践证明,统计质量管理由事后把关发展为先行控制预防，是保证产品质量、预防废品的一种有效工具。但是，这个阶段过分强调数理统计方法的作用，忽视组织管理和生产者的能动作用，它可保证产品质量，却不能提高产品质量。从某种意义上说，统计质量管理可理解为对工序质量的管理。

（3）全面质量管理阶段

随着生产的发展和科学技术的进步，人们对产品质量的概念也注入了新的内容，与其相对应，对产品质量的管理，除了对工程质量、工序质量进行控制外，还需要对各有关部门的工作质量进行控制。由此，在进入20世纪60年代后，美国提出了新的质量管理理论——全面质量管理(Total Quality Control，简称TQC)，并逐渐为世界各国所采用。我国于20世纪70年代末从日本引进全面质量管理的理论，经过多年实践，取得了良好的效果。

全面质量管理是指参与产品生产的全企业和全体人员参与，以产品质量为核心，把专业技术、管理技术和数理统计结合起来，建立起一整套科学、严密、高效的质量保证体系，控制生产全过程中影响质量的各种因素，以优质的工作，最经济的手段，生产出满足规定要求产品的一系列活动。概括地说，全面质量管理就是有关部门全体人员参与，对产品全过程的各种影响因素进行全面系统的管理工作的总称。

全面质量管理的基本特征是把工程质量从过去的事后检验、把关为主，变为预防、改进为主；将管理结果变为管理因素，把影响质量问题的诸因素及时查出来，并首先解决主要矛盾；发动全员、各有关部门参加，依靠科学的理论、程序、方法，使产品生产、经营的全过程都处于受控状态。

全面质量管理的基本方法可概括为1个过程、4个阶段、8个步骤。1个过程是指全面质量管理是对工程产品赖以形成的规划、勘察、设计、施工、验收等全过程的质量管理。4个阶段，即计划(Plan)、实施(Do)、检查(Check)、处理(Action)这4个阶段，形成1个循环，称为PDCA循环。8个步骤包含在4个阶段中。第1步分析现状，找出所存在的质量问题；第2步分析产生质量问题的各种原因和影响因素；第3步找出影响质量的主要因素；第4步针对主要影响因素，制定改善措施，提出工作计划并预计其效果；第5步执行措施和计划；第6步检查采取措施后的效果；第7步总结经验，巩固措施，制定相应的标准和制度；第8步提出尚未解决的问题和新发现的问题，转入下一个PDCA循环中解决，如图9-1所示。PDCA循环是一个科学管理方法的形象化，它好像一个前进的车轮，不停顿地向前运转，每一个循环都要经历4个阶段8个步骤，缺一不可，循环中的阶段和步骤顺序不能颠倒。PDCA循环过程是一个不断前进、不断提高的运动过程，每一次循环都能解决一定的质量问题，并提出新的内容和目标，进入下一个循环。即循环一次，改善一次，提高一步，通过周而复始的循环，使质量水平如同爬楼梯一样，不断提高。PDCA循环是一种科学的管理方法，它适用于企业各级、各方面的管理。整个企业有一个大循环，企业的各级、各部门又都有各自的小循环，依次又有更小的循环，直至每个人。通过大环套小环，环环相扣，一层一层地解决问题，形成整个企业的循环质量管理体系。在4个阶段中，处理阶段是关键，重点在于制定标准。通过总结经验，肯定成绩，并对成绩加以"标准化"、"制度化"，从而形成新的标准，并

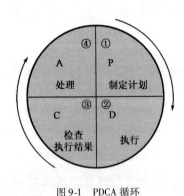

图9-1 PDCA循环

制定新的目标,使 PDCA 循环能继续转动。否则,PDCA 不再循环,质量也就无法再提高。

全面质量管理是一个科学管理体系,要由大量科学的基础工作有机地集合而成。与全面质量管理有关的基础工作包括全员教育、标准化、检测计量、质量信息和情报等工作。要做好全面质量管理必须建立完善的质量管理体系,明确规定各部门、职工在质量管理工作中的具体任务、责任和权利,做到事事有人管、人人有专责、办事有标准、工作有检查,并与经济利益挂钩,充分调动广大职工的积极性,形成严密的质量管理组织系统,做好质量管理的组织、协调和平衡。

二、质量管理体系

1. 质量管理体系与 ISO 9000 系列标准

1) 质量管理体系

质量管理体系是建立质量方针和质量目标并实现这些目标的体系,在质量方面指挥和控制着组织。它是组织机构、过程、程序之类的管理能力和资源能力的综合体。

任何一个组织都存在着用于质量管理的组织结构、程序、过程和资源,也即必然客观存在着一个质量管理体系,但可能存在薄弱环节,组织要做的是使之完善、科学和有效。

2) ISO 9000 系列标准简介

ISO 9000 族标准是指由国际标准化组织(International Organization for Standardization,简称 ISO)质量管理和质量保证技术委员会(ISO/TC 176)制定的所有国际标准。它有别于其他大多数以实物为对象的技术标准,ISO 9000 族标准又称质量管理标准,是一套用于建立、实施和评价企业质量管理体系的国际标准,适用于各种类型的企业和事业单位。我国建筑行业的房产开发施工、设计、监理、试验、建材生产等许多单位,都积极贯彻这套标准,其中许多已经通过了认证。

ISO 9000 族标准来源于 20 世纪 40 年代的美国军工行业标准,经过半个世纪的实践,逐步发展成国家标准,最后成为国际标准。优胜劣汰的市场经济是产生 ISO 9000 族标准的社会基础,消除国际贸易中的质量体系注册/认证等方面的技术壁垒、促进国际贸易顺利发展是 ISO 9000 族标准产生的经济基础和直接原因,而高科技产品发展的需求则是 ISO 9000 族标准产生的技术基础。世界各国制定与颁布的质量责任、法令、法律、法规,把质量保证体系的建立与实施作为强制性的社会要求,是 ISO 9000 族标准产生的法律基础;各国消费者权益保护运动的广泛深入开展,又成为 ISO 9000 族标准产生和发展的群众基础。

自 1986 年,国际标准化组织首次发布了 ISO 9000 族标准开始,至今已经过了下列 3 个阶段:①20 世纪 80 年代的 ISO 9000 族标准;②20 世纪 90 年代的 ISO 9000 族标准——对第一版 ISO 9000 族标准的局部修改,并补充制定了 ISO 10000 系列标准,对质量体系的一些要素活动做出具体的规定;③21 世纪的 ISO 9000 族标准——引进了 PDCA 循环(ISO 9000 标准称为过程方法),从总体结构和原则到具体的技术内容做了全面修改,成为以顾客为核心的过程导向模式。21 世纪的 ISO 9000 族标准结构(以 2000 版为例)详见表 9-1。

(1) ISO 9000:2000 质量管理体系　基础和术语

它规定了 ISO 9000 族标准中质量管理体系术语共十类 80 个词条,表述了质量管理体系应遵循的基本原则。

21 世纪 ISO 9000 族标准文件结构　　　　　　　表 9-1

ISO 标准		技术报告（ISO/TR）	小册子
核心标准	其他标准		
ISO 9000 ISO 9001 ISO 9004 ISO 19011	ISO 10012	ISO/TR 10006 ISO/TR 10007 ISO/TR 10013 ISO/TR 10014 ISO/TR 10015 ISO/TR 10017	1. 质量管理原理； 2. 选择和使用指南； 3. 小型企业的应用等

（2）ISO 9001:2000 质量管理体系　要求

它规定了质量管理体系的要求，体现了以顾客为核心的过程导向模式，该体系不仅是产品的质量保证，还包括了顾客满意。

（3）ISO 9004:2000 质量管理体系　业绩改进指南

该标准以质量管理的八项原则为基础，使组织理解质量管理及其应用，从而改进组织的业绩。标准还给出了质量改进中的自我评价方法，并以质量管理体系的有效性和效率为评价目标。

（4）ISO 19011:2000 质量和环境审核指南

遵循不同管理体系，可以有共同管理和审核要求的原则，为质量管理和环境管理审核的基本原则、审核方案的管理、环境和质量管理体系审核的实施以及对环境和质量管理体系审核员的资格要求提供了指南。

2. 质量管理的 7 项原则

1）以顾客为关注焦点

质量管理的主要关注点是满足顾客要求并且努力超越顾客期望。组织只有赢得和保持顾客和其他有关的相关方的信任才能获得持续成功。与顾客相互作用的每个方面，都提供了为顾客创造更多价值的机会。理解顾客和其他相关方当前和未来的需求，有助于组织的持续成功。所以，组织应充分理解顾客当前和未来的需求，满足顾客需求并争取超过顾客的期望。

对于企业，必须做好下列工作。

（1）通过全部而广泛地市场调查，了解顾客对产品性能的要求；

（2）谋求在顾客和其他受益者（企业所有者，员工，社会等）的需求和期望之间达到平衡；

（3）将顾客的需求和期望传达到整个企业，为满足顾客的需求和期望，对产品和服务进行策划、设计、开发、生产、交付和支持，在有可能影响到顾客满意的有关的相关方的需求和适宜的期望方面，确定并采取措施；

（4）测定顾客的满意度，并为提高顾客的满意度而努力。

2）领导作用

统一的宗旨和方向的建立，以及全员的积极参与，能够使组织将战略、方针、过程和资源保持一致，以实现其目标。

领导作用的原则强调了组织最高管理者的职能是确立组织统一的宗旨及方向，并且创造全员积极参与的条件，以实现组织的质量目标。领导作用能提高实现组织质量目标的有效性和效率,使组织的过程更加协调,改善组织各层级、各职能间的沟通,开发和提高组织及其人员的能力,获得期望的结果。

就企业而言,企业最高管理者应该发挥以下作用:

(1)制订并保持企业的质量方针和质量目标。

(2)通过增强员工的质量意识、参与质量管理的积极性,在整个企业内促进质量方针和质量目标的实现。

(3)确保整个企业关注顾客要求。

(4)确保实施适宜的过程以满足顾客和其他相关方要求并实现企业的质量目标。

(5)促进使用过程方法和基于风险的思维,确保企业建立、实施和保持一个有效的质量管理体系以实现企业的质量目标。

(6)确保企业的质量管理活动能获得必要的资源。

(7)定期评审质量管理体系。

(8)决定企业有关质量方针和质量目标的措施。

(9)决定改进企业质量管理体系的措施。

3)全员积极参与

为了有效和高效的管理组织,各级人员得到尊重并参与其中是极其重要的。在整个组织内各级人员的胜任、被授权和积极参与,是提高组织创造和提供价值能力的必要条件。在实现组织的质量目标过程中,通过表彰、授权和提高能力,能促进全员积极参与。

对于企业,应鼓励全体员工积极参与质量管理工作,具体包括:

(1)与员工沟通,以增进他们对个人贡献的重要性的认识。

(2)促进整个组织内部的协作。

(3)提倡公开讨论,分享知识和经验。

(4)授权人员确定工作中的制约因素并积极主动参与。

(5)赞赏和表彰员工的贡献、钻研精神和进步。

(6)针对个人目标进行绩效的自我评价。

(7)进行调查,以评估人员的满意程度和沟通结果,并采取适当的措施。

4)过程方法

任何使用资源将输入转化为输出的活动或一组活动就是一个过程。质量管理体系是由相互关联的过程所组成,将活动作为相互关联、功能连贯的过程,将相互关联的过程作为一个体系加以理解和管理时,有助于组织有效和高效地实现其预期结果。

过程方法就是按照组织的质量方针和战略方向,对各过程及其相互作用,系统地进行规定和管理,从而实现预期结果。过程方法结合了PDCA(策划、实施、检查、处置)循环与基于风险的思维。策划(Plan)就是根据顾客的要求和组织的方针,建立体系的目标及其过程,确定实现结果所需的资源,并识别和应对风险和机遇;实施(Do)就是实施所做的策划;检查(Check)就是根据方针、目标、要求和经策划的活动,对过程以及形成的产品和服务进行监视和测量(适用时),并报告结果;处置(Act)就是必要时,采取措施提高绩效。基于风险的思维使组织能够确定可能导致其过程和质量管理体系偏离策划结果的各种因素,采取预防控制,最大限度地降低不利影响,并最大限度地利用出现的机遇。

过程的各要素及其相互作用如图 9-2 所示。每一过程均有特定的监视和测量检查点,以用于控制,这些检查点根据不同的风险有所不同。

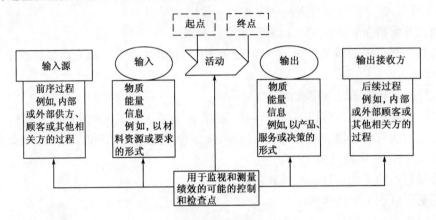

图 9-2　过程的各要素及其相互作用

PDCA 循环能够应用于所有过程以及完整的质量管理体系。图 9-3 显示单一过程中的 PDCA 循环;图 9-4 表明质量管理体系标准 ISO 9001 第 4~10 章如何组成 PDCA 循环。

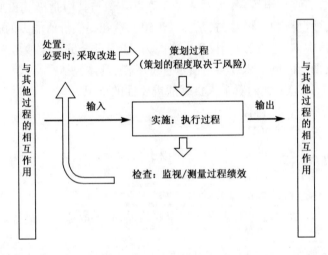

图 9-3　单一过程的 PDCA 循环

过程方法的优点是对诸过程之间的相互作用和联系进行系统地识别和进行连续的控制,可以更高效地得到期望的结果。在质量管理体系中,过程方法强调:

(1)对整个过程给予界定,以理解并满足要求和实现组织的目标。
(2)从增值的角度考虑过程。
(3)识别过程内部和外部的顾客,供方和其他受益者。
(4)识别并测量过程的输入和输出,获得过程业绩和有效性的结果。
(5)基于客观的测量进行持续的过程改进。

5)改进

改进是指产品质量、过程及体系有效性和效率的提高,持续改进质量管理体系的目的在于增加顾客和其他相关方满意的机会。为此,在持续改进过程中,首先要关注顾客的需求,努力提供满足顾客的需求并争取超出其期望的产品。另外,一个组织必须建立起一种"永不满足"的组织文化,使持续改进成为每个员工所追求的目标。

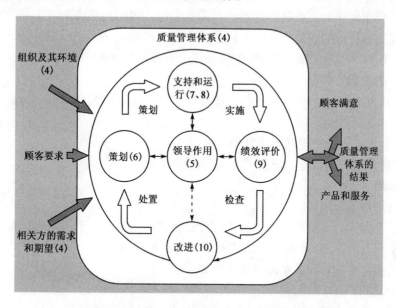

图 9-4　质量标准体系结构在 PDCA 循环中的展示
注:括号中的数字表示 ISO 9001 标准的相应章节。

持续改进是一项系统工程,它要求组织从上到下都有这种不断进取的精神,而且需要各部门的良好协作和配合,使组织的目标与个人的目标相一致,这样才能使持续改进在组织内顺利推行。持续改进应包括:

(1)分析和评价现状,识别改进区域。
(2)确定改进目标。
(3)寻找、评价和实施解决办法。
(4)测量、验证和分析结果,以确定改进目标的实现。
(5)正式采纳更改,并把更改纳入文件。

6)循证决策

决策是一个复杂的过程,并且总是包含一些不确定因素。它经常涉及多种类型和来源的输入及其解释,而这些解释可能是主观的;重要的是理解因果关系和可能的非预期后果,对事实、证据和数据的分析可导致决策更加客观、可信。对数据和信息的逻辑分析或直觉判断是有效决策的基础。

以事实为依据做决策,可防止决策失误。在对信息和资料做科学分析时,统计技术和计算机信息系统是最重要的工具之一。统计技术可用来测量、分析和说明产品和过程的变异性,为持续改进的决策提供依据。

实施本原则至少可以客观把握组织的质量状况,减少错误决策的可能性;有利于优化资源配置,使资源的利用达到最优化;充分发挥科学方法的作用,提高决策的效率和有效性。

7) 关系管理

有关的相关方影响组织的绩效。当组织管理与所有相关方的关系，以尽可能地发挥其在组织绩效方面的作用时，持续成功更有可能实现。

对供方及合作伙伴的关系网的管理是尤为重要的。组织与供方是相互依存的，互利的关系可增强双方创造价值的能力。在当今社会分工越来越细的情况下，选择一个良好的供方和寻找一个良好的顾客一样重要。因此，如何保证供方提供及时而优质的产品，也是组织质量管理中一个重要的课题。

(1) 供需双方应保持一种互利关系。只有双方成为利益的共同体时，才能实现供需双方双赢的目标。

(2) 供方也需要不断完善其质量管理体系。

(3) 积极肯定供方的改进和成就，并鼓励其不断改进。

3. 质量管理体系的建立

1) 质量管理体系要求

采用质量管理体系需要组织的最高管理者进行战略决策。一个组织质量管理体系的设计和实施受其变化着的需求、具体目标、所提供的产品、所采用的过程以及该组织的规模和结构的影响。组织建立质量管理体系的基本要求如下：

(1) 运用质量管理的 7 项原则

前述的 7 项质量管理原则是组织质量管理体系的基础。7 项质量管理原则的应用不仅可为组织带来直接利益，而且也对成本和风险的管理起着重要作用。强调以顾客为中心，满足顾客和其他受益者对产品质量的需求，包括法律与法规的要求，是建立质量管理体系的核心。

(2) 以过程方法为导向

ISO 9000 族标准鼓励组织在建立、实施质量管理体系以及提高质量管理体系的有效性和效率时，采用过程方法，以便通过满足相关方的要求来提高其满意程度。

所有工作都是通过过程来完成的。每一过程都有输入、输出。输出可以称作是过程的结果，是有形的或无形的产品。过程本身应当是一种增值转换。每一过程以某种方式包含着人和其他资源。一个组织的质量管理就是通过对组织内各种过程进行管理来实现的。在评价质量管理体系时，对每一被评价的过程通常应从 3 个基本方面提出问题。①过程是否被确定？过程程序是否形成了文件？②过程是否充分展开并按文件要求贯彻实施？③在提供预期的结果方面，过程是否有效？然后，根据对方法、展开和结果 3 个方面问题的综合回答，决定评价的结果。

因此，标准强调对实现组织质量目标所需的质量管理体系的过程，必须加以识别，同时还应做到如下工作。

①确定这些过程所需的输入和期望的输出；

②确定这些过程的顺序和相互作用；

③确定和应用所需的准则和方法（包括监视、测量和相关绩效指标），以确保这些过程有效的运行和控制；

④确定这些过程所需的资源并确保其可用性；

⑤分派这些过程的职责和权限；

⑥对所确定的风险和机遇给出应对措施;
⑦评价这些过程,实施所需的变更,以确保实现这些过程的预期结果;
⑧改进过程和质量管理体系。
(3)保持形成文件的信息

质量管理体系作为一个组织管理系统,不易直观地展现。因此,建立质量管理体系时,在必要的范围和程度上,组织应保持形成文件的信息以支持过程运行,保留确信其过程按策划进行的形成文件的信息。这些文件,可以直接展现并用以规范和约束各项质量行为。质量管理体系文件通常包括质量手册、程序性文件(包括管理性程序文件和技术性程序文件)、质量计划及质量记录等。

质量管理体系所要求的文件应予以控制。为此,组织应编制形成文件的程序,以规定以下方面所需的控制:文件发布前得到批准,以确保文件是充分的;必要时对文件进行评审、更新并再次批准;确保文件的更改和现行修订状态得到识别;确保在使用处可获得有关版本的适用文件;确保文件保持清晰、易于识别;确保外来文件得到识别,并控制其分发;防止作废文件的非预期使用,若因任何原因而保留作废文件时,对这些文件进行适当的标识。

质量记录是一种特殊类型的文件,应进行严格的控制。组织应制定并保持质量记录,以提供质量管理体系符合要求和有效运行的证据。

文件的主要作用是通过沟通意图,统一行动而产生增加价值的效果。文件在以下5个方面起作用:实现产品质量和质量改进、培训、可追溯性、提供客观证据、体系评价。在质量管理体系中使用以下4类文件:质量手册、质量计划、程序、记录。文件的数量和详略程度取决于组织的实际情况。

2)建立质量管理体系的主要程序

按照ISO 9000族标准建立或更新完善质量体系,通常包括以下阶段。

(1)教育培训,统一认识。

(2)组织落实,拟定计划。

通常需要成立包含3个层次的工作班子:第1层次,成立以最高管理者为组长,质量主管领导为副组长的领导班子,主要任务包括体系建设的总体规划,制定质量方针和质量目标,按职能部门进行质量职能的分解;第2层次,成立由各职能部门领导参加的工作班子,由质量部门和计划部门领导牵头,其主要任务是按照体系建设的总体规划具体组织实施;第3层次,成立各个过程工作小组,由各部门领导牵头负责制定工作计划。

(3)确定质量方针、制定质量目标。

(4)现状调查和分析。其主要包括:

①体系情况分析。即分析本组织现有的质量管理体系情况,以便合理裁剪选择相应的质量管理体系要求。

②产品特点分析。即分析产品的技术密集程度、使用对象、产品安全特性等,以确定过程的采用程度。

③组织机构分析。对现有机构及其职能列出清单,与质量管理体系要求对比分析,确定质量职责和权限,必要时进行调整。

④资源分析。其包括生产、检测设备、软件以及人员等状况的分析,以便适当的调整和充实。

(5)调整组织机构,配备资源。
(6)编制质量管理体系文件。
(7)质量管理体系试运行、自我评价和改进。

三、建设工程质量管理

1. 建设工程质量

建设工程质量简称工程质量,工程质量是指工程特性满足要求的程度。工程是特殊的产品,除了满足业主的需要,还必须符合国家法律、法规、技术规范标准及设计文件和合同规定的要求。建设工程的质量特性通常体现在适用性、可靠性、经济性、与环境协调性以及业主要求的其他特殊功能等方面。

(1)适用性。其主要是指建筑的平面和空间布置的合理性,建筑物的采光、通风、隔声、隔热等物理功能以及其他使用功能。

(2)可靠性。安全、耐久、可维修即为可靠性。其是指建筑物满足使用寿命,保证强度、稳定性、防火、抗震、抗腐蚀方面的要求。

(3)经济性。其是指工程从规划、勘察、设计、施工到整个产品使用寿命周期内的成本和消耗的费用。

(4)与环境的协调性。其是指工程的造型与美感,与其周围生态环境协调,与所在地区经济环境协调以及与周围已建工程相协调,以适应可持续发展的要求。

法律等规定的强制性质量特性要求是最低标准,工程项目是因业主的不同质量要求各异,业主的意图主要通过文字或图纸等反映在合同中。因此,工程合同是进行质量控制的主要依据。

2. 建设工程质量的特点。

(1)影响因素多

建设工程质量受到多种因素的影响,如决策、设计、材料、机具设备、施工方法、施工工艺、技术措施、人员素质、工期、工程造价等,这些因素直接或间接地影响工程项目质量。

(2)质量波动大

因为建筑生产的单件性、流动性,不像一般工业产品的生产那样,有固定的生产流水线、规范化的生产工艺和完善的检测技术、成套的生产设备和稳定的生产环境,所以工程质量容易产生波动且波动大。同时由于影响工程质量的偶然性因素和系统性因素比较多,其中任一因素发生变动,工程质量产生波动。

(3)质量隐蔽性

建设工程在施工过程中,分项工程交接多、中间产品多、隐蔽工程多,因此质量存在隐蔽性。

(4)终检的局限性

工程项目的终检(竣工验收)无法进行工程内在质量的检验,发现隐蔽的质量缺陷。因此,工程项目的终检存在一定的局限性。

(5)评价方法的特殊性

工程质量的检查评定及验收是按检验批、分项工程、分部工程、单位工程进行的。隐蔽工程在隐蔽前要检查合格后验收,涉及结构安全的试块、试件以及有关材料,应按规定进行见证取样检测,涉及结构安全和使用功能的重要分部工程要进行抽样检测。工程质量是在施工单位按合格质量标准自行检查评定的基础上,由监理工程师(或建设单位项目负责人)组织有关单位、人员进行检验确认验收。这种评价方法体现了"验评分离、强化验收、完善手段、过程控制"的指导思想。

3. 工程建设各阶段对工程质量的影响

工程项目建设过程,就是质量的形成过程。根据工程项目建设程序,工程项目质量形成大体划分成项目可行性研究、项目决策、工程勘察设计、工程施工、工程验收(及维修期)5个阶段。不同建设阶段,对质量形成起着不同的作用和影响。

(1)项目可行性研究阶段

项目可行性研究是运用技术经济学原理,在对投资建议有关的技术、经济、社会、环境等所有方面进行调查研究的基础上,对各种可能的拟建方案和建成投产后的经济效益、社会效益和环境效益等进行技术经济分析、预测和论证,确定项目建设的可行性,并在可行的情况下提出最佳建设方案作为决策、设计的依据。在此阶段,需要确定工程项目的质量要求,并与投资目标相协调,因此,项目的可行性研究直接影响项目的决策质量和设计质量。

(2)项目决策阶段

项目决策阶段,主要是确定工程项目应达到的质量目标及水平。对于工程项目建设,需要控制的总体目标是投资、质量和进度,它们三者之间是互相制约的。要做到投资、质量、进度三者协调统一,达到业主最为满意的质量水平,则应通过可行性研究和多方案论证来确定。因此,项目决策阶段是影响工程项目质量的关键阶段,要能充分反映业主对质量的要求和意愿。在进行项目决策时,应从整个国民经济角度出发,根据国民经济发展的长期计划和资源条件,有效地控制投资规模,以确定工程项目最佳的投资方案、质量目标和建设周期,使工程项目的预定质量标准,在投资、进度目标下能顺利实现。

(3)工程设计阶段

工程项目设计阶段,是根据项目决策阶段已确定的质量目标和水平,通过工程设计使其具体化,设计在技术上是否可行、工艺是否先进、经济是否合理、设备是否配套、结构是否安全可靠等,都将决定着工程项目建成后的使用价值和功能。因此,设计阶段是影响工程项目质量的决定性环节。

(4)工程施工阶段

工程项目施工阶段,是根据设计文件和图纸、施工规范和技术标准,以及施工合同的要求,通过施工形成工程实体。这一阶段直接影响工程的最终质量。因此,施工阶段是工程质量控制的关键环节。

(5)工程竣工验收阶段

工程项目竣工验收阶段,就是对项目施工阶段的质量进行试车运转、检查评定、考核质量目标是否符合设计阶段的质量要求。这一阶段是工程建设向生产转移的必要环节,影响工程能否最终形成生产能力,体现了工程质量水平的最终结果。因此,工程竣工验收阶段是工程质量控制的最后一个重要环节。

综上所述,工程项目质量的形成是一个系统的过程,即工程质量是可行性研究、投资决策、工程设计、工程施工和竣工验收各阶段质量的综合反映。工程施工是使工程设计意图最终实现并形成工程实体的阶段，也是最终形成工程产品质量和工程项目使用价值的重要阶段。因此，施工阶段的质量控制是工程项目质量控制的重点。

4. 影响工程质量的因素

影响工程的因素很多，但归纳起来主要有 5 个方面，即人(Man)、材料(Material)、机械(Machine)、方法(Method)和环境(Environment)，简称为 4M1E 因素。

(1) 人员素质

人是生产经营活动的主体，也是工程项目建设的决策者、管理者、操作者，工程建设的全过程，如项目的规划、决策、勘察、设计和施工，都是通过人来完成的。人员的素质，是指参与建设活动的人群的文化水平、技术能力、决策能力、管理能力、组织能力、作业能力、公关能力、控制能力、身体素质及道德品质的总称。对不同层次人员有不同的素质要求，人员素质直接影响工程质量目标的成败，决策层的素质更是关键，决策失误或指挥失误，对工程质量的危害更大。通常情况下，人员素质的高低都将直接和间接地对规划、决策、勘察、设计和施工的质量产生影响，是工程质量好坏的决定性因素，因此，建筑行业实行经营资质管理和各类专业从业人员持证上岗制度是保证人员素质的重要管理措施。

(2) 工程材料

工程材料泛指构成工程实体的各类建筑材料、构配件、半成品等，种类繁多，规格成千上万，不胜枚举。各类工程材料是工程建设的物质条件，因而材料的质量是工程质量的基础。工程材料选用是否合理，产品是否合格，材质是否经过检验，保管使用是否得当等，都将直接影响建设工程的结构牢度、刚度和强度，影响工程外表及观感，影响工程使用功能，影响工程的使用寿命。

对于工程材料质量，主要是控制其相应的力学性能、化学性能、物理性能，必须符合标准规定。为此，进入现场的工程材料必须有产品合格证或质量保证书，并应符合设计规定要求；凡需复试检测的建材必须复试合格才能使用；使用进口的工程材料必须符合我国相应的质量标准，并持有商检部门签发的商检合格证书；严禁易污染、易反应的材料混放，造成材性蜕变。同时，还要注意设计、施工过程对材料、构配件、半成品的合理选用，严禁混用、少用、多用，从而造成质量失控。

(3) 机械设备

机械设备可分为两类：一是指组成工程实体及配套的工艺设备和各类机具、如电梯、泵机、通风设备等(简称生产机械设备)，它们的作用是与工程实体结合，保证工程形成完整的使用功能；二是施工机械设备，其是指施工过程中使用的各类机具设备、包括大型垂直与横向移动建筑物件的运输设备，各类操作工具，各种施工安全设施，各类测量仪器、计量器具等(以上简称施工机具设备)。

生产机械设备质量的优劣，直接影响工程使用功能质量甚至造成严重后果。生产机械设备应从采购、运输、检验、安装和调试等方面进行质量控制。

施工机械设备是实现施工机械化的重要物质基础，是现代化工程施工中必不可少的设施，对工程队施工进度和质量均有直接的影响。施工机械的类型、性能参数、数量必须与施工现场条件和施工工艺相匹配的，并应定期检查。

(4) 方法

方法是指工艺方法、操作方法和施工方案。在工程施工中,施工方案是否合理,施工工艺是否先进,施工操作是否正确,都将对工程质量产生重大的影响。随着施工进展对施工方案不断细化深化,对主要项目、关键部位和难度较大的项目设置质量控制点,大力推进采用新技术、新工艺、新方法,不断提高工艺技术水平,是保证工程质量稳定提高的重要因素。

(5) 环境条件

环境条件包括工程自然环境、工程作业环境,工程管理环境3种类型。加强环境管理,改进作业条件,把握好技术环境,辅以必要的措施,是控制环境对质量影响的重要保证。

①工程自然环境。如工程水文、地质、气象等,充分掌握这些资料信息是制定针对性施工方案、措施与对策,以保证工程质量的前提。从实际施工条件做好对严寒季节的防冻,夏季的防高温,基坑施工的降水或防止流沙,施工场地的防洪与排水等。

②工程作业环境。如水、电或动力供应、施工照明、安全防护设备、施工场地空间条件和通道,以及交通运输和道路条件等。这些条件是否良好,直接影响到施工进度和质量。因此,应做好施工平面图的规划布置、落实安全管理和健全清场制度。

③工程管理环境。如施工单位的质量管理、质量保证体系和质量控制自检系统是否处于良好的状态;系统的组织结构、管理制度、检测制度、人员配备等方面是否完善和明确;质量责任制度是否落实;与邻近单位、居民及有关方面的公共关系是否协调等,这些都是保证作业效果的重要前提。

5. 工程质量管理的主要内容

工程质量管理的主要任务就是通过健全有效的质量管理体系来确保工程质量达到合同规定的标准和等级要求。工程质量管理的主要内容如下:

(1) 识别相关过程,确定管理及控制对象,例如工程设计、设备材料采购、施工安装(工序、分项工程)、试运行等过程。

(2) 规定管理及控制标准,即详细说明控制对相应达到的质量要求。

(3) 制定具体的管理方法,例如控制程序、管理规定、作业指导书等。

(4) 提供相应的资源。

(5) 明确所采用的检查和检验方法。

(6) 按照规定的检查和检验方法进行实际检查和检验。

(7) 分析检查结果和实测数据,对照标准查找原因,采取实施改进。

由于工程项目的单件性,工程质量管理更强调质量策划和质量控制。工程质量策划内容和施工组织设计内容相近,因此本章以下各节将重点讲述工程质量控制的相关内容。

第二节 机场工程施工质量控制的任务

一、施工准备阶段的质量控制

施工准备阶段的质量控制是指工程正式施工活动开始前,对各项准备工作及影响质量的各因素和有关方面进行的质量控制。

1. 建立健全质量管理体系

贯彻 ISO 9000 标准，建立现场项目经理部的质量管理体系，健全质量管理制度和工作流程，明确质量责任，开展质量教育等。

2. 熟悉施工技术资料，编制施工组织设计

调查和熟悉工程所在地的自然条件和技术经济条件，是选择施工技术与组织方案的基础，保证施工组织设计质量的前提条件。

施工组织设计编制应遵循以下原则。

(1) 施工组织设计的编制、审查和批准应符合规定的程序。

(2) 施工组织设计应符合国家的技术政策，充分考虑承包合同规定的条件、施工现场条件及法规条件的要求，突出"质量第一、安全第一"的原则。

(3) 施工组织设计的针对性。承包单位是否了解并掌握了本工程的特点及难点，施工条件是否分析充分。

(4) 施工组织设计的可操作性。承包单位是否有能力执行并保证工期和质量目标；该施工组织设计是否切实可行。

(5) 技术方案的先进性。施工组织设计采用的技术方案和措施是否先进适用，技术是否成熟。

(6) 质量管理和技术管理体系，质量保证措施是否健全且切实可行。

(7) 安全、环保、消防和文明施工措施是否切实可行并符合有关规定。

(8) 在满足合同和法规要求的前提下，对施工组织设计的审查，应尊重承包单位的自主技术决策和管理决策。

施工组织设计编制时应注意：

(1) 重要的分部、分项工程的施工方案，承包单位在开工前，向监理工程师提交详细说明为完成该项工程的施工方法、施工机械设备及人员配备与组织、质量管理措施以及进度安排等，报请监理工程师审查认可后方能实施。

(2) 在施工顺序上应符合"先地下、后地上；先土建、后设备；先主体、后围护"的基本规律。所谓先地下、后地上是指地上工程开工前，应尽量把管道、线路等地下设施和土方与基础工程完成，以避免干扰，造成浪费、影响质量。此外，施工流向要合理，即平面和立面上都要考虑施工的质量保证与安全保证；考虑使用的先后和区段的划分，与材料、构配件的运输不发生冲突。

(3) 施工方案与施工进度计划的一致性。施工进度计划的编制应以确定的施工方案为依据，正确体现施工的总体部署、流向顺序及工艺关系等。

(4) 施工方案与施工平面图布置的协调一致。施工平面图的静态布置内容，如临时施工供水供电供热、供气管道、施工道路、临时办公房屋、物资仓库等，以及动态布置内容，如施工材料模板、工具器具等，应做到布置有序，有利于各阶段施工方案的实施。

3. 施工测量控制网核查

施工现场的原始基准点、基准线和高程等测量控制点进行复核，建立施工测量控制网，并应对其正确性负责，同时做好基桩的保护。

4. 施工平面布置的控制

检查施工现场总体布置是否合理，是否有利于保证施工的正常、顺利地进行，是否有利于

保证质量,特别是要对场区的道路、防洪排水、器材存放、给水及供电、混凝土供应及主要垂直运输机械设备布置等方面予以重视。如果在现场的某一区域内需要不同的施工承包单位同时或先后施工、使用,就应根据施工总进度计划的安排,规定它们各自占用的时间和先后顺序,并在施工总平面图中详细注明各工作区的位置及占用顺序。

5. 设计交底与施工图纸审核

施工图纸是施工的依据,在施工前建设单位和施工单位应详细阅读,对整个工程设计做到心中有数,然后组织设计交底与图纸会审。设计交底和图纸会审的目的是使建设、施工、监理、质量监督等单位的有关人员,充分了解拟施工工程的特点、设计意图和工艺与质量要求,进一步澄清设计疑点,消除设计缺陷,统一思想认识,以便正确理解设计意图,掌握设计要点,保证按图施工。

1) 设计交底与图纸会审的程序

设计交底和施工图纸会审通常是由业主、监理、施工单位、设计单位参加。首先由设计单位介绍设计意图、结构特点、施工及工艺要求、技术措施和有关注意事项及关键问题;再由施工单位提出图纸中存在的问题和疑点,以及需要解决的技术难题;然后通过三方研究和商讨,拟定出解决的办法,并写出会议纪要。会议纪要是对设计图纸的补充、修改,是施工的依据之一。

2) 设计交底的要点

(1) 有关的地形、地貌、水文气象、工程地质及水文地质等自然条件方面。

(2) 施工图设计依据。其包括初步设计文件、主管部门及其他部门(如规划、环保、农业、交通、旅游等)的要求、采用的主要设计规范、甲方提供或市场供应的建筑材料情况等。

(3) 设计意图。如设计思想、设计方案比较的情况、基础开挖及基础处理方案、结构设计意图、设备安装和调试要求、施工进度与工期安排等。

(4) 施工应注意事项方面。如基础处理的要求、对建筑材料方面的要求、采用新结构或新工艺的要求、施工组织和技术保证措施。

3) 图纸审核的要点

(1) 对设计者资质的认定,是否经正式签署。

(2) 设计是否满足规定的要求抗震、防火、环境卫生等要求。

(3) 图纸与说明书是否齐全。图纸中有无遗漏、差错或相互矛盾之处,图纸表示方法是否清楚并符合标准要求。

(4) 地质及水文地质等基础资料是否充分、可靠。

(5) 所需材料的来源有无保证,能否替代;新材料、新技术的采用有无问题。

(6) 施工工艺、方法是否合理,是否切合实际,是否存在不便于施工之处,能否保证质量要求。

(7) 施工图或说明书中所涉及的各种标准、图册、规范、规程等,施工单位是否具备。

6. 施工分包核查

审查时,主要是审查施工承包合同是否允许分包,分包的范围和工程部位是否可进行分包,分包单位施工组织者、管理者的资格与质量管理水平,特殊专业工种和关键施工工艺或新技术、新工艺、新材料等应用方面操作者的素质与能力。

7. 把好开工关

开工前承包商必须提交"开工申请单",经监理工程师审查前述各方面条件并予以批准后,施工单位才能开始正式进行施工。

二、施工过程及竣工的质量控制

1. 工序质量控制

工程项目可以划分为若干层次。例如,可以划分为单位工程、分部工程和分项工程、工序等层次(图9-5)。各组成部分之间的关系具有一定的施工先后顺序的逻辑关系。显然,工序施工的质量控制是最基本的质量控制,它决定有关分项工程的质量,而分项工程的质量又决定分部工程的质量,分部工程决定单位工程的质量。所以对施工过程的质量监控,必须以工序质量控制为基础和核心,落实在各项工序的质量监控上。

工序质量监控主要包括3个方面,即对工序活动投入的监控、对工序活动中的施工操作规范性的监控、对工序活动效果的监控。

工序活动条件的监控,是指监控影响工序生产质量的各因素(即4M1E)是否符合要求,对不符合要求者,及时采取纠偏措施,防止或减少不合格品的产生。

对工序活动中的施工操作规范性的监控,主要是施工单位的检查和监理工程师的旁站、巡检等,关键取决于操作

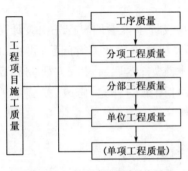

图9-5 工程项目的质量系统图

者的质量意识、技术水平。

工序活动效果的监控主要反映在对工序产品质量性能的特征指标的控制上,主要是指对工序活动的产品采取一定的检测手段进行检验,根据检验结果分析、判断该工序产品的质量(效果)是否符合规定要求。若符合要求,进行下道工序;不符合要求,采取纠偏措施,从而实现对工序质量的最终控制。其主要工作体现在工程质量验收当中。

1)工序活动质量监控实施要点

(1)确定工序质量控制计划

工序质量控制计划要明确规定质量监控的程序或工作流程和质量检查制度等。

(2)进行工序分析,分清主次,设置工序活动的质量控制点

所谓工序分析,就是要在众多的影响工序质量的因素中,找出对特定工序重要的或关键的质量特征性能指标起支配性作用或具有重要影响的那些主要因素,以便能在工序施工中针对这些主要因素制订出控制标准及措施,进行主动的、预防性的重点控制,严格把关。

工序分析一般可按以下步骤进行。

①选定分析对象,分析可能的影响因素,找出支配性的要素。这包括:选定的分析对象可以是重要的、关键的工序,或者是根据过去的资料确认为经常发生质量问题的工序;掌握特定工序的现状和问题,确定改善质量的目标;分析影响工序质量的因素,明确支配性的要素。

②针对支配性要素,拟定对策计划,并加以核实。

③将核实的支配性要素编入工序质量表,纳入标准或规范。

④对支配性要素落实责任,按标准的规定实施重点管理。

(3) 对工序活动实施跟踪的动态控制

对工序活动实施跟踪的动态控制即在整个工序活动中,连续地实施动态跟踪控制。通过对工序产品的抽样检验,判定其产品质量波动状态,若工序活动处于异常状态,则应查找出影响质量的原因,采取措施排除系统性因素的干扰,使工序活动恢复到正常状态,从而保证工序活动及其产品的质量。

2) 质量控制点的设置

所谓质量控制点是指为了保证工序质量而确定的重点控制对象、关键部位或薄弱环节,它是施工质量控制的重点。设置质量控制点就是要根据工程项目的特点,对工序活动中的重要部位或薄弱环节,事先分析影响质量的原因,并提出相应的措施,进行重点控制和预控。

可作为质量控制点的对象涉及面广,它可能是技术要求高、施工难度大的结构部位,也可能是影响质量的关键工序、操作或某一环节。具体说,选择作为质量控制点的对象可以是:

(1) 施工过程中的关键工序或环节以及隐蔽工程,例如道面混凝土拌和、振捣、做面、养生、切缝等;穿越跑道排水涵洞基础处理、钢筋混凝土浇筑、接缝设置等。

(2) 施工中的薄弱环节,或质量不稳定的工序、部位或对象,例如道面土基沟、塘的处理等。

(3) 对后续工程施工或后续工序质量或安全有重大影响的工序、部位或对象,例如施工控制网的测设、道面混凝土原材料的质量与性能、模板的支撑与固定等。

(4) 采用新技术、新工艺、新材料的部位或环节。

(5) 施工上无足够把握的、施工条件困难的或技术难度大的工序或环节。

(6) 施工工艺技术参数,例如道面土基最大干密度、最佳含水率的确定,混凝土配合比设计等。

总之,不论是结构部位、影响质量的关键工序、操作、施工顺序、技术参数、材料、机械、自然条件、施工环境等均可作为质量控制点来控制。概括说来,应当选择那些保证质量难度大的、对质量影响大的或者是发生质量问题时危害大的对象作为质量控制点。质量控制点的选择要准确、有效,为此,一方面需要有经验的工程技术人员来进行选择,另一方面也要集思广益,集中群体智慧由有关人员充分研究讨论,在此基础上进行选择。

3) 工序控制的重要制度

(1) 技术交底

技术交底是指工程开工之前,由各级技术负责人将有关工程的各项技术要求逐级向下贯彻,直到施工现场。其目的是使参加施工的人员对工程及其技术要求做到心中有数,以便科学地组织施工和按合理的工序、工艺进行作业。要做好技术交底工作,必须明确技术交底的内容,并搞好技术交底的分工。

技术交底的主要内容有:施工方法,技术组织措施,质量标准,安全技术;对特殊工程、新结构、新工艺和新材料的技术要求以及图纸会审提出的有关问题及解决办法等,均要进行详细的技术交底工作。在施工现场,工长和班组长在接受技术交底后,应组织班组长、工人进行认真讨论,明确任务要求和配合关系,建立责任制,制定保证质量、安全技术措施,对关键项目和部位、新技术推广项目和部位要反复、细致地向班组交底,必要时要做图样、文字、样板以及示范操作交底。施工企业内部的技术交底都必须是书面形式的,技术交底必须经过检查与审核,应留底稿,字迹清楚,有签发人、审核人、接受人的签字。

(2) 工序间的交接检查制度

坚持上道工序不经检查验收不准进行下道工序的原则。上道工序完成后,先由施工单位进行自检、互检、专检,认为合格后再通知现场监理工程师或其代表到现场会同检验,认可后才能进行下道工序。主要工序作业(包括隐蔽作业)需按有关验收规定经现场监理人员检查,签字验收。

(3) 工程变更

施工过程中,由于前期勘察设计的原因,或由于外界自然条件的变化,未探明的地下障碍物、管线、文物、地质条件不符等,以及施工工艺方面的限制、建设单位要求的改变,均会涉及工程变更。做好工程变更影响因素的分析控制,坚持工程变更的程序,预测变更的风险,也是作业过程质量控制的一项重要内容。

工程变更的要求可能来自建设单位、设计单位或施工承包单位。为确保工程质量,不同情况下,工程变更的实施、设计图纸的澄清、修改,具有不同的工作程序。无论是建设单位或者施工及设计单位提出的工程变更或图纸修改,都应通过监理工程师审查并经有关方面研究,确认其必要性后,由总监理工程师发布变更指令方能生效予以实施。

2. 工序投入的准备

1) 材料和工程生产设备控制

(1) 材料采购

原材料、半成品或构配件采购质量控制的关键是优选材料供货商,重点是考察其质量保证能力,综合考虑材料性能、价格、供货能力、交货期、服务和支持能力等。对于重要的材料采购,还应实地考察并让其提交样品供试验或鉴定,应注意材料采购合同中质量条款的详细说明。

(2) 材料检查验收

凡运到施工现场的原材料、半成品或构配件,应有产品出厂合格证及技术说明书,并由施工单位按规定要求进行检验。检验的方法有免检、抽检和全数检验3种,抽检是建筑材料常用的质量检验方式,应按照相关规范等规定的项目、数量、频次进行。未经检验和检验不合格者不得用于工程。对于重要材料、半成品、构配件,必须进行见证取样。

(3) 材料的仓储和保管

材料进场后,到其使用或施工、安装时通常都要经过一定的时间间隔,在此时间内,如果对材料、设备等的存放、保管不良,可能导致质量状况的恶化,如损伤、变质、损坏,甚至不能使用。因此,对于材料、半成品、构配件等,应当根据它们的特点、特性以及对防潮、防晒、防锈、防腐蚀、通风、隔热以及温度、湿度等方面的不同要求,安排适宜的存放条件,以保证其存放质量。堆放时应按型号、品种进行分区,并予以标识。

2) 施工机械控制

(1) 施工机械配置的控制

施工机械设备的选择,除应考虑施工机械的技术性能、工作效率,工作质量,可靠性及维修难易、能源消耗,以及安全、灵活等方面对施工质量的影响与保证外,还应考虑其数量配置对施工质量的影响与保证条件。此外,要注意设备形式应与施工对象的特点及施工质量要求相适应。在选择机械性能参数方面,也要与施工对象特点及质量要求相适应。

(2)施工机械的合理使用

合理使用施工机械,进行正确操作,是保障施工质量的重要环节。应实行定机、定人、定岗位责任的三定制度,并合理组织好机械设备的流水施工,要使现场环境、施工平面布置适合机械作业的条件。

(3)机械的保养与维修

应做好机械的例行保养和强制保养工作,保持机械的良好技术状态,特别关注是否有超期服役的施工机械,如有,其风险是否可以接受,以避免事故出现。

3)计量控制

施工中的计量工作,包括施工生产时的投料计量、施工生产过程的监测计量和对项目、产品或过程的测试、检验、分析计量等。

计量工作的主要任务是统一计量单位,组织量值传递,保证量值的统一。主要工作包括完善计量管理规章制度,及时检定计量仪器、检测设备、重衡器的性能和精度,审核从事计量作业人员技术水平资格,现场检测的操作方法。

4)人员控制

审查劳务承包队伍及人员的技术资质与条件是否符合要求,经监理工程师审查认可后,方可上岗施工;对于不合格人员予以撤换。

对于特殊作业、工序、检验和试验人员、机械操作人员,有时还应进行考核或必要的考试、评审,如有必要,应对其技能进行评定,发给相应的资格证书或上岗证明。

5)施工方法控制

做好施工组织设计、技术交底,选择合理的施工方法,编制工序作业指导书。

6)环境的控制

环境的控制主要包括作业环境、自然环境、技术环境和管理环境的控制。

3. 施工操作的控制

对某些作业或操作,应以人为重点进行控制,例如高空、高温、水下、危险作业等,对人的身体素质或心理应有相应的要求;技术难度大或精度要求高的作业,如复杂模板放样、精密、复杂的设备安装,以及重型构件吊装等对人的技术水平均有相应的较高要求。

对于某些工作必须严格作业之间的顺序,例如,对于冷拉钢筋应当先对焊、后冷拉,否则会失去冷强;对于屋架固定一般应采取对角同时施焊,以免焊接应力使已校正的屋架发生变位等。

4. 工程质量验收

工程施工质量验收是工程建设质量控制的一个重要环节,它包括工程施工质量验收和工程的竣工验收两个方面。通过对工程建设中间产出品和最终产品的质量验收,从过程控制和终端把关两个方面进行工程项目的质量控制,以确保达到业主所要求的使用价值,实现建设投资的经济效益和社会效益。

1)施工质量验收的基本规定

(1)建筑工程施工质量应符合机场工程施工及验收规范的规定。

(2)建筑工程施工应符合工程勘察、设计文件的要求。

(3) 参加工程施工质量验收的各方人员应具备规定的资格。

(4) 工程质量的验收应在施工单位自行检查评定的基础上进行。

(5) 隐蔽工程在隐蔽前应由施工单位通知有关方进行验收,并应形成验收文件。

(6) 涉及结构安全的试块、试件以及有关材料,应按规定进行见证取样检测。

(7) 检验批的质量应按主控项目和一般项目验收。

(8) 对涉及结构安全和使用功能的分部工程应进行抽样检测。

(9) 承担见证取样检测及有关结构安全检测的单位应具有相应资质。

(10) 工程的观感质量应由验收人员通过现场检查,并应共同确认。

2) 建筑工程施工质量验收的划分

一个工程项目可能由若干个单位工程组成,一个单位工程又可划分为若干个分部工程,每个子分部工程中包括若干个分项工程,每个分项工程中又包含若干个检验批,检验批是工程施工质量验收的最小单位。

(1) 单位工程的划分

单位工程的是指具备独立施工条件并能形成独立使用功能的建筑物及构筑物。规模较大的单位工程,可将其能形成独立使用功能的部分划分为一个子单位工程。

(2) 分部工程的划分

分部工程的划分应按专业性质、建筑部位确定。当分部工程较大或较复杂时,可按施工程序、专业系统及类别等划分为若干个子分部工程。

(3) 分项工程的划分

分项工程应按主要工种、材料、施工工艺、设备类别等进行划分。如混凝土结构工程中按主要工种分为模板工程、钢筋工程、混凝土工程等分项工程;按施工工艺又分为预应力、现浇结构、装配式结构等分项工程。

(4) 检验批的划分

分项工程可由一个或若干个检验批组成,检验批可根据施工及质量控制和专业验收需要,根据不同的专业性质、施工段、变形缝等进行划分。对于工程量较少的分项工程可统一划分为一个检验批,具体由施工单位和监理单位根据工程实际,按照规范的原则协商确定。

机场工程中主要单位及分部分项工程划分见表 9-2 ~ 表 9-5。

土面区工程项目划分 表 9-2

序号	单位工程	分部工程	分项工程
1	土跑道及端保险道	土跑道(1) 土跑道(2) 土跑道(3) 端保险道(1) 端保险道(2)	坑、塘处理,原地面平整碾压,填(挖)土、石方,边坡加固与防护
2	其他土面区	平地区 滑后区 其他土面区	

道面工程项目划分

表9-3

序号	单位工程	分部工程	分项工程
1	跑道*	跑道中* 跑道端1* 跑道端2*	土基：坑、塘处理，灰土、砂、砂石处理地基，强夯处理地基，挤密桩处理地基，冲击碾压地基，原地面平整碾压，填(挖)土、石方，其他
2	滑行道及联络道*	滑行道* 联络道1* 联络道2* ……	基层：垫层 底基层 上基层
3	停机坪*	集体停机坪* 警戒停机坪* ……	面层*： 1. 水泥混凝土面层分项： 　补强钢筋安设，传力杆、拉杆安设，水泥混凝土，接缝与灌缝，旧混凝土板加厚处理(包括隔离层)等； 2. 沥青混凝土面层分项： 　旧道面处理，黏(透)层，应力吸收薄膜，沥青混凝土底层，沥青混凝土中层，沥青混凝土表面层； 3. 道面标志漆
4	其他道面	加油坪 校罗坪 校靶坪 拖机道 修机坪 防吹坪 道肩	

注：*表示主要单位工程或分部工程。

排水工程项目划分

表9-4

序号	单位工程	分部工程		分项工程
1	盖板沟	1号 2号 ……	钢筋混凝土盖板沟* 浆砌块石(砖)盖板沟* 涵洞 进出水口 陡槽	沟槽开挖，垫层，模板，钢筋，混凝土，预制构件安装，砌体工程，回填土
2	管沟		1号管沟*，2号管沟*……	
			涵洞、检查井、集水井、进出水口、陡槽	
3	明沟 (改河)	1号 2号 ……	浆砌块石(混凝土预制块)明沟* 土明沟 涵洞 进出水口 陡槽	沟槽开挖，垫层，模板，钢筋，混凝土，预制构件安装，砌体工程，回填土

注：*表示主要分部工程。

机场场道其他附属工程项目划分 表9-5

序号	单位工程	分部工程		分项工程
1	土堤	1号土堤 2号土堤 …… 靶堤 掩体		坑、塘处理,填(挖)土、石方,边坡加固与防护
2	飞行区公路及车坪	平行公路* 围场路 其他道路 车坪 端保险道过渡段	土基	公路路堤、路堑的边坡加固与防护,其他分项工程参照本标准表5.1.2-1的规定划分
			基层	参照本标准表5.1.2-1的规定划分
			面层	参照本标准表5.1.2-1的规定划分
3	其他附属设施	导流设施		土基,基础,钢筋,主体混凝土,砌体工程,预制构件安装,回填土
		拦阻设施		基础,设施安装
		围界		基础,设施安装
		预埋管线		沟槽开挖、垫层、混凝土、回填土、加电井安装、加油井安装

注:*表示主要分部工程。

3)施工质量验收

(1)检验批的质量验收

①检验批合格质量规定

a. 主控项目和一般项目的质量经抽样检验合格。

b. 主控项目和一般项目的质量经抽样检验合格。

c. 具有完整的施工操作依据、质量检验记录。

从上面的规定可以看出,检验批的质量验收包括了实体质量检验和资料检查两个方面的内容。

②资料检查

质量控制资料反映了检验批从原材料到验收的各施工工序的施工操作依据,检查情况以及保证质量所必需的管理制度等。

对其完整性的检查,实际是对过程控制的确认,这是检验批合格的前提。所要检查的资料主要包括:图纸会审、设计变更、洽商记录;建筑材料、成品、半成品、建筑构配件、器具和设备的质量证明书及进场检(试)验报告;工程测量、放线记录;按专业质量验收规范规定的抽样检验报告;隐蔽工程检查记录;施工过程记录和施工过程检查记录;新材料、新工艺的施工记录;质量管理资料和施工单位操作依据等。

③实体质量检验

对检验批的主控项目和一般项目应根据规范规定的抽样方案,进行计量、技术等检验。主控项目是指对安全、卫生、环境保护和公众利益起决定性作用的检验项目。因此,必须全部符合有关专业工程验收规范的规定,即这种项目的检查具有否决权。鉴于主控项目对基本质量的决定性影响,从严要求是必需的。一般项目是指除主控项目以外的项目都是一般项目。当采用计数抽样时,合格点率应符合验收规范的规定,且不得存在严重缺陷。

合理的抽样方案的制定对检验批的质量验收有十分重要的影响。在制定检验批的抽样方案时,应考虑合理分配生产方风险(或错判概率 α)和使用方风险(或漏判概率 β)。对于主控项目,对应于合格质量水平的 α 和 β 均不宜超过5%;对于一般项目,对应于合格质量, α 不宜过5%, β 不宜超过10%。

常用的抽样方案包括:
a. 计量、计数或计量—计数等抽样方案;
b. 一次、二次或多次抽样方案;
c. 根据生产连续性和生产控制稳定性等情况,尚可采用调整型抽样方案;
d. 对重要的检验项目当可采用简易快速的检验方法时,可选用全数检验方案;
e. 经实践检验有效的抽样方案。如砂石料、构配件的分层抽样。

检验批的质量验收记录由施工项目专业质量检查员填写。

(2)分项工程质量验收

分项工程的验收在检验批的基础上进行。一般情况下,两者具有相同或相近的性质,只是批量的大小不同而已。因此,将有关的检验批汇集构成分项工程。分项工程合格质量的条件比较简单,只要构成分项工程的各检验批的验收资料文件完整,并且均已验收合格,则分项工程验收合格。其合格规定如下:

①所含检验批的质量均应验收合格;
②所含检验批的质量验收记录应完整。

(3)分部工程质量验收

分部工程质量验收合格应符合的规定有:
①分部工程所含分项工程的质量均应验收合格;
②质量控制资料应完整;
③有关安全及功能的检验和抽样检测结果应符合有关规定;
④观感质量验收应符合要求。

分部工程的验收在其所含各分项工程验收的基础上进行。首先,分部工程的各分项工程必须已验收且相应的质量控制资料文件必须完整,这是验收的基本条件。此外,由于各分项工程的性质不尽相同,作为分部工程不能简单地组合而加以验收,尚须增加以下两类检查。

涉及安全和使用功能的地基基础、主体结构、有关安全及重要使用功能的安装分部工程,应进行有关见证取样送样试验或抽样检测。例如,混凝土道面的平整度、抗滑性能、强度、高程,土基的沉降观测测量记录,排水管涵的通水试验记录等。

关于观感质量验收,这类检查通常难以定量,只能以观察、触摸或简单量测的方式进行,并由各个人的主观印象判断,检查结果并不给出"合格"或"不合格"的结论,而是综合给出质量评价。评价的结论为"好"、"一般"和"差"3种。对于"差"的检点应通过返修处理等进行补救。

（4）单位工程质量验收

单位工程质量验收合格应符合下列规定。

①单位工程所含分部工程的质量应验收合格；

②质量控制资料应完整；

③单位工程所含分部工程有关安全和功能的检验资料应完整；

④主要功能项目的抽查结果应符合质量验收规范的规定；

⑤观感质量验收应符合要求。

单位工程质量验收也称质量竣工验收，是建筑工程投入使用前的最后一次验收，也是最重要的一次验收。验收合格的条件有5个，除构成单位工程的各分部工程应该合格，并且有关的资料文件应完整以外，还应进行以下3个方面的检查：①涉及安全和使用功能的分部工程应进行检验资料的复查；②全面检查其完整性（不得有漏检缺项）；③对分部工程验收时补充进行的见证抽样检验报告也要复核。这种强化验收的手段体现了对安全和主要使用功能的重视。

4）不合格品的处理

当工程施工质量不符合规定时，应按下列规定进行处理。

（1）经返工重做或更换器具、设备检验批，应重新进行验收。这种情况是指主控项目不能满足验收规范规定或一般项目超过偏差限制的子项不符合检验规定的要求时，应及时进行处理的检验批。其中，严重的缺陷应推倒重来；一般的缺陷通过返修或更换器具、设备予以解决，应允许施工单位在采取相应的措施后重新验收。如能够符合相应的专业工程质量验收规范，则应认为该检验批合格。

（2）经有资质的检测单位鉴定达到设计要求的检验批，应予以验收。这种情况是指个别检验批发现试块强度等不满足要求等问题，难以确定是否验收时，应请具有资质的法定检测单位检测，当鉴定结果能够达到设计要求时，该检验批应允许通过验收。

（3）经有资质的检测单位鉴定达不到设计要求但经原设计单位核算认可能满足结构安全和使用功能的检验批，可予以验收。

这种情况是指，一般情况下，规范标准给出了满足安全和功能的最低限度要求，而设计常在此基础上留有一些余量。不满足设计要求和符合相应规范标准的要求，两者并不矛盾。

（4）经返修或加固的分项、分部工程，虽然改变外形尺寸但仍能满足安全使用要求，可按技术处理方案和协商文件进行验收。

这种情况是指更为严重缺陷或范围超过检验批的更大范围内的缺陷可能影响结构的安全性和使用功能。如经法定检测单位检测鉴定以后认为达不到规范标准的相应要求，即不能满足最低限度的安全储备和使用功能，则必须按一定的技术方案进行加固处理，使之能保证其满足安全使用的基本要求。这样会造成一些永久性的缺陷，如改变结构的外形尺寸，影响一些次要的使用功能等。为了避免社会财富更大的损失，在不影响安全和主要使用功能条件下可按处理技术方案和协商文件进行验收，但不能作为轻视质量而回避责任的一种出路，这是应该特别注意的。

（5）通过返修或加固仍不能满足安全使用要求的分部工程、单位（子单位）工程，严禁验收。

第三节 质量管理中的统计分析方法

建筑产品在生产过程中或生产完成以后,通过检查会发现这样或那样的问题。出现这些问题的原因是什么,其中主要原因又是什么,以及各种因素对质量的影响程度如何等等。所有这些问题,并不是一下子就能看得出来的,而要应用统计的方法对大量的数据资料进行整理、分析和研究,才能做出科学判断。

一、质量变异的原因

同一批量产品,即使所采用的原材料、生产工艺和操作方法均相同,但其中每个产品的质量也不可能丝毫不差,它们之间或多或少总有些差别。产品质量间的这种差别称为变异。影响质量变异的因素较多,归纳起来可分为以下两大类。

1. 偶然性因素

偶然性因素有原材料性质的微小差异,机具设备的正常磨损,模具的微小变形,工人操作的微小变化,温度、湿度微小波动等。偶然性因素的种类繁多,也是对产品质量经常起作用的因素,但它们对产品质量的影响并不大,不会因此而造成废品。偶然性因素所引起的质量差异的特点是数据和符号都不一定,是随机的。所以,偶然性因素引起的差异又称随机误差。这类因素既不易识别,也难以消除,或在经济上不值得消除。我们说产品质量不可能丝毫不差,就是因为有偶然因素的存在。

2. 系统性因素

系统性因素又称非偶然性因素。如原材料的规格、品种有误,机具设备发生故障,操作不按规程,仪表失灵或准确性差等。这类因素对质量差异的影响较大,可以造成废品或次品;而这类因素所引起的质量差异其数据和符号均可测出,容易识别,应该加以避免。所以系统性因素引起的差异又称条件误差,其误差的数据和符号都是一定的,或作周期性变化。

把产品的质量差异分为系统性差异和偶然性差异是相对的,随着科学技术的发展,有可能将某些偶然性差异转化为系统性差异加以消除,但决不能消灭所有的偶然性因素。由于偶然性因素对产品质量变异影响很小,一般视为正常变异;而对于系统性因素造成的质量变异,则应采取相应措施,严加控制。

影响工程质量的系统原因可归纳为 4M1E,工程质量控制的目的就是查找异常波动的原因,并加以排除,使得质量只受随机因素的影响。

在质量管理中能应用的统计方法很多,常用的主要有7种(又称7种工具)。属于一般统计方法的有检查表法、分层分析法、排列图、因果分析图;属于数理统计方法的有直方图、管理图、相关分析图。

二、检查表法

检查表法又称调查表法、统计分析表法,是用来调查、收集、整理数据,为其他数据统计方法提供依据和粗略分析质量原因的一种工具。其表格格式多种多样,一般可根据具体的调查目的、内容,自行设计适用的格式。

例如，机场混凝土道面工程质量管理中常用的质量检查表有砂、石、水泥等原材料质量检查表，混凝土拌和计量检查表，混凝土强度检查表，平整度、高程、粗糙度检查表等。

三、分层分析法

分层分析法也称分组法、分类法，它是把收集到的有关质量问题的数据，按照一定的目的和要求进行分类整理，以便有针对性地分析产生质量问题的原因及其分布规律的一种方法，使错综复杂的质量问题简单化、条理化，能更清晰地分析，找到问题的症结所在。

将数据分类的方法有很多种，主要依据分析的目的而定，常用的方法有按数据发生的时间分类；按生产班组或操作人员分类；按使用的机械设备分类；按操作方法分类；按分部分项工程内容分类；按使用的原材料分类；按检测手段分类；按所处环境分类等八种。

分层分析法是分析机场工程质量问题最基本的方法。它既可以按某一种分类方法，对产生质量问题的原因进行简单分析，也可以同时使用两种分类方法，对质量原因进行综合分析，还可几种分类方法逐次使用，层层深入地分析质量问题的产生原因。

【例 9-1】 钢筋焊接质量的调查分析，共检查了 50 个焊接点，其中不合格 19 个，不合格率为 38%。存在严重的质量问题，试用分层法分析质量问题的原因。现已查明这批钢筋的焊接是由 A、B、C 3 个师傅操作的，而焊条是由甲、乙两个厂家提供的。因此，分别按操作者和焊条生产厂家进行分层分析，即考虑一种因素单独的影响，见表 9-6 和表 9-7。

按操作者分层　　　　　　　　　　　　　　　　表 9-6

操作者	不合格	合格	不合格率(%)
A	6	13	32
B	3	9	25
C	10	9	53
合计	19	31	38

按焊条生产厂家分层　　　　　　　　　　　　　表 9-7

操作者	不合格	合格	不合格率(%)
A	9	14	39
B	10	17	37
合计	19	31	38

【解】 由表 9-6 和表 9-7 分层分析可见，操作者 B 的质量较好，不合格率为 25%；而不论是采用甲厂还是乙厂的焊条，不合格率都很高且相差不大。为了找出问题之所在，再进一步采用综合分层进行分析，即考虑两种因素共同影响的结果，见表 9-8。

综合分层分析焊接质量　　　　　　　　　　　　表 9-8

操作者	焊接质量	甲厂		乙厂		汇总	
		焊接点	不合格率(%)	焊接点	不合格率(%)	焊接点	不合格率(%)
A	合格	6	75	0	0	6	32
	不合格	2		11		13	

续上表

操作者	焊接质量	甲厂		乙厂		汇总	
		焊接点	不合格率(%)	焊接点	不合格率(%)	焊接点	不合格率(%)
B	合格	0	0	3	43	3	25
	不合格	5		4		9	
C	合格	3	30	7	78	10	53
	不合格	7		2		9	
合计	合格	9	39	10	37	19	38
	不合格	14		17		31	

从表9-8的综合分层法分析可知，在使用甲厂的焊条时，应采用B师傅的操作方法为好；在使用乙厂的焊条时，应采用A师傅的操作方法为好，这样会使合格率大大地提高。

分层法是质量控制统计分析方法中最基本的一种方法；其他统计方法一般都要与分层法配合使用，如排列图法、直方图法、控制图法、相关图法等，常是首先利用分层法将原始数据分门别类，然后再进行统计分析的。

四、排列图法

排列图是找出影响产品质量主要因素的一种简单而又实用有效的方法，是由意大利经济学家巴雷特(Uibredo Pareto)于1960年提出的，又称巴雷特图或主次因素排列图。

排列图(图9-6)有两个纵坐标，左侧纵坐标表示产品频数，即不合格产品件数；右侧纵坐标表示频率，即不合格产品累计百分数。图中横坐标表示影响产品质量的各个不良因素或项目，按影响质量程度的大小，从左到右依次排列。每个直方形的高度表示该因素影响的大小，图中曲线称为巴雷特曲线。在排列图上，通常把曲线的累计百分数分为3级，与此相对应的因素分为三大类：A类因素对应于频率0～80%，是影响产品质量的主要因素；B类因素对应于频率80%～90%，为次要因素；与频率90%～100%相对应的为C类因素，属一般影响因素。运用排列图，便于找出主次矛盾，使错综复杂问题一目了然，有利于采取对策，加以改善。

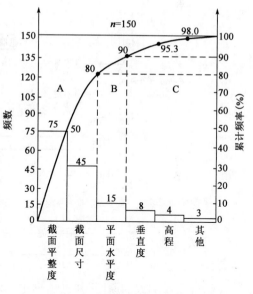

图9-6 混凝土构件尺寸不合格点排列曲线

五、因果分析图法

因果分析图又称特性要因图，也有人按其表现形状称其为鱼刺图或树枝图。它是日本东京大学教授石川馨提出的逐步深入探寻影响产品质量主要因素产生根源的图示方法。在实际生产和工程施工过程中，任何一种质量因素的产生都不会是由于一个原因造成的，通常是由于多个原因,甚至多层原因造成的。在质量管理中,为了寻找这些原因的起源,可以采用一种"从大到小,从粗到细,顺藤摸瓜"的方法,这种方法就是因果分析图法。

因果分析图的基本图式如图 9-7 所示。完成一个因果分析图一般要经过以下几个步骤:

(1)明确质量特性,也就是确定将什么质量问题作为分析对象。

(2)画主干线,即画一条由左向右带箭头的直线,并在箭头处标明要分析的质量问题(特性的标题)。

(3)确定可能影响质量问题的大原因,将其分列在主干线的上下两侧,并用带箭头的线与主干线相连,箭头的方向表示因果关系。

工程(产品)质量发生问题的原因是多方面的,一般总与人、机械、工艺、材料、测量、环境 6 个方面因素有关。但就某一质量问题而言,这 6 个方面因素并不一定同时存在,要实事求是地进行分析。另外也可以针对具体问题,从其他的角度来分析质量问题的起因,确定大的原因。

(4)确定中原因、小原因。对每一个大原因进行分析,确定影响它的中原因,画出箭头,并标明原因;再对中原因进行分析,得出小原因,并依次分析下去。

(5)反复检查,补充遗漏问题。经过大、中、小原因的一步步分析之后,一般来说是可以把问题搞清楚的。但为了慎重,还需要反复思考,广泛征求意见,尽量不使影响质量的各种因素被遗漏。

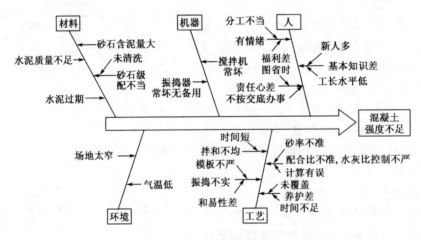

图 9-7 因果分析

(6)确定影响大的原因,并做出标记。对画入图中的各种原因,经对比分析后,找出影响大的原因,以作为今后改进的重点对象。

(7)在图面上标记各种有关事项,如制图时间、制图单位、制图人、主要负责人、制图的客观条件和情况等。

因果分析图的作图过程也是一个判断推理过程,在作图过程中要重点搞清各种原因的因果关系,没有因果关系的事项不要画到图上去。作图人员对工程项目要有较全面、深入的了解,要掌握有关的施工专业技术,并能集思广益,才能准确地找出问题的原因所在,制定有效的对策。

产生质量问题的原因找出之后,还要有的放矢地制定对策,落实到人,限期改进。只有这样才能起到因果分析的作用。因果分析图通常与表 9-9 结合使用。

混凝土质量问题对策　　　　　　　　　　　　　　　　　　　表 9-9

项目	序号	产生问题原因	采取的对策	执行人	完成时间
人	1	分工不明确	根据个人特长、确定每项作业的负责人及各操作人员职责、挂牌示出		
	2	基本知识差	组织学习操作规程；搞好技术交底		
方法	3	配合比不当	根据数理统计结果,按施工实际水平进行配比计算进行试验		
	4	水灰比不准	制作试块；捣制时每半天测砂石含水率一次；捣制时控制坍落度在 5cm 以下		
	5	计量不准	校正磅秤		
材料	6	水泥质量不足	进行水泥质量统计		
	7	原材料不合格	对砂、石、水泥进行各项指标试验		
	8	砂、石含泥量大	冲洗		
机械	9	振捣器常坏	使用前检修一次；施工时配备电工；备用振捣器		
	10	搅拌机失修	使用前检修一次；施工时配备检修工人		
环境	11	场地乱	认真清理,搞好平面布置,现场实行分片制		
	12	气温低	准备草包,养护落实到人		

六、直方图法

直方图是将收集到的质量数据,按一定的规定进行整理统计,并画成柱状(直方)图形,用以分析、研究质量数据的集中程度和分布状态,判断生产过程稳定程度的一种统计分析方法。

1. 直方图的作法

这里,以某机场进场公路路基宽度质量检查为例说明直方图的作法。

(1)收集质量数据,数据 $n \geq 50$。数值见表 9-10。

(2)找出最大值 x_1 和最小值 x_2 ,算出极差 $R \cdot x_1 = 8.75, x_2 = 8.27, R = 0.48$。

(3)确定分组数 k 和组距 h。$n = 50 \sim 100, k = 6 \sim 10; n = 100 \sim 250, k = 7 \sim 12; n > 250, k = 10 \sim 20; h = (x_1 - x_2)/k$。$k = 7$,则 $h = 0.48/7 \approx 0.07$。

(4)确定分组界限值。为避免数据刚好落在组界上不便确定组别,组界值要比原数据的精度高一级,各组的上下界值可按下述方法计算:第一组下界值 $= x_2 - h/2$,上界值 $= x_1 + h/2$;第二组的下界值为第一组的上界值,第二组的上界值为其下界值加上组距;其余各组依此类推。本例组界限值为 8.235 ~ 8.305。

(5)编制频数统计表,如表 9-11 所示。

(6)画直方图,如图 9-8 所示。

路基宽度检测　　　　　　　　　　　　　表 9-10

行次	检测数据(m)									$x_{\max}$	$x_{\min}$
1	8.52	8.36	8.60	8.49	8.65	8.43	8.54	8.32	8.39	8.65	8.32
2	8.59	8.42	8.64	8.27	8.51	8.39	8.68	8.40	8.53	8.68	8.27
3	8.60	8.48	8.57	8.40	8.46	8.35	8.63	8.45	8.49	8.36	8.35
4	8.53	8.37	8.47	8.44	8.50	8.75	8.62	8.33	8.58	8.75	8.33
5	8.50	8.43	8.57	8.31	8.46	8.61	8.38	8.51	8.55	8.61	8.31
6	8.47	8.34	8.52	8.44	8.48	8.36	8.56	8.41	8.70	8.70	8.34

路基宽度检测数据的频数统计　　　　　　　　表 9-11

分组序号	组区间	频数	频率	分组序号	组区间	频数	频率
1	8.235~8.305	1	0.019	5	8.515~8.585	10	0.185
2	8.305~8.375	8	0.148	6	8.585~8.655	8	0.148
3	8.375~8.445	11	0.204	7	8.655~8.725	2	0.037
4	8.445~8.515	13	0.241	8	8.725~8.795	1	0.018

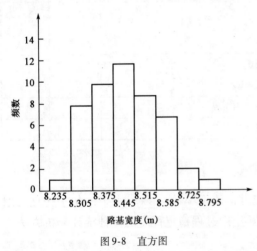

图 9-8　直方图

2. 直方图在质量管理中的应用

1) 估算次品率

大量实践表明,由于偶然原因所引起的产品质量数据的频数分布符合正态分布规律。对于一条正态分布曲线,可以求出数据落在某一区间内的概率,那么不难想到,如果在质量数据频数分布直方图上定出质量标准的上下界限值,则处于标准上下界限范围以外的数据就是不合格的,其相应的产品就是次品。数据落在上下界限范围以外的概率即为次品率。求次品率时,首先确定产品质量标准,包括标准的计量单位和上下界限值;然后计算收集到的质量数据的平均值 $\overline{X}$ 和标准偏差;最后计算产品质量可能出现的次品率。不合格的产品有两种,一种是超标准上限,一种是超标准下限。因此,产品的次品率也有两个,即超上限次品率 P_{TU} 和超下限次品率 P_{TL},合计次品率 $P = P_{TU} + P_{TL}$。为了计算 P_{TU} 和 P_{TL},引入正态分布概率系数的相应数值 $K_{\xi(TU)}$ 和 $K_{\xi(TL)}$。由 $K_{\xi(TU)}$ 和 $K_{\xi(TL)}$ 查《正态分布概率系数表》,即可求出相应的概率(次品率)。

$$K_{\xi(TU)} = \frac{T_U - \overline{X}}{S} \tag{9-1}$$

$$K_{\xi(TL)} = \frac{\overline{X} - T_L}{S} \tag{9-2}$$

$$\overline{X} = \frac{1}{n}\sum_{i=1}^{n} X_i \tag{9-3}$$

$$S = \sqrt{\frac{1}{n}\sum_{i=1}^{n}(X_i - \overline{X})^2} \tag{9-4}$$

式中：T_U——质量标准上界限值；

　　　T_L——质量标准下界限值；

　　　$\overline{X}$——质量数据的平均值；

　　　S——质量数据标准差；

　　　n——抽检数据个数；

　　　X_i——单个数据值。

本例路基的设计宽度是 8.5m，路基宽度误差容许值为 0.2m，则有：

$$T_U = 8.5 + 0.2 = 8.7(\text{m}) \quad T_L = 8.5 - 0.2 = 8.3(\text{m})$$

$$\overline{X} = \frac{1}{54}\sum_{i=1}^{54}X_i = 8.488(\text{m}) \quad S = \sqrt{\frac{1}{54}\sum_{i=1}^{54}(X_i - 8.488)^2} = 0.0108(\text{m})$$

$$K_{\xi(TU)} = \frac{8.7 - 8.488}{0.108} = 1.96 \quad K_{\xi(TL)} = \frac{8.488 - 8.3}{0.108} = 1.74$$

据此，查正态分布概率系数表，得 $P_{TU} = 0.025$，$P_{TL} = 0.041$，则 $P = 0.025 + 0.041 = 0.066$，即路基宽度不合格概率为 6.59%。

2）判断质量分布状态

作完频数直方图后，可以根据其图形判断工程质量是否正常，工程质量属于正常分布时，表现出的频数直方图形应基本呈正态分布。当出现非正态分布图形时，质量管理人员应做深入的分析和判断，找出非正态分布的原因。

3）判断工序能力

(1) 工序能力的概念

工序能力是指工序在稳定状态下生产合格产品的能力。工序的质量特性值总是形成一定的分布，而且分布也有集中的倾向和分散的趋势，它与工序能力有关。如果工序能力高，质量特性值分布的集中倾向就强，分散趋势就小；反之，则集中倾向就弱，分散趋势就大。

某一工序的能力通常用 6σ 来表示。工序处于正常稳定的情况下，其质量特性值一般呈正态分布，质量特性值落在 $\mu \pm 3\sigma$ 范围内的概率为 99.73%，故 6σ 几乎包括了质量特性值整个变异范围。因此，用 6σ 表示工序的质量能力。6σ 值越大，工序能力越低；反之，6σ 值越小，工序能力越高。由此不难看出，提高工序的质量能力，关键在于减小 σ 的数值。

(2) 工序能力指数计算

工序能力指数是指工序能力满足质量标准的程度，即技术要求与工序能力的比值，用 C_P 表示。

$$C_P = \frac{T}{6\sigma} \tag{9-5}$$

式中：T——公差范围（$T_U - T_L$）。

工序能力指数越大，说明工序能力越能满足技术标准的要求。

① 公差带中心与质量分布中心（μ）重合时，工序能力指数的计算公式为：

$$C_P = \frac{T}{6\sigma} \approx \frac{T_U - T_L}{6S} \tag{9-6}$$

②公差带中心与质量分布中心(μ)不重合时,工序能力指数的计算公式为:

$$C_{PK} = (1 - K)C_P \tag{9-7}$$

式中:K——偏移系数,可由下式进行求解。

$$K = \frac{\left|\frac{T_U + T_L}{2} - \overline{X}\right|}{\frac{T_U - T_L}{2}} \tag{9-8}$$

③只给出单侧偏差时,工序能力指数的计算公式为:
a. 当只给出公差上限时:

$$C_P = \frac{T_U - \mu}{3\sigma} \approx \frac{T_U - \overline{X}}{3S} \tag{9-9}$$

b. 当只给出公差下限时:

$$C_P = \frac{\mu - T_L}{3\sigma} \approx \frac{\overline{X} - T_L}{3S} \tag{9-10}$$

(3)工序能力评价

从单纯保证质量来看,C_P值越大越好,然而C_P值过大,就会造成经济上的损失。因为过大的C_P值,可能意味着用了精度太好的设备,或者性能过限的材料,或者毫无必要地用高级技术工人去干低级粗糙的活,这必然会导致生产成本的增加。从直观上来看,$C_P = 1$是最理想的状态,但又不太保险,因为生产过程稍有波动,就有可能超出公差而成为废品。为了留有余地和保险,通常认为$C_P = 1.33$比较合适。在实际工作中,应考虑产品的价值、设备的特点,以及用改变生产方法的难易等各种因素来决定。

4)评定施工管理水平

施工企业的管理水平高低或好坏,不能只用定性的抽象的名词"好"或"一般"来表达,这样不够确切,应用一定的标准来衡量。根据工序能力的评价原理可以看出,提高工序的质量能力,关键在于减小均方差σ的数值。那么,在实际工作中,我们又可以通过实测数据得到的样本标准偏差(S),来评定施工管理水平。例如,在机场道面混凝土施工质量控制过程中,用混凝土强度标准偏差(S)的大小,评定施工单位混凝土施工质量管理水平的等级。

七、相关图法

相关分析图又称散布图(图9-9),它是将两个变量(两个质量特性)间的相互关系用一个直角坐标表示出来,从图中点子的分布状况分析两个变量之间的相关关系。再进一步,根据图中点子分布规律,采用回归分析的理论方法,分析二者之间相关的程度。在质量管理中,一般研究如下3种类型的相关关系。

(1)质量特性和影响因素之间的相关关系,也称原因与结果的相关关系。
(2)质量特性和质量特性之间的相关关系,也称结果与结果的相关关系。
(3)影响因素和影响因素之间的相关关系,也称原因与原因的相关关系。

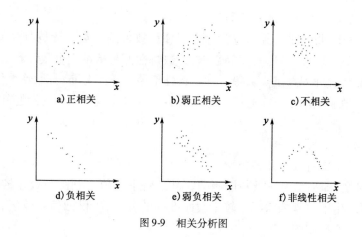

图 9-9 相关分析图

八、控制图法

在常用的质量管理的 7 种工具和方法中,前面介绍的 6 种工具和方法,都是某一段时间内的数据,通过这些数据,事后进行分析,拟定控制方法,因此可以说,这些工具和方法都是静态的。而控制图则可动态地反映质量特性的变化,根据数据随时间的变化,可以动态地掌握质量状态,判断其生产过程的稳定性,这样,就可以实现对工序质量的动态控制,及时发现隐患,并采取措施,防止不合格品的产生。

控制图的形式很简单,如图 9-10 所示,纵坐标为质量特性,横坐标是样本的序号,图中有 3 条线,中间的一条细实线为中心线,是数据的均值,用 CL 表示,上下两条虚线为上控制界限 UCL 和下控制界限 LCL,中心线与上下控制界限的距离为 3σ。

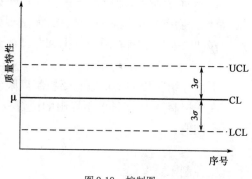

图 9-10 控制图

1. 基本原理

依据数理统计学理论,当总体的质量特性值 x 服从正态分布时,则不管样本大小 n 多少,从中随机抽取样本的平均值 $\bar{X}$ 也服从正态分布;当总体的质量特性值 X 非正态分布时,则从中随机抽取样本的平均值 $\bar{X}$ 一般说并不服从正态分布,但当样本大小 n 增加时,$\bar{X}$ 值迅速趋近于正态分布。因此,当 n 增加至一定大小时,用正态分布对 $\bar{X}$ 进行的近似分析,其误差常可以小到在工程和管理问题上所允许的范围以内。控制图就是依据这一理论设计的。

另外,根据抽样检验理论,用样本推断总体可能出现两类判断错误:第一类是当总体合格时,推断不合格而拒收,这类错判给生产方造成损失;第二类是当总体不合格时,推断合格而接收,这类错判给使用方造成损失。由于抽检是随机性的,要绝对避免这两类错判是不可能的,但如果能合理地设计控制图的控制界限,可以使这两类错判带来的损失达到最小的程度。一般认为,当控制界限为 $\pm 3\sigma$ 时,两类错判带来的总损失,在多数情况下接近于最小的目标,所以通常均以"3σ"法作为计算控制限的标准。

2. 控制图的类型与控制界限的计算

在数理统计学中,将质量特性值分为计量值和计数值两大类。计量特性值是指可连续取值的数据,如长度、强度、高程、压实度等数据;计数特性值是指可用个数计算的数据,即离散型数据,如不合格品数、缺陷数、疵点数等。计量特性值服从正态分布;计数特性值中的计件值服从二项分布,计点值服从泊松分布。由于这两类数据的分布规律不同,控制界限的计算方法也不相同。

1)计量特性值控制图

计量值控制图主要有以下几种类型。

(1)$\bar{x}$-R 控制图,即平均值—极差控制图。其是将平均值控制图与极差控制图联合使用,这种控制图可以对生产过程的状况作较全面而准确的分析,提供的信息较多,检出能力高,是被广泛采用的计量值控制图。

(2)x 控制图,又称单值控制图。其是把一个个计量值的数据直接点入控制图,即每次抽检的样本为1的情况,通常用于测量费用高,得到数据间隔较长的场合,或只需测量一个数据就能反映质量特性的场合。由于这种控制图的检出能力较低,使用时需特别注意。

(3)$\tilde{x}$-R 控制图,即中位数—极差控制图。其是将 $\tilde{x}$ 控制图代替了 $\bar{x}$-R 控制图中的 $\bar{x}$ 控制图制成的,这种控制图由于可以不计算样本的平均值,做起来简单,很适用于现场,但 $\tilde{x}$ 控制图的检出能力比 $\bar{x}$ 控制图稍差。

(4)x-R 控制图,即单值—移动极差控制图。其是将单值控制图与移动极差控制图联合使用,单值控制图每次只取一个数据,无法观察数据分散程度的变化,所以和移动极差控制图并用。移动极差就是相邻两个数据和之差的绝对值,即:

$$R_{si} = | x_i - x_{i+1} | \tag{9-11}$$

下面介绍常用的 $\bar{x}$-R 控制图控制界限的计算方法。

在 $\bar{x}$ 控制图上,3 条控制界限的位置分别为:

平均值:

$$CL = \bar{\bar{X}} \tag{9-12}$$

上控制限:

$$UCL = \bar{\bar{X}} + 3S_{\bar{x}} \tag{9-13}$$

下控制限:

$$LCL = \bar{\bar{X}} - 3S_{\bar{x}} \tag{9-14}$$

在 R 控制图上,三条控制界限的位置分别为:

平均值:

$$CL = \bar{R} \tag{9-15}$$

上控制限:

$$UCL = \bar{R} + 3S_R \tag{9-16}$$

下控制限:

$$LCL = \bar{R} - 3S_R \tag{9-17}$$

根据的平均数 $\bar{R}$ 及数理统计学的证明,样本 $\bar{x}$ 分布的标准差 $S_{\bar{x}}$ 与总体标准差 σ 的关系、R

分布标准差 S_R 与总体标准差 σ 的关系如下：

$$S_{\bar{x}} = \frac{\sigma}{\sqrt{n}}$$

$$\bar{R} = d_2\sigma$$

$$S_R = d_3\sigma$$

所以，$\bar{x}$ 控制图的上、下限又可以写成：

$$\text{UCL} = \bar{\bar{X}} + 3S_{\bar{x}} = \bar{\bar{X}} + 3\frac{\sigma}{\sqrt{n}} = \bar{\bar{X}} + \frac{3}{d_2\sqrt{n}}\bar{R} = \bar{\bar{X}} + A_2\bar{R} \qquad (9\text{-}18)$$

$$\text{LCL} = \bar{\bar{X}} + 3S_{\bar{x}} = \bar{\bar{X}} - 3\frac{\sigma}{\sqrt{n}} = \bar{\bar{X}} - \frac{3}{d_2\sqrt{n}}\bar{R} = \bar{\bar{X}} - A_2\bar{R} \qquad (9\text{-}19)$$

式中：$A_2 = \dfrac{3}{d_2\sqrt{n}}$，是系数，见表 9-4。同理，$R$ 控制图的控制界限可以写成：

$$\text{UCL} = \bar{R} + 3S_R = d_2\sigma + 3d_3\sigma = \left(1 + 3\frac{d_3}{d_2}\right)\bar{R} = D_4\bar{R} \qquad (9\text{-}20)$$

$$\text{LCL} = \bar{R} - 3S_R = d_2\sigma - 3d_3\sigma = \left(1 - 3\frac{d_3}{d_2}\right)\bar{R} = D_3\bar{R} \qquad (9\text{-}21)$$

式中：$D_4 = 1 + 3\dfrac{d_3}{d_4}$，$D_3 = 1 - 3\dfrac{d_3}{d_2}$，可查阅表 9-12。当 $n = 2 \sim 6$ 时，R 控制图的下限为零。

平均值控制图主要反映平均值的变化，对标准差 σ 也有一定的检出能力，而极差控制图反映的是质量数据的分散程度的变化，只对标准差有检出能力。所以，平均值控制图和极差控制图联合使用，可以大大提高其检出能力。

控制图系数 表 9-12

n	A_2	m_3A_2	D_3	D_4	E_2	d_3
2	1.880	1.880		2.267	2.660	0.853
3	1.023	1.187		2.575	1.772	0.888
4	0.729	0.796		2.282	1.457	0.880
5	0.577	0.691		2.115	1.290	0.864
6	0.483	0.549		2.004	1.184	0.848
7	0.419	0.509	0.076	1.924	1.109	0.833
8	0.373	0.432	0.136	1.864	1.054	0.820
9	0.337	0.412	0.184	1.816	1.010	0.808
10	0.308	0.363	0.223	1.727	0.975	0.797

注：E_2 及 m_3A_2 分别为单值控制图、中位数控制图中控制限计算系数。

2）计数特性值控制图

（1）p_n 图，即不良品数控制图

不良品数（np）服从二项分布，但只要 n 大到一定数量（$np > 4$）时，就可用正态分布代替二项分布做近似计算。由于生产过程中真正的不良品率 p 值一般是不知道的,通常是取样本的不良品率 p' 去估计的(可利用历史资料)。如取 k 组大小为 n 的样本,计算每组的不良品率 p',然后再求得 k 组 p' 值的平均值 $\bar{p}'$,就用 $\bar{p}'$ 作为总体不良品率的估计值,则 p_n 图的控制限分别为:

中心线:
$$CL = n\bar{p}' \tag{9-22}$$

上控制限:
$$UCL = n\bar{p}' + 3\sqrt{n\bar{p}'(1-\bar{p}')} \tag{9-23}$$

下控制限:
$$LCL = n\bar{p}' - 3\sqrt{n\bar{p}'(1-\bar{p}')} \tag{9-24}$$

使用这种控制图时,要求每次抽检的样本大小要相同,否则,n 变化则控制图的中线及上、下控制限也随之变化,用起来很不方便。

(2) p 图,即不良品率控制图

用样本大小 n 除样本的不良品数,就得样本的不良品率 p'。在一定条件下,随机变量 p' 也近似地服从正态分布。设样本不良品率分布的标准差为 S_p,则:

$$S_p = \frac{\sqrt{n\bar{p}'(1-\bar{p})}}{n} = \sqrt{\frac{\bar{p}'(1-\bar{p}')}{n}} \tag{9-25}$$

利用 3σ 法可建立 p 图的控制界限,如下:

中心线:
$$CL = \bar{p}' \tag{9-26}$$

上控制限:
$$UCL = \bar{p}' + 3\sqrt{\frac{\bar{p}'(1-\bar{p}')}{n}} \tag{9-27}$$

下控制限:
$$LCL = \bar{p}' - 3\sqrt{\frac{\bar{p}'(1-\bar{p}')}{n}} \tag{9-28}$$

p 图与 p_n 图相比,虽然上、下控制限也是随 n 的大小而变化,但中心线是固定的。

(3) c 图,即样本缺陷数控制图

设检测 k 个样本 ($k \geq 20$) 的平均缺陷数为 $\bar{c}$,则样本分布的标准差为:

$$S_c = \sqrt{\bar{c}}$$

类似 p_n 图,c 图的控制界限如下:

中心线:

$$CL = \bar{c} \tag{9-29}$$

上控制限：

$$UCL = \bar{c} + 3\sqrt{\bar{c}} \tag{9-30}$$

上控制限：

$$UCL = \bar{c} - 3\sqrt{\bar{c}} \tag{9-31}$$

由于 c 控制图是控制样本中全部样本的缺陷总数，c 的多少与样本大小 n 有关，使用 c 控制图要求样本的 n 固定，否则，每个样本出现缺陷数的机会不等，控制图上的中线及上、下控制限都不能固定，随 n 的大小而变，使用起来很不方便。

（4）u 图，即单位产品缺陷数控制图

单位产品缺陷数可以是单位面积或单位长度上的缺陷数。如某一产品的样本大小等于 10 个单位，总缺陷数 c 为 20 个，则单位缺陷数 $u = 2$ 个。由于采用单位缺陷数，尽管控制图的上、下控制限随样本大小而变化，但它的中线与 n 无关。

由于 $u = c/n, \bar{u} = \sum c / \sum n, S_u = \sqrt{\bar{c}/n} = \sqrt{n\bar{u}/n^2} = \sqrt{\bar{u}/n}$。仍按 3σ 法则，u 图的控制限分别为：

中心线：

$$CL = \bar{u} \tag{9-32}$$

上控制限：

$$UCL = \bar{u} + 3\sqrt{\frac{\bar{u}}{n}} \tag{9-33}$$

下控制限：

$$UCL = \bar{u} - 3\sqrt{\frac{\bar{u}}{n}} \tag{9-34}$$

3. 控制图的观察与分析

在生产初始阶段，收集数据建立控制图后，首先要分析生产过程是否处于稳定状态，这时的控制图称为分析用控制图。若分析判断结果显示生产过程不处于统计控制状态，在消除了降低质量的异常原因后，即可去掉这些异常数据点；异常数据点比例过大时，应改进生产过程，重新收集数据，计算中心线和控制界限。

当生产过程达到控制状态后，应检查生产过程是否满足质量要求，看其工序能力是否适宜，若生产过程满足质量要求，则把分析用控制图转为控制用控制图，也就是说，这个控制图可用于该工序的质量控制。分析用控制图是静态的，而控制用控制图是动态的，随着生产过程的进展，随时观察点子的变化，判断生产是否出现异常。

根据小概率事件在正常情况下不应该发生的原理，控制图分析判断的基本规则如下：

1）分析用控制图

分析用控制图上的点了同时满足下述条件时，认为生产过程处于统计控制状态。

（1）连续 25 点中没有一点在限外或连续 35 点中最多一点在限外或连续 100 点中最多 2 点在限外；

（2）控制界限内的点子的排列无下述异常现象，有异常现象的点子排列如图9-11所示。

①连续 7 点或更多点在中心线同一侧；

②连续 7 点或更多点的上升或下降趋势；

③连续 11 点中至少有 10 点在中心线同一侧；

④连续 14 点中至少有 12 点在中心线同一侧；

⑤连续 17 点中至少有 14 点在中心线同一侧；

⑥连续 20 点中至少有 16 点在中心线同一侧；

⑦连续 3 点中至少有 2 点和连续 7 点中至少有 3 点落在 2 倍标准差与 3 倍标准差控制界限之间。

⑧点子呈周期性变化。

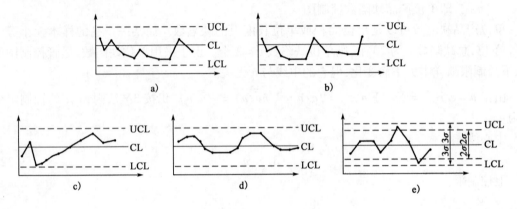

图9-11 有异常现象的点子排列

2）控制用控制图

控制用控制图上的点子出现下列情况之一时，生产过程判为异常。

①点子落在控制界限外或界限上；

②控制界限内的点子的排列出现分析用控制图的判断准则②描述的异常现象。

4. 控制图的修正

控制用控制图使用一段时间后，应根据实际质量水平，对中心线和控制界限进行修正。

复习思考题

1. 简要说明工程质量的含义。
2. 简要说明全面质量管理的基本方法。
3. 排列图、因果分析图、直方图、相关图、控制图在工程质量管理中各有哪些作用？
4. 工序能力和工序能力指数是什么？如何评价工序能力？
5. 控制图设计的基本原理是什么？如何观察与分析控制图？
6. 施工过程中影响工程质量的主要因素有哪些方面？如何控制施工工序质量？
7. 简要说明工程竣工验收的一般程序。
8. 已知表 9-13 所列资料，画出 $\bar{x}$-R 控制图。

表 9-13

分组值	测量值					分组值	测量值				
	x_1	x_2	x_3	x_4	x_5		x_1	x_2	x_3	x_4	x_5
1	13.2	13.3	12.7	13.4	12.1	11	13.6	12.5	13.3	13.5	12.8
2	13.5	12.8	13.0	12.8	12.4	12	13.4	13.3	12.0	13.0	13.1
3	13.9	12.4	13.3	13.1	13.2	13	13.0	13.1	13.5	12.6	12.6
4	13.0	13.0	12.1	12.2	13.3	14	14.2	12.7	12.9	12.9	12.5
5	13.7	12.0	12.6	12.4	12.4	15	13.6	12.6	12.4	12.5	12.2
6	13.9	12.1	12.7	13.4	13.0	16	14.0	13.2	12.4	13.0	13.0
7	13.4	13.6	13.0	12.4	13.5	17	13.1	12.9	13.5	12.3	12.8
8	14.4	12.4	12.2	12.4	12.5	18	14.6	13.7	13.4	12.2	12.5
9	13.3	12.4	12.6	12.9	12.3	19	13.9	13.0	13.0	13.2	12.6
10	12.8	13.0	13.0	13.1	13.3	20	13.3	12.7	12.6	12.8	12.7

附录 施工组织设计参考资料

施工用水(N_1)参考定额 附表1

序号	用水对象	单位	耗水量 N_1
1	道面混凝土施工用水(含养生、切缝等)	L/m³ 混凝土	1 200
2	天然砂砾基层(厚15~25cm)	L/m²	18~28
3	石灰稳定土基层(厚15~20cm,含消解石灰)	L/m²	50~60
4	石灰粉煤灰稳定土基层(同上)	L/m²	60~75
5	水泥石灰稳定土基层(同上)	L/m²	38~52
6	水泥稳定土基层(厚15~20cm)	L/m²	29~35
7	碎石基层(厚15~25cm)	L/m²	4
8	排水构筑物混凝土施工用水	L/m³	1 200~1 500
9	搅拌机清洗	L/台班	600
10	石灰消化	L/t	3 000
11	洗石子	L/m³	600~1 000
12	洗砂子	L/m³	1 000
13	搅拌砂浆	L/m³	300
14	砌砖工程	L/m³	150~250
15	砌石工程	L/m³	50~80

施工机械用水(N_2)参考定额 附表2

序号	用水对象	单位	耗水量 N_2	备注
1	内燃挖土机	L/(台班·m³)	200~300	以斗容量立方米计
2	内燃压路机	L/(台班·t)	12~15	以压路机吨数计
3	内燃起重机	L/(台班·t)	15~18	以起重吨数计
4	汽车	L/(昼夜·台)	400~700	
5	点焊机	L/h	100~350	
6	冷拔机	L/h	300	
7	对焊机	L/h	300	
8	凿岩机	L/min	3~12	
9	空气压缩机	L/[台班·(m³/min)]	40~80	

消 防 用 水 量

附表3

序号	用水名称	火灾同时发生次数	单位	用水量
1	居民区消防用水 5 000 人以内 10 000 人以内 25 000	一次 两次 两次	L/s L/s L/s	10 10～15 15～20
2	施工现场消防用水 施工现场在 25km² 以内 每增加 25km²	一次	L/s L/s	10～15 5

临时水管经济流速参考表

附表4

管 径	流速(m/s)		管 径	流速(m/s)	
	正常时间	消防时间		正常时间	消防时间
支管 $D<0.1m$	2		生产消防管道 $D>0.3m$	1.5～1.7	2.5
生产消防管道 $D=0.1～0.3m$	1.3	>3.0	生产用水管道 $D>0.3$	1.5～2.5	3.0

给水铸铁管管径计算表

附表5

项次	管径 D(mm)	75		100		150		200		250	
	Q(L/s)	i	v	i	v	i	v	i	v	i	v
1	2	7.98	0.46	1.94	0.26						
2	4	28.4	0.93	6.65	0.52						
3	6	61.5	1.39	14	0.78	1.87	0.34				
4	8	109	1.86	23.9	1.04	3.14	0.46	0.76	0.26		
5	10	171	2.33	36.5	1.30	4.69	0.57	1.13	0.32		
6	12	246	2.76	52.6	1.56	6.55	0.69	1.58	0.39	0.53	0.25
7	14			71.6	1.82	8.71	0.80	2.08	0.45	0.69	0.29
8	16			93.5	2.08	11.1	0.92	2.64	0.51	0.89	0.33
9	18			118	2.34	13.9	1.03	3.28	0.58	1.09	0.31
10	20			146	2.60	16.9	1.15	3.97	0.64	1.32	0.41
11	22			177	2.86	20.2	1.26	4.73	0.71	1.57	0.45
12	24					24.1	1.38	5.56	0.77	1.83	0.49
13	26					28.3	1.49	6.64	0.84	2.12	0.53
14	28					32.8	1.61	7.38	0.90	2.42	0.57
15	30					37.7	1.72	8.4	0.96	2.72	0.62
16	32					42.8	1.84	9.46	1.03	3.09	0.66
17	34					84.4	1.95	10.6	1.09	7.45	0.70
18	36					54.2	2.06	11.8	1.16	3.83	0.74
19	38					60.4	2.18	13.0	1.22	4.23	0.78

注：v 为流速(m/s)；i 为压力损失(m/km，或 mm/m)，埋入地下一般用给水铸铁管。

给水铸铁管管径计算表 附表6

项次	管径 D(mm)	25		40		50		70		80	
	Q(L/s)	i	v	i	v	i	v	i	v	i	v
1	0.1										
2	0.2	21.3	0.38								
3	0.4	74.8	0.75	8.98	0.32						
4	0.6	159	1.13	18.4	0.48						
5	0.8	279	1.51	31.4	0.64						
6	1.0	437	1.88	47.3	0.80	12.9	0.47	3.76	0.28	1.61	0.20
7	1.2	629	2.26	66.3	0.95	18.0	0.56	5.18	0.34	2.27	0.24
8	1.4	856	2.64	88.4	1.11	23.7	0.66	6.83	0.40	2.97	0.28
9	1.6	1118	3.01	114	1.27	30.4	0.75	8.70	0.45	3.79	0.32
10	1.8			144	1.43	37.8	0.85	10.7	0.51	4.66	0.36
11	2.0			178	1.59	406	0.94	13.0	0.57	5.62	0.40
12	2.6			301	2.07	74.9	1.22	21.0	0.74	9.03	0.52
13	3.0			400	2.39	99.8	1.41	27.4	0.85	11.7	0.60
14	3.6			577	2.86	144	1.69	38.4	1.02	16.3	0.72
15	4.0					177	1.86	46.8	1.13	19.8	0.81
16	4.6					235	2.07	61.2	1.30	25.7	0.93
17	5.0					277	2.35	72.3	1.42	30.0	1.01
18	5.6					348	2.64	90.7	1.59	37.0	1.13
19	6.0					399	2.82	104	1.72	42.1	1.21

注:v、i意义同表5,地面上一般用钢管。

参 考 文 献

[1] 黄灿华,刘晓军.机场施工与管理[M].北京:人民交通出版社,2002.
[2] 中华人民共和国国家军用标准.GJB 1112A—2004 军用机场场道工程施工及验收规范[S].2004.
[3] 曹吉鸣.工程施工组织与管理[M].上海:同济大学出版社,2011.
[4] 丛培经.实用工程项目管理手册(第二版)[M].北京:中国建筑工业出版社,2005.
[5] 全国监理工程师培训教材编写委员会.工程建设监理概论[M].北京:中国建筑工业出版社,2012.
[6] 全国监理工程师培训教材编写委员会.工程建设合同管理(第三版)[M].北京:知识产权出版社,2012.
[7] 全国监理工程师培训教材编写委员会.工程建设进度管理(第三版)[M].北京:中国建筑工业出版社,2012.
[8] 全国监理工程师培训教材编写委员会.工程建设投资控制(第三版)[M].北京:知识产权出版社,2012.
[9] 全国监理工程师培训教材编写委员会.工程建设质量控制(第三版)[M].北京:中国建筑工业出版社,2012.
[10] 全国造价工程师职业资格考试培训教材编审委员会.建设工程计价[M].北京:中国计划出版社,2013.
[11] 全国造价工程师职业资格考试培训教材编审委员会.建设工程造价管理[M].北京:中国计划出版社,2013.
[12] 刘光庭.质量管理[M].北京:清华大学出版社,1986.
[13] 徐大图.建筑工程造价管理[M].天津:天津人民出版社,1989.
[14] 穆静波.施工组织[M].北京:清华大学出版社,2013.
[15] 李忠富.建筑施工组织与管理[M].北京:机械工业出版社,2013.
[16] 张玉福.公路施工组织及概预算[M].北京:人民交通出版社,2009.
[17] 黄灿华,陈洪书.机场水泥混凝土道面加铺沥青面层施工技术与组织的研究[J].空军工程建设,1991,(4).
[18] 武育秦.建筑工程定额与预算[M].重庆:重庆大学出版社,1993.
[19] 交通部工程管理司.公路工程国内招标文件范本[M].北京:人民交通出版社,1999.
[20] 中华人民共和国国家标准.GB/T 19000—2000 质量管理体系 基础和术语[S].北京:中国标准出版社,2000.
[21] 翟敬梅,李杞仪,等.2000版ISO 9000族系列标准与实施[M].广州:华南理工大学出版社,2002.